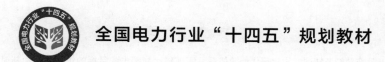

全国电力行业"十四五"规划教材

U0261678

碳中和与电气化

王志轩　王　鹏　李彦斌

汪黎东　李晓华　胡俊杰　编著

朱永强　刘元欣　胡军峰

张晶杰　夏世威　高　丹　主审

中国电力出版社

CHINA ELECTRIC POWER PRESS

内 容 提 要

电气化发展是推动能源转型，构建现代能源体系，实现碳达峰碳中和目标的重要途径。新时期电气化体现为供给侧新能源通过转换成电力得以开发利用，体现为消费侧电能对化石能源的深度替代。全书分为 7 章，包括碳中和概论、全球应对气候变化的政策与行动、电气化概论、低碳电力技术、电能替代技术及主要应用领域、CCUS技术及其在电力行业的应用、低碳电力的政策措施与市场建设。

本书兼具专业性与科普性，可作为普通高校碳中和通识课程选用教材，也可作为读者深入了解碳中和概念、能源转型和新型电力系统方面知识的通识读物。

图书在版编目（CIP）数据

碳中和与电气化/王志轩等编著 .—北京：中国电力出版社，2023.7
ISBN 978 - 7 - 5198 - 6805 - 5

Ⅰ.①碳⋯ Ⅱ.①王⋯ Ⅲ.①二氧化碳－节能减排－关系－电气化－中国－教材 Ⅳ.①X511
②TM92

中国国家版本馆 CIP 数据核字（2023）第 086032 号

出版发行：中国电力出版社
地　　址：北京市东城区北京站西街 19 号（邮政编码 100005）
网　　址：http://www.cepp.sgcc.com.cn
责任编辑：李　莉（010 - 63412538）
责任校对：黄　蓓　朱丽芳
装帧设计：赵姗姗
责任印制：吴　迪

印　　刷：三河市航远印刷有限公司
版　　次：2023 年 7 月第一版
印　　次：2023 年 7 月北京第一次印刷
开　　本：787 毫米×1092 毫米　16 开本
印　　张：15.5
字　　数：345 千字
定　　价：48.00 元

序

　　应对气候变化，实现碳中和目标已成为全球共识。我国是《联合国气候变化框架公约》《京都议定书》《巴黎协定》缔约方，一直高度重视应对气候变化工作。实现碳达峰碳中和目标，是着力解决资源环境约束突出问题、实现中华民族永续发展的必然选择，是构建人类命运共同体的庄严承诺。2021年发布的《中共中央　国务院关于完整准确全面贯彻新发展理念做好碳达峰碳中和工作的意见》强调，实现碳达峰碳中和，要以经济社会发展全面绿色转型为引领，以能源绿色低碳发展为关键，必须加快构建清洁低碳安全高效能源体系。加快电气化发展，在供给侧推动以风能、太阳能为代表的新能源开发利用，在消费侧大幅度提高电能占终端能源消费中的比重，是实现能源转型、构建现代能源体系的重要途径。

　　2022年1月24日，中共中央政治局第三十六次集体学习时强调，各级领导干部要加强对"双碳"基础知识、实现路径和工作要求的学习，做到真学、真懂、真会、真用；要把"双碳"工作作为干部教育培训体系重要内容，增强各级领导干部推动绿色低碳发展的本领。教育部2022年4月印发的《加强碳达峰碳中和高等教育人才培养体系建设工作方案》，对推进高等教育高质量体系建设，提高碳达峰碳中和相关专业人才培养质量，进行了工作部署，明确了九个方面、二十二条重点任务。由华北电力大学新型能源系统与碳中和研究院、国家能源发展战略研究院、电气与电子工程学院、经济与管理学院、环境科学与工程学院牵头编著的《碳中和与电气化》，是华北电力大学在碳达峰碳中和工作方面对社会的实质性贡献。该著作内容丰富，理论性与实践性兼具；视角独到，很好地将碳中和目标与能源电力领域的电气化抓手有机统一；恰逢其时，填补了这个领域教学培训资源的空白。

　　让我们携手同心，共同推动碳达峰碳中和工作，为实现社会主义现代化和中华民族伟大复兴而努力！

杨勇平

2023 年 3 月

前　言

实现碳中和是人类应对气候变化的根本性措施，而碳达峰是碳中和的前提和碳排放由升到降的转折点。中国力争于 2030 年前二氧化碳排放达到峰值、2060 年前实现碳中和，是中国实现可持续发展的迫切需要，也是主动担当大国责任、推动构建人类命运共同体的迫切需要。为推动实现碳达峰碳中和目标，中国构建了"1＋N"政策体系。在"1＋N"政策体系顶层设计文件中，明确提出了大力发展新能源、实施可再生能源替代行动，构建新能源占比逐渐提高的新型电力系统，推动清洁电力资源大范围优化配置等要求。由此可见，能源低碳转型发展既是实现碳达峰碳中和的重要内容，也是生态文明的重要特征。而更多地使用可再生能源、更多地在终端使用电能，即深入推动新电气化，是使能源系统进入低碳、近零碳时代的关键举措之一。基于这样的思维逻辑，本书区别于已有碳中和相关书籍"大而全"的叙事方式，紧扣应对气候变化主题与碳中和目标，在厘清基本概念、全球气候治理体系和政策行动后，纵深剖析新电气化的特征趋势、低碳电力的技术发展、相关领域的支撑机制，尽力避免泛泛而谈、人云亦云。

本书是在华北电力大学和中国电力出版社的共同倡议下，由国家气候变化专家委员会委员、华北电力大学新型能源系统与碳中和研究院院长（中国电力企业联合会原专职副理事长）王志轩教授和华北电力大学国家能源发展战略研究院执行院长王鹏教授系统策划，组织相关教授、专家共同编著的一本推进降碳与电力融合发展的专业教材，其中绪论由王志轩教授撰写，第 1 章和第 6 章由华北电力大学环境科学与工程学院院长汪黎东教授撰写，第 2 章由华北电力大学国家能源发展战略研究院李晓华副教授撰写，第 3 章由王鹏教授撰写，第 4 章由华北电力大学电气与电子工程学院朱永强副教授撰写，第 5 章由华北电力大学电气与电子工程学院胡俊杰副教授撰写，第 7 章由华北电力大学经济与管理学院院长李彦斌教授、刘元欣副教授、胡军峰副教授撰写。华北电力大学研究生戴莺歌为书稿的编排做了大量工作。中国电力企业联合会规划发展部张晶杰正高级经济师，华北电力大学电气与电子工程学院夏世威副教授，能源动力与机械工程学院高丹副教授、博导审阅了书稿并给予了建设性的意见，在此表示感谢！

真诚希望本书对关注"双碳"领域的社会各界、高校师生有所裨益。但由于时间紧迫，特别是编者学识有限，不足之处在所难免，也请不吝赐教。

编　者
2023.6

目　录

绪论

0.1 碳中和与电气化的逻辑关系

1875年，法国巴黎北火车站建成世界上第一座火电厂，1882年爱迪生在纽约建设了世界首座具有工业意义的火电厂——珍珠街发电厂。从20世纪30年代起，电力从最初用于照明、电报等有限范围迅速扩大为提供动力并深入到经济社会的各个领域。到20世纪80年代，电力工业步入了自动化、信息化阶段，向智能化方向前进。同时，以不断提高终端能源电力消费为标志的电气化持续蓬勃发展。

1988年，联合国环境规划署（UNEP）和世界气象组织（WMO）建立了政府间气候变化专门委员会（Intergovernmental Panel on Climate Change，IPCC），同年联合国大会批准了WMO和UNDP联合创立IPCC的行动。IPCC旨在提供有关气候变化的科学技术和社会经济认知状况、气候变化原因、潜在影响和应对策略的综合评估。1990年IPCC发布了第一次评估报告，促进各国在1992年缔结了《联合国气候变化框架公约》（UNFCCC），并以UNFCCC为框架逐步形成了人类共同应对气候变化的全球气候治理体系。2014年，IPCC第五次评估报告发表后，促进2015年诞生了UNFCCC下的《巴黎协定》，开启了2020年后以国家自主贡献承诺（NDC）为核心的国际社会应对气候变化的新机制。其中，二氧化碳/温室气体排放与二氧化碳/温室气体移除达到平衡（称碳中和/温室气体中和或二氧化碳净零排放/净零排放），成为把全球平均气温升幅控制在工业化前水平以上低于2℃之内，并努力控制在1.5℃之内目标的关键性措施。

人类发明电且在推进电气化之初并没有意识到，以化石燃料为主体能源推进电力工业发展时，人为造成的以二氧化碳为主的温室气体排放会引起全球气候变暖问题，也没有想到，这个问题需要通过大力发展可再生能源发电和大幅度提高电能在终端用能中的比重来解决。正因为如此，长期以来，不论是发电、电网还是用电等环节的发展战略和技术开发方向，自然而然地建立在基于能源资源禀赋上的电能利用方式上，即以化石能源发电和水力发电以及交流大电网配置电能的基础上。面向未来、面向碳中和目标，以太阳能、风能为代表的可再生能源发电以及非化石能源发电将逐步成为发电主角。例如，2021年9月17日，UNFCCC秘书处发布《〈巴黎协定〉下的国家自主贡献：秘书处综合报告》第28条介绍："可再生能源发电仍然是最常被提及的减缓气温升高的办法，本次各缔约方提交的国家自主贡献报告中把可再生能源发电作为措施的数量大幅度上升，与上次相比，采取这一措施的缔约方由48%上升至85%"。为适应不断提高比例的可再生能源发电，电力系统将发生革命性变化，使传统电力系统逐步转变为新型电力系统。在转变过程中，从电力系统运行的基础理论，到新能源发展技术创新、传统发电电源的功能转变，再到储能发展及电网重构，以及电力用户用电方式等都将发生重大改变。与此同时，与新的电力生产力相适应的法规、技术规范、管理体制等也要相应转变。

纵观人类发展史，随着火的使用，人类能源利用方式由可再生的薪柴能源转向煤炭并产生了电力工业。此后，随着工业化的发展，发达国家的能源使用率先由煤炭逐步转向石油，再转向天然气，而每次转变都极大推动了能源系统及经济社会的发展。人类社会发展到今天，全球整体上进入工业文明时代。与此同时，工业革命以来向大气中排放的大量二氧化碳等温室气体，所造成的气候变暖问题又反过来影响人类生存和发展。近二三十年来，由于新能源发电技术不断成熟，成本不断下降，总规模持续扩大，使人们相信利用现代科学技术以及持续不断地创新，将会使可再生能源以电的方式被更加广泛地使用。随着可再生能源转化为电力比重提高，以及终端用能电能比重提高，以此为特征的新电气化发展，将会由可再生能源逐步替代传统化石能源，使能源系统迈进低碳、近零碳时代。

为此，本书的主要任务是，介绍应对气候变化的基础知识和全球治理体系，展示中国政府在应对气候变化方面的政策和行动，分析碳中和背景下电气化发展的基本特征、发展趋势和新型电力系统构建，介绍新能源发电、储能、碳移除等低碳电力技术，以及传统发电方式特别是煤电的新定位、新功能，提出推进和完善碳中和与电气化发展的法规政策、支撑条件和市场机制等。

编者在分析全球气候治理体系和新电气化发展中的关键要素以及各要素之间关系的基础上，数易其稿，形成一张简明的逻辑关系图（见图0-1）。整个图由上下两部分组成，上半部分反映的是全球气候治理体系的要素及其关系，下半部分反映的是能源电力低碳转型中新电气化要素之间的关系。上下两部分间有连接线相接，表明了全球治理体系与电气化之间有着不可分割的必然联系。

从图0-1上半部分可以看出：IPCC发布的气候变化专门报告，是全球气候治理体系中形成各国共识的科学基础；1994年生效的《联合国气候变化框架公约》是全球气候治理体系的基本法律基础，由它确定的共同但有区别的责任原则、公平原则、各自能力等原则在治理体系中起着基石作用；2005年生效的《京都议定书》、2016年生效的《巴黎协定》，是阶段性全球气候治理体系的法律依据，且两者之间有一定的延续性关系。《巴黎协定》作为2020年后全球气候治理体系的基本依据，它设定的全球平均气温升幅控制在工业化前（以1850—1900年的平均气温为参照）水平以上2℃以内、并努力争取控制在1.5℃以内的目标是当前人类的共识，也是采取国家自主贡献，实现碳达峰碳中和/温室气体中和的目标，以及发达国家提供资金支持发展中国家开展应对气候变化的基本依据。

从图0-1下半部分可以看出：新电气化主要是终端用能电能化，而电能主要是由低碳能源尤其是新能源提供。由于新能源大量、逐步进入传统电力系统，需要构建新型电力系统来达到清洁、低碳、安全、高效的电能利用的目的。在新型电力系统中，传统电源随着负荷波动而动态调整的"源随荷动"电力供需平衡模式被逐步打破，形成新的"源荷互动"供需耦合模式。这就需要不论是新能源发电还是传统能源发电、电力用户都需要通过如智能发电、智能微电网、智能电网、智能用电等智能化系统来支撑，且大电网由传统交流电网逐步发展到以交流电网为主、交直流混合式智能电网。传统化石能源发电尤其是我国的煤电，在新型电力系统中的功能要逐步发生重大变化，由电力、电量的主要提供者逐步向电力支撑、兜底保供、热电联产、综合利用、风险防范等方面发展。同时，传统的水力发电、核能发电、天然气燃机发电等也要在新型电力系统中发生必要的功能调整。当电力行业生产力发生重大变化之后，生产关系也必然要进行相应调整，为此，需要建立科学的碳核算体系、碳排放总量与强度控制制度和新条件下的激励与约束机制，电力市场和碳市场也需要不断地创新和完善。

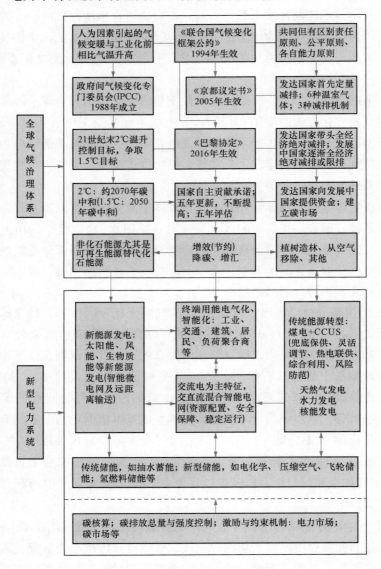

图 0-1　碳中和与电气化逻辑图

由此，《碳中和与电气化》作为本书书名，用一句话表达为：碳中和要靠新电气化发展来实现，新电气化发展要以碳中和为导向来推动。

由于新能源发电是能源低碳转型的主力军，而新型电力系统构建是实现以新能源为特征的新电气化的物理载体，本章中主要针对新能源发展及新型电力系统构建中相关问题加以引导性论述,图0-1中的其余各要素在本章中不再赘述。

0.2 评价新能源发展的属性指标

《巴黎协定》指出,为了实现《巴黎协定》确定的长期温升控制目标,"尽快达到温室气体排放的全球峰值,此后利用现有的最佳科学技术迅速减排,在21世纪下半叶实现温室气体源的人为排放与碳汇的清除之间的平衡"("汇"是指温室气体的清除机制)。这一要求不仅阐明了碳达峰和碳中和的关系,也从本质上说明了要实现碳中和,一是要减少二氧化碳排放量(减源),二是要增大从大气中移除二氧化碳的量(增汇)。展望未来,减少二氧化碳排放的主要措施是大力发展非化石能源,尤其是大力发展以风力发电、太阳能光伏发电为代表的新能源发电。

为简要表达起见,在此对化石能源、非化石能源、可再生能源、新能源做一个简单外延式区分:煤炭、石油、天然气是最主要的化石能源,相同单位热值的煤炭、石油、天然气燃烧后排放的二氧化碳依次减少,因此天然气是相对的低碳化石能源。我国在近期、中期还要积极发展天然气的利用,作为替代民用燃煤等领域的重要能源。发达国家在工业化时代后期已经大幅度由天然气替代了煤炭,完成了由高碳向中低碳能源的转型。水力发电(简称水电)、风力发电(简称风电)、太阳能发电、生物质发电等,统称为可再生能源发电,其中水电是传统的可再生能源;风电、太阳能发电、生物质发电是新能源,尤其是风电、太阳能发电是需要大力发展的新能源。可再生能源加上核能发电(简称核电)以及余热发电统称为非化石能源发电。若不加特殊说明,本书中的新能源主要指风电、太阳能发电。

2021年9月印发的《中共中央 国务院关于完整准确全面贯彻新发展理念做好碳达峰碳中和工作的意见》中提出:到2030年,非化石能源消费比重达到25%左右,风电、太阳能发电总装机容量达到12亿千瓦以上;到2060年,非化石能源消费比重达到80%以上。由于我国水电装机受技术条件及经济性的影响,可开发的容量越来越少,核电发展受厂址条件等影响,大规模持续开发受到制约。2022年3月发布的国家《"十四五"现代能源体系规划》把"2025年,非化石能源消费比重提高到20%左右,非化石能源发电量比重达到39%左右"作为"能源低碳转型成效显著"的重要目标之一。同时提出,2035年"非化石能源消费比重在2030年达到25%的基础上进一步大幅度提高,可再生能源发电成为主体电源"。大力发展新能源发电将是提高我国非化石能源消费比重的重中之重;当把推进碳中和的工作范围与推进新电气化的工作范围叠加到一起时,显然,新能源发展是最大重合的部分。因此,新能源发展的好坏、快慢,决定了碳中和新电化发展的成败。

要大力推动新能源发电,就要充分认识新能源发展的基本属性。能够成为"大力发展"的新能源,不仅要从自身的发展规律看,还要从能源系统的整体转型看。一种能源替代另一种能源如石油替代煤炭不只是能源品种的简单替代,而是能源系统的整体转型,并引导经济社会的全面转型。因此新能源要大力发展,必须是独特性和传统性兼而有之，独特性表现在巨大的生命力，成为推动能源系统与经济社会转型的根本动力；而传统性表现在与能源系统、经济社会系统的融合，使之平稳转型。比如数码相机在替代传统相机的过程中，虽然一些本质的内容发生了变化，但相机的使用操作体系却继承了传统相机的基本规则（快门、光圈、感光度等），使用户和整个体系便于系统平稳转型。这也是我国推进"双碳"目标实施必须要坚持"先立后破"和传统能源的逐步退出必须建立在新能源安全可靠替代的基础上的要义所在。能够成为"大力发展"的新能源，应从"近零碳""可持续""新技术""规模化""商品能源""可靠性"六个属性来考量。

"近零碳"是本质属性之一。"近零碳"是指新能源成为能源商品的全生命周期过程要达到近零碳排放。在不考虑碳移除或者碳交易情况下，现实中并不存在"零碳"商品能源。近零碳的概念并不统一，其涵义应是"零碳"，一次能源在开发、转换、加工为商品能源全生命周期中尽可能减少碳排放。

"可持续"也是本质属性之一。一方面是指新能源应具有"可再生性"，取之不尽、用之不竭；另一方面，在新能源开发利用全生命周期尽量减少对生态环境的"负外部性"影响，包括控制污染，减少对绿水青山、地表植被的破坏等。

"新技术"是条件和动力要素。这里的"条件"是动态的、相对的，所有能源都不可能永远是新能源，而现在之所以是新能源，关键的体现是新技术要素对新能源发展的贡献仍然处于显著甚至是指数型增长阶段。同时，之所以称其为"新能源"，也表明了与传统能源相比在某些方面仍然存在着短板，要辩证地看待新能源。要持续不断通过技术创新，极大发挥新能源的长处，显著克服其不足，保持其"新"的特性。

"规模化"是"大力发展"的前提也是结果，反之，不成熟的新能源是不可能规模化和大力发展的。从宏观层面看，规模化应当包括三个方面，有成熟的商业模式、有产业链基础、在能源总份额中有一定比例。一般而言，新能源具有规模效应，同时，规模化与标准化也是相辅相成、互相促进的。

"商品能源"是新能源成熟的重要标志。不具有商品属性的新能源是难以通过市场检验的，也不可能成为主体能源或者电源主体。而成为商品属性的关键，是新能源必须以自身的特点和优势与传统能源进行市场竞争。

最后是"可靠性"。可靠性是指能源供应的安全性、稳定性、可备用性、便捷性。能源电力的可靠供应可以从两个方面理解，一是新能源自身具有一定的可靠性，二是在能源系统中有明确的定位，与能源系统一起提供能源电力的可靠供应。从新能源自身来看，安全性是指不因新能源大力发展而直接引起大规模能源供应的安全事件，稳定性是指能源供应的连续性和可控性，可备用性是指具有一定的应付自然条件变化引起的能源供应不足的能力，便捷性是指新能源发展对终端消费用户尽量不产生福利损失。

以上6个方面的属性并不是全部得到"满分"后才能够大规模发展新能源，而是要从这6个属性方面分析新能源及传统能源各自的特点，以促进新能源不断创新和能源体系逐渐适应新能源特性，以快速、平稳地实现"双碳"目标下能源转型。

我国新能源经过近二十年的发展有了长足的进步，从以上六个属性来衡量可知，太阳能光伏发电（简称光伏发电）、风电已经成为"大力发展"的新能源。从"近零碳"属性看，全生命周期的光伏发电组件如晶硅材料生产技术的进步使碳排放强度不断下降。从"可持续"属性看，太阳能及风能生来就是可持续的，且在开发过程中不断完善生态环保制度和措施。从"新技术"属性看，通过不断创新使新能源发电效率不断跃上新台阶，运用数字化技术、电力电子技术、新型储能技术等使新能源与微电网及大电网的融合性不断提高。从"规模化"属性看，我国光伏发电和风电的装机容量与自身相比，在经历了十多年的超高速发展阶段，到 2022 年底累计并网分别达到 3.9 亿千瓦和 3.65 亿千瓦，且是我国新增电力装机的主要部分。从"商品"能源属性看，对新增的新能源发电上网电价补贴已经绝大部取消或大量消减，新能源在一定程度上参与到电力市场之中。从"可靠性"属性中的安全性、稳定性、便捷性、可备用性几个要素看，新能源发展都有不同程度的进步，特别是随着新能源发电在终端能源消费比重中的提高，对于减少我国石油对外依存度高带来的能源安全风险将逐步发挥重要作用。因此，从新能源发展积累的经验上、从新能源与传统能源协同上、从对新能源技术发展预测上，我们对新能源大力发展有充分信心。

同时，我们也注意到，新能源在这个 6 个属性方面存在不同程度的差距，尤其是在"稳定性"和"商品能源"属性两个方面还存在较大差距，而这两个方面代表着与传统能源的融合，代表着能源安全转型。从差距的性质看，有些差距是特性使然，有些差距是发展中的问题，需要认真分析新能源发展对能源电力转型带来哪些主要挑战。

从光伏发电、风电的发电特性看挑战。光伏发电和风电特点是能量密度低，具有较强的随机性、波动性、不稳定性，这些特点与新能源的可再生性一样与生俱来，是客观规律使然。能量密度低，则占用土地或者其他地表资源大、受制条件多，除了尽可能分散式开发外，大规模开发时仍需要与其他能源资源匹配和远距离电能输送。新能源的随机性、波动性、不稳定性特征既是独立影响因素，又互相影响。如，天有不测风云造成新能源发电的随机性；光伏发电因地球转动使太阳辐射强度变化随白天黑夜发生波动性变化，风电因太阳辐射及季节影响出现季度、昼夜的波动性变化；新能源发电技术基础建立在大量电力电子设备之上，因系统惯性低呈现出不稳定性。随机性、波动性、不稳定性共同造成新能源发电在功率上可控性差、与用户对电力电量需求的匹配性差、与大电网的运行规律协调性差，从而对电力平衡和电力系统稳定性产生不确定性和不利影响。如，中国煤电、水电、核电的年满负荷利用小时分别可达 5500、3500、7000 小时左右，其中，煤电、核电年满负荷利用小时还可以更高；而风电年利用小时数为平均 2200 小时，光伏发电平均 1200 小时。更重要的是，在计算电量平衡和电力平衡时，新能源在电力平衡方面作用很低，如光伏发电在电力平衡中的作用几乎为零。

从新能源应用方式看挑战。新能源发电能量密度低、分布广泛、便于分散使用，千家万户均可自发自用，但却难以保证高质量用电，用户仍然需要与电网联接。分布式电源是新能源发展的重要途径，主要采用"自发自用、余量上网、电网调节"的运营模式。随着分布式发电更多地接入配电网，由分布式电源和相关储能、调控、保护设施构成的微电网和主动配电网增多，将更大地改变原有电力负荷特性，增加了电网调节难度，降低系统效能。新能源与其他传统能源同处于一个电力系统中，这就形成了新能源与其他能源的耦合关系，但从认识规律到把握规律还需要深入研究，包括采用数字仿真、物理模拟等手段。当新能源渗透率较低（如小于10%）时，传统电力安全稳定运行机制仍然可以应对新能源发电对系统的影响。但随着新能源渗透率增加，影响机制更为复杂，影响范围将进一步扩大。

0.3 构建新型电力系统要把握的几个关键

新型电力系统是实现新电气化的物理载体。新型电力系统的发展将是一个以可再生能源为主体，水电、核电、天然气燃机发电（简称气电）、储能以及燃煤发电等协调运行的多元电力体系，在这个体系中，多能互补的分布式能源系统、微电网共同构成以智能电网为主体的能源互联网体系。

第一，满足全社会用电量发展需求是新型电力系统的核心任务。要充分考虑到我国电力需求的发展空间。比较全球、OECD（经合组织：organization for economic coperation and development）国家和中国的用电量，可以进一步理解发展仍然是解决矛盾的基本手段。根据中国电力企业联合会统计数据，2020年，全球、OECD国家人均用电量分别为3499、8018千瓦时，中国人均用电量是5331千瓦时，是全球的1.52倍、OECD国家的0.66倍；但2019年全球、OECD国家和中国人均生活用电量分别为880、2619、733千瓦时，中国是全球的0.83倍，仅是OECD国家的29%[1]。中国人均生活用电最高的是福建省的1173千瓦时，大于1000千瓦时以上的有福建、北京、浙江、上海。2019年，OECD国家的工业、商业、居民用电占比分别为31.7%、31.4%、30.9%，2021年中国工业用电占比66.3%。中国人均用电量和工业用电量比重都相对较高，而生活用电量显著偏低，说明了中国当前的发展阶段仍然处在工业化过程之中，且是大量工业品出口型国家，为世界的经济发展做出了巨大贡献，也说明了中国产业结构调整任务非常艰难，在发展方式上要向大力提高人民生活水平的方向转变。因此，中国全社会用电量仍然需要较快速增长。

第二，要优先解决好电网如何适应大规模新能源接入后电力系统安全稳定运行的问题。在电力低碳转型中，电网承担着配置电能的中枢、基础地位，即便是新能源发电不直接接入电网，但由于影响了电网负荷特性，对电网也有直接影响。安全稳定运行与大规模接纳新能源发电是一对对立统一的矛盾，没有大规模接纳新能源电力，实现不了低碳转型目标；没有安全稳定运行，则大规模接纳新能源也没有意义。电力系统安全稳定

---

[1] 根据《Key World Energy Statistics 2021》，2019年全球人口76.66亿，OECD人口13.57亿；根据《BP Statistical Review of World Energy July 2021》，2020年全球发电量26 823.2亿千瓦时，OECD发电量10 880.8亿千瓦时。

运行与新能源更多地接入电网呈非线性增长关系，这是因为，电能占终端能源消费比重越高，电力安全对经济社会的安全性就越重要；而随机性、波动性的可再生能源接入电网越多，对电力系统安全稳定性的影响就越大；同时，由于电力系统中具有转动惯量的电源比例减少，电力系统安全稳定性下降。要解决好这一矛盾，政府、社会及电力系统各主体都应对电网功能、作用的变化有新的认识。在宏观层面上，要统筹好智能电网、能源互联网、工业物联网、通信网、交通网等多网融合发展；在能源层面上，要统筹好能源、电力、电网（尤其是配电网）、储能协调发展，做好规划并及时评估修订；在电力层面上，要加强电力系统安全稳定的理论、技术和商业模式创新，与时俱进修订技术标准，分阶段提出政策措施和改革措施。

第三，解决好煤电定位问题。中国经过了几十年改革开放发展，终于站到了全球电力系统总体先进、部分领先的行列，煤电在维护电力系统安全稳定、提高能源效率、加强环境污染控制、强化热电联产解决全局性煤烟型污染方面做出了巨大贡献。2021年底，在运煤电装机容量约11.1亿千瓦，平均年运行4602小时，占全口径发电量比重约60%，80%以上机组容量大于300兆瓦，热电联产机组容量比已经超过50%。但我国电网只有约4.7%的燃机灵活性电源，燃气对外依存度约45%且价格居高不下，煤电必须要承担灵活性调节的主要任务。因此，要认真研究煤电系统如何发挥好在能源转型中的灵活性电源、热电联产供热、生物质能联合发电、在区域或者产业循环中的能量、物质、价值流的综合作用；要严格限制单纯的以提供电量为目的的纯凝汽式煤电机组；随着电力低碳转型的深入推进，煤电在统筹、逐步、有序退出或与CCUS技术结合方面是实现中国碳中和的必然，但在转型或退出过程中，根据电力系统安全稳定运行和关键热源的需要，煤电仍然会发挥其灵活性电源、电力安全备用电源的作用。

第四，解决好储能问题。当传统电力系统的"源随荷动"运行机制转变为新能源发展条件下的"源网荷储备"运行机制时，电力系统运行特点将发生根本性变化。传统电力系统储能主要配置在电网侧，在新型电力系统中，为了适应不同地区、不同电源、电力负荷特点，储能会以多种方式（化学、物理方式；储电、储热、转变为氢能、储机械能等）配置在网、源、荷侧，使传统的单向电能配置模式改变成双向、多向、多能配置模式；电力系统原有各个环节由区分明显转变为相互融合的部分不断增大。为了满足构建新型电力系统的要求，在电源侧要有充足、稳定、具有一定灵活性的电源或便于调节的储能设施（如抽水蓄能），在系统中不仅要设置必要的事故备用、负荷备用、检修备用机组，也要有应对正常气象条件，如连续三四天的阴天或静风天气——在传统能源电力体系不构成风险条件——给电力系统带来新的能源安全风险的备用机组，这些机组如何既发挥好战略备用作用，又能尽可能减少系统成本是一个需要深化研究的新问题。储能发展方兴未艾，技术及商业模式层出不穷，为未来展现了美好的前景。但是，储能的特点也决定了其在应用对象、条件、安全、技术、商业模式等方面都存在系统性和综合性的问题，而这正体现出储能不可能脱离新能源发展进程、电力系统需求、经济社会需求而独立发展。

在"十四五"期间，尽管可再生能源尤其是新能源快速发展，但发电量占比仍然较低，电力系统安全稳定风险层面的问题主要出现在局部环节，体现为解决局部新能源发展与电网协调问题，部分地区供需紧张问题，保障煤炭的安全供应，防止由于电煤的量、价大幅波动带来的系统风险问题，以及进一步提高煤电机组的灵活性调节功能问题。

第 1 章
碳中和概论

1988 年，联合国环境规划署和世界气象组织联合成立了政府间气候变化专门委员会（IPCC），其主要任务是对气候变化科学认知、气候变化对经济社会的潜在影响以及如何适应和减缓气候变化的可能对策进行评估。1990 年，IPCC 发布了第一次评估报告，促进了 1992 年通过《联合国气候变化框架公约》（UNFCCC）并于 1994 年 3 月生效。此后，1997 年通过了《京都议定书》并于 2005 年生效；2015 年通过了《巴黎协定》并于 2016 年生效。这三个公约确定了人类社会应对气候变化的基本法律框架，而《巴黎协定》确定了人类社会应对气候变化的新目标。2021 年 8 月 9 日，IPCC 第六次评估报告第一工作组报告《气候变化 2021：自然科学基础》正式发布。报告指出，人类活动的影响使大气、海洋、冰冻圈和生物圈发生了广泛而迅速的变化。气候系统的许多变化与日益加剧的全球变暖直接相关。其主要表现包括极端高温、海洋热浪和强降水频率和强度的增加，部分地区出现农业和生态干旱，强热带气旋比例增加以及北极海冰、积雪和多年冻土减少等问题。

《巴黎协定》在提出温控目标的同时指出，为实现气温目标，各缔约方应在维护"共同但有区别责任原则"（简称共区原则）的基础上，尽快达到温室气体排放的全球峰值；此后利用现有的最佳技术手段迅速减排，在推进可持续发展和消除贫困以及平等的基础上，在 21 世纪下半叶实现温室气体源的人为排放与碳汇的清除之间的平衡。

2015 年 11 月 30 日，国家主席习近平在巴黎出席气候变化巴黎大会开幕式并发表题为《携手构建合作共赢、公平合理的气候变化治理机制》的重要讲话，提出中国将于 2030 年左右使二氧化碳排放达到峰值并争取尽早实现。时隔 5 年，2020 年 9 月 22 日，国家主席习近平在第七十五届联合国大会一般性辩论上发表重要讲话并进一步提出，中国将提高国家自主贡献力度，采取更加有力的政策和措施，二氧化碳排放力争于 2030 年前达到峰值，努力争取 2060 年前实现碳中和。习近平主席两次提出的目标，均通过中国政府的正式文件提交到《联合国气候变化框架公约》秘书处。为简化表述，"二氧化碳排放力争于 2030 年前达到峰值，努力争取 2060 年前实现碳中和"简称为"中国碳达峰碳中和工作"，也称为"双碳"目标。

"碳达峰""碳中和"这两个术语经常并列或者分别出现在中国的各类文件、报告及媒体中，由于世界各国发展阶段不同、国情不同、应对气候变化的责任、目标、措施不同，加之翻译者的因素，对于碳达峰和碳中和的理解也不尽相同。

关于碳达峰中的"碳"，中国政府是非常明确的，即"二氧化碳排放"；达峰的时间点不是某一年，而是"2030 年前"。有研究指出，碳达峰是指二氧化碳年排放总量达到的相对最高值，但并不一定指在某一年达到最大排放量，而是指排放总量进入高值平台期并可能在一定范围内波动，然后进入平稳下降阶段。

根据 IPCC 在 2018 年发布的《IPCC 全球升温 1.5℃特别报告》"术语表"中相关"碳中和"和"温室气体中和"的解释。碳中和（carbon neutral）即二氧化碳净零排放（net zero CO_2 emissions），是指在规定时期内，二氧化碳人为移除在全球范围抵消人为排放时的状态。相应地在规定时期内，温室气体的人为移除在全球范围抵消人为排放时的状态，称为温室气体中和，也称为净零排放（net zero emissions）。如果没有特别说明，本书中碳达峰及碳中和的涵义为以上解释。

　　本章将围绕气候变化的基本问题、气候变化的全球应对以及碳中和的基本概念与原理三个层面介绍"碳中和"的提出背景、意义与价值。

1.1　气候变化基本问题

1.1.1　气候系统

　　通常认为，气候系统仅包含大气圈，但作为一个复杂的、高度非线性的、开放的巨系统，气候系统由大气圈、水圈、冰冻圈、岩石圈和生物圈五部分组成。太阳辐射作为该系统的主要能源，在其作用下，气候系统内部各组分通过物质交换和能量交换，紧密地连接成一个开放系统。

　　大气圈是气候系统中最活跃、变化最大的组成部分，由多种气体、一些悬浮着的固体杂质和液体微粒组成；水圈包括海洋、湖泊、江河、地下水和地表上的一切液态水，其中海洋由于具有最大的热惯性，是一个巨大的能量储存库，故在气候形成和变化中最为重要；陆面包括岩石圈和陆地表面；冰冻圈包括大陆冰原、高山冰川、海冰和地面雪盖等；生物圈是地球上所有的生物与其环境的总和。

　　地球气候作为一个典型的复杂物理系统，其自然变化受到气候系统五大圈层的影响，变化具有明显的多时间尺度和多空间尺度特征。时间尺度主要体现在季节、年际、年代际到百年甚至更长尺度，空间尺度体现在从局地到全球。一方面，在太阳辐射这一外强迫作用下，气候系统具有足够的稳定性。另一方面，在内部和外部扰动的共同作用下，各种时间和空间尺度变化间相互影响，气候系统因此展现出了不同时间和空间尺度的变率，构成了具有高维变量的复杂系统。

　　五大圈层间的相互作用是决定地球气候自然变化的核心（见图 1-1），但地球气候还受到自然和人为两类外强迫因素的影响。自然外强迫主要包括太阳辐射和火山活动；人为外强迫则主要是人类生产、生活使用化石燃料排放进入大气圈的温室气体、气溶胶等物质以及土地利用的变化。

　　在百万至千万年时间尺度上，地质活动是气候系统波动的主控因素，与板块运动相关的地球"深部-表层-大气"之间的碳循环导致了深时❶气候环境的冷—暖转换和地球宜居性演化。在万年至十万年时间尺度上，由于受木星等大质量行星的扰动而产生的地球轨道的变化是气候系统波动的主控因素，这便是著名的"米兰科维奇循环"，导致了地球气候在冰期和间冰期之间的转换。在年际到千年时间尺度上，海洋环流变化主导了气候系统的波动。几周以内的天气变化则主要是由于大气内部波动造成的。

　　上面所述的不同时间尺度下气候变化的主控因素只是触发了气候系统变化，而气候

---

❶　深时（Deep time）是指地球从 46 亿年前形成之初演化到 260 万年前第四纪开始的漫长地质历史时期。

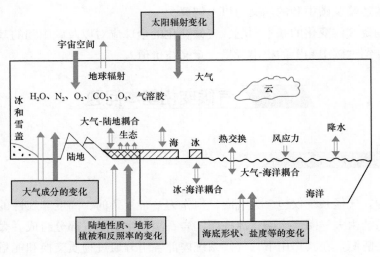

图 1-1　气候系统示意

系统中反馈机制所产生的抑制或放大作用将使得气候系统的变率更加复杂。如"碳酸盐 - 硅酸盐负反馈"机制，维持了地球气候系统在地质构造时间尺度上的稳定性；"冰 - 雪反照率正反馈"是地球气候系统在冰期 - 间冰期之间转换的放大机制；"水汽正反馈"被认为是放大二氧化碳温室效应的机制。

1.1.2　气候变化

气候变化一般指气候状态随时间的变化，这种变化通常会持续几十年甚至更长时间，其变化程度通常由某一时段内的气候平均状态以及距平均值的离差（距平值）来加以判别。

气候变化发生的原因，一方面是自然的内部过程或外部胁迫，如太阳周期的改变、火山喷发等，另一方面是持续的人为活动引起的大气成分或土地利用的变化。自然变化是气候变化的基本背景，人类活动引起的变化是气候变化的扰动过程，它们在本质上是不同的，一个反映的是自然倾向，另一个则反映的是人为拉动。因此，《联合国气候变化框架公约》将气候变化细化定义为：在可以比较的时期内，所观测到的自然气候离差之外的，直接或间接归因于人类活动改变大气成分的那一部分气候变化，以区别于自然原因的气候变化。

地球气候一直处于变化之中，目前研究意义上的气候变化通常指地球在过去 150 年内以前所未有的速度和程度出现的全球变暖现象（见图 1-2）。与 1850—1900 年的平均地表温度相比，2010—2019 年人类活动造成的全球地表温度总增幅约 1.07℃，冰川大范围融化、海平面持续上升等诸多问题日趋严重，极端天气气候事件的强度和频率也发生了明显改变。其中，北极海冰年平均面积达到了自 1850 年以来的最低水平；全球平均海平面在近 100 年间上升了 0.20 米，且酸化情况严重；极端高温（包括热浪）事件增多，极端冷事件减少；土地蒸散量增加，农业和生态干旱情况加剧；陆地区域的强降水事件和热带气旋的强度、频率存在长期增加趋势。

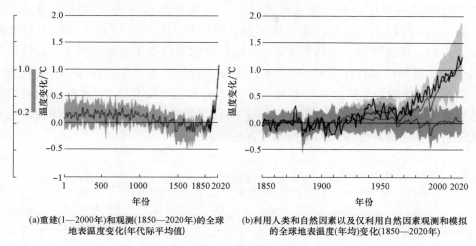

(a)重建(1—2000年)和观测(1850—2020年)的全球 　(b)利用人类和自然因素以及仅利用自然因素观测和模拟
地表温度变化(年代际平均值)　　　　　　　　　的全球地表温度(年均)变化(1850—2020年)

图 1-2　全球地表温度变化趋势

　　温室气体作为全球气候变暖的主要影响因素，其对地球系统的能量调配发挥着比较特殊的作用，它能够透过太阳短波辐射，却吸收地表长波辐射，从而使地球系统变暖。地球在自然演化过程中，大气的温室气体已逐步形成了一个基本平衡的自然循环状态，其在大气中维持的值也恰好达到了较为适中的水平，有利于地球保持一个适于人类生存的温度环境。

　　1850 年以来，人为强迫已远远超出了同期的自然变化，人为排放温室气体引起的百年尺度增幅超过了以往十万年尺度的自然振幅（见图 1-3），大气中的温室气体浓度持续增加。2019 年，CO_2 体积浓度达到了每年平均 410×10^{-6}，甲烷（CH_4）体积浓度为 1866×10^{-9}，一氧化二氮（N_2O）体积浓度为 332×10^{-9}，严重打破了自然界温室气体的原有平衡，气候系统温度持续升高。

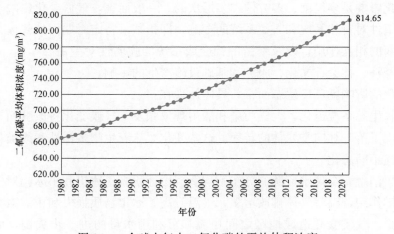

图 1-3　全球大气中二氧化碳的平均体积浓度

随着全球变暖状况的加剧，如不对该趋势加以控制，区域平均气温、降水量和土壤湿度的变化幅度将继续上升。在极端情况下，21 世纪末全球平均地球表面温度将较 1850—1900 年期间上升 4.4℃，北极地区温升幅度更大，预计将以 2 倍以上的速度变暖。随着地表温度的增加，每增温 1℃，极端日降水事件概率将增加约 7%，热带气旋峰值风速的比例预计也将在全球尺度上有所增加。此外，海洋作为目前 CO_2 吸收的主要载体，CO_2 排放量增加也将进一步导致海平面上升和海水酸化。4℃或以上的增温将导致海水表层 pH 值下降至 7.8 以下（见图 1-4），并在接下来的几个世纪内迎来海平面几米的上升，众多海洋生物将因此面临生存威胁。

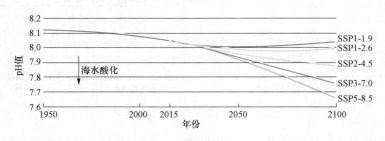

图 1-4　全球海水表层 pH 值

1.1.3　气候变化影响

气候系统作为人类赖以生存自然环境系统的一个重要组成部分，它的任何变化都会对自然环境系统及社会经济产生不可忽视的影响。气候变化可能成为一种自然驱动力，一方面改变生态系统所依赖的气候条件（水、热、风）和气候资源（光、水、气），另一方面也改变其环境条件的稳定性。

这种变化不仅会对地球物理系统产生恶劣影响（包括洪水、干旱、海平面上升），同时气候变化影响是多尺度、多方位、多层次的。一般而言，气候变化影响主要是指极端天气气候事件对自然系统和人类系统的影响，即指某一特定时期内的气候变化和危险气候事件之间的相互作用，以及暴露的社会或系统的脆弱性对生命、生活、健康状况、生态系统、经济、社会、文化、服务和基础设施产生的影响。

气候变化的影响就环境生态而言，具体体现在：

（1）森林生态系统退化，大气污染和酸雨现象频发。气候变化将改变植被类型，如在南欧已发现了落叶林向常绿林的转换。这些变化意味着生物多样性和人类赖以生存的生态系统正在不断恶化。

（2）冰川消融，全球水资源的分布不均衡。山地积雪、冰川和小冰帽对于区域可用淡水起到关键作用，温室气体排放增多，气温升高，冰川物质损失和积雪减少导致可用淡水总量减少。气候变暖造成地区之间径流和可利用水量的进一步失衡，而暴雨、洪水、干旱等灾难事件将更为频繁和严重，进一步威胁人类的生存。

（3）生物多样性受到严重威胁。气候变化影响下自然生态系统中那些对气候狭适性的物种的反应会显得尤其脆弱，气候变化对物种多样性的影响将对自然生态系统造成不可逆转的退化。现在物种的分布正在向两极和高纬度地区转移，两栖类中超过 1% 的物种灭绝也表明了气候变化已经对生物多样性产生了重要影响。

对于人类社会而言，气候变化带来的影响主要体现在经济损失、生存环境挑战增大等方面，具体包括：

（1）极端天气和异常气候加剧经济支出。气候变化令人担忧的重要原因，在于日渐频发的与气候变暖有关的自然灾害及其造成的巨额经济损失。仅 2003 年全球因自然灾害造成的直接损失比 2002 年增加了 9% 左右，比全球 GDP 增长的速度还要高近一倍，其中大部分的自然灾害是由极端天气和气候事件引起的。美国气象学会等 8 个机构 2008 年向国会提供的研究报告指出，极端天气和异常气候事件可使美国的经济收入损失 1/4 左右，高达约 2 万亿元。

（2）粮食减产、物种灭绝等间接影响进一步恶化生存环境。包括人类在内的地球物种对气候变化适应能力有限，若全球平均温度增幅在 1~3℃ 内，预计粮食生产潜力可能会随温度增加而提高，但如果温度增幅超过这一范围，粮食生产潜力则会迅速下降。且低纬度地区和干旱地区由于粮食适应性更弱，增温幅度超过 1~2℃ 即会导致大量粮食作物减产。如果变暖幅度达到 4℃，平均损失可能要高达国内生产总值的 1%~5%，将与目前所有自然灾害造成的损失相当。除去作物减产，全球气候变暖将导致严重的物种灭绝。当温度增幅为 1.5~2.5℃ 时（较 1980—1999 年），将有 20%~30% 的物种可能要面临灭绝风险；当温度增温幅度达到 3.5℃ 时，将有 40%~70% 的物种可能面临灭顶之灾。综上所述，3℃ 左右的变暖幅度是挑战人类适应能力的一个关键极限，在低纬度和干旱地区这个极限指标可能还要更低一些。而这个指标正好处在联合国政府间气候变化专门委员会（IPCC）评估报告所估算出的 21 世纪可能的增温范围（1.1~6.4℃）之内。

（3）生存环境变化将改变人类现有发展格局。以中国为例，按照目前情景预测的增温幅度进行影响评估，未来中国亚热带的北界将可能从现在的秦岭淮河一带扩展至黄河以北，东北和青藏高原的多年冻土及祁连山和天山一带的小冰川将会完全消失，造成中国气候带整体北移，致使中国降水格局发生重大调整。这种变化将致使中国 110°E 以西的黄河和长江上游变得十分湿润，而东部地区特别是江淮平原地区变得比较干旱。以上变化将对目前气候条件支撑下的中国社会经济格局提出挑战，严重威胁中国东部地区已经形成的经济繁荣局面，东部地区的人民财产或将受到威胁。

1.2　气候变化的全球应对

1.2.1　气候适应与减缓

面对已经发生的气候变化，为尽可能缩减其带来的不良影响，各国社会依据自身情况积极采取对策,于1992年在《联合国气候变化框架》中引入两个不同的战略:气候适应(adaptation)和减缓(mitigation)。其中,气候适应倾向于通过增强自身的各种能力来降低气候变化对生命、财产以及健康带来的各种损失和影响。减缓主要是指减少人类活动带来的温室气体排放,从而减缓并阻止气候变化的发生。

在气候变化及其影响的强大惯性下,必须坚持适应和减缓这两项基本对策,二者相辅相成。通过加强管理和调整人类活动,趋利避害,减轻气候变化对自然生态系统和社会经济系统的不利影响。

1. 适应气候变化

适应是指自然或人类系统为应对实际的或预期的气候变化而做出相应的减小脆弱性的措施,即自然或人类系统为应对现实的或预期的气候变化影响而做出的调整。这种调整能够减轻因气候变化而带来的损害或在挑战中发现有利的机会,是一种有意识、有计划的适应对策和行动(包括预防性的适应和有计划的适应)。适应能力专指未来应对气候风险采取的适应措施。未实施适应政策之前采取的防灾减灾等风险应对措施,称为应对能力。

气候变化脆弱性是指地球物理系统、生物系统和社会经济系统对气候变化的敏感程度,这种敏感是指它无法应对气候变化带来的不利影响。有三个途径来减少脆弱性,一是减少暴露程度,二是降低敏感程度,三是提高灾害后的补偿和恢复能力。但社会经济的脆弱性不仅来自气候变化的挑战,还取决于发展的现状和路径。适应的短期目标是减小气候风险、增强适应能力,长期目标与可持续发展战略相一致,且适应政策也只有在可持续发展的框架下实施才能取得成功。

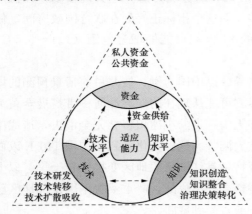

图1-5 完善适应治理体系,提升国家适应能力的三维框架

识别当前不足并确定未来重点方向与目标,是完善气候治理体系的关键环节和必要途径。面对因减排力度不足而导致气候变化风险逐渐加剧的情况,各个国家和地区都在加快推动各自适应进程,根据对适应气候变化的国际焦点分析,认为影响气候变化适应能力的因素如图1-5所示,主要包括:①资金供给能力。资金是推动各类行动的动力来源和必要保障,无论技术研发、援助和推广扩散还是知识维度的科学研究、能力建设及政府政策行动等都创造出大量资金需求。②技术创新能力。技术是应对未来气候影响的主要保证,构建系统完善的适应技术体系是提升适应能力的重要方式。③知识应用能力。知识水平决定了人类对气候变化本身的认知、应对手段的掌握、自身进程的评估和监管以及治理体系完善的程度。

对于广大发展中国家而言,西方发达国家工业化后期才遇到的资源、环境问题,在它们的工业化初期就出现了。所以发展中国家面临着发展经济、摆脱贫困和保护生态环境、创造可持续发展基础的双重任务。中国是最大的发展中国家，因为区域发展不平衡、地域环境条件复杂等因素，是目前全球受气候变化影响最严重的国家之一，对中国来说适应气候变化是一项更现实、紧迫、复杂的挑战，面临着完善气候治理体系，提升气候治理能力等诸多挑战。在对比不同国家间的治理模式后，有研究机构提出了基于适应气候变化的政策与机制框架设计，如图 1-6 所示。

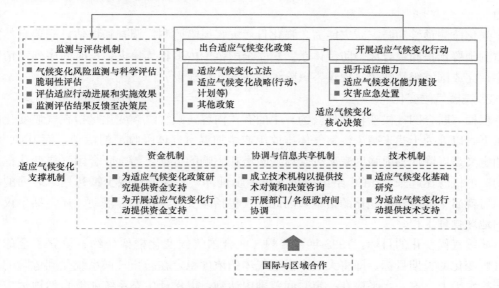

图 1-6　适应气候变化的核心决策过程与支撑机制

政策规定方面，中国在加强顶层设计的同时，围绕重点区域、重点领域和重点气候问题开展了各种措施以提高适应能力并提高对气候变化的监测预警能力，具体包括：

推进和实施适应气候变化重大战略。从国家层面统筹开展适应气候变化工作，2013年我国首次发布了《国家适应气候变化战略》，明确了 2014—2020 年国家适应气候变化工作的指导思想、原则和主要目标，制定实施基础设施、农业、水资源、海岸带和相关海域、森林和其他生态系统、人体健康、旅游业和其他产业七大重点任务等。2022 年 5月，生态环境部、国家发展改革委、科学技术部以及财政部等 17 部门联合印发了《国家适应气候变化战略 2035》，提出了新时期我国适应气候变化工作的主要目标，着力加强统筹指导和沟通协调，强化气候变化影响观测评估，明确了我国适应环境气候变化工作的重点领域、区域格局和保障措施。

开展重点区域适应气候变化行动。在城市地区，制定城市适应气候变化行动方案，开展海绵城市以及气候适应型城市试点，提升城市基础设施建设的气候韧性。在沿海地区，组织开展年度全国海平面变化监测、影响调查与评估，严格管控围填海，加强滨海湿地保护，提高沿海重点地区抵御气候变化风险能力。在其他重点生态地区，开展青藏高原、西北农牧交错带、西南石漠化地区、长江与黄河流域等生态脆弱地区气候适应与生态修复工作，协同提高适应气候变化能力。

推进重点领域适应气候变化行动。在农业领域，加快转变农业发展方式，推进农

19

业可持续发展，启动实施东北地区秸秆处理等农业绿色发展"五大行动"，提升农业减排固碳能力。在林业和草原领域，因地制宜、适地适树科学造林绿化，优化造林模式，培育健康森林，全面提升林业适应气候变化能力。在水资源领域，完善防洪减灾体系，加强水利基础设施建设，提升水资源优化配置和水旱灾害防御能力。在公众健康领域，组织开展气候变化健康风险评估，提升中国适应气候变化、保护人群健康能力。

强化监测预警和防灾减灾能力。强化自然灾害风险监测、调查和评估，完善自然灾害监测预警预报和综合风险防范体系。建立全国范围内多种气象灾害长时间序列灾情数据库，完成国家级精细化气象灾害风险预警业务平台建设。

2. 减缓气候变化

根据《联合国气候变化框架公约》中的有关内容，减缓气候变化是指在气候变化的背景下，以人为干扰来减少温室气体排放源或增加温室气体吸收汇的活动，而 IPCC 给予的定义是以降低辐射强度来减少全球变暖潜在影响的行动。与《联合国气候变化框架公约》的概念比起来，IPCC 给出的概念进一步延伸，只要能够减少抵达地球表面的太阳辐射就属于减缓气候变化的措施，因此不仅包括减少源、增汇等活动，还包括争议很多的地球物理工程。

减缓气候变化的目标：1992 年签署的《联合国气候变化框架公约》设立了全球应对气候变化的长期目标，即将大气中温室气体的浓度稳定在防止气候系统受到危险的人为干扰水平上，这一水平应在一定时间范围内达到，以保证生态系统能够自然地适应气候变化，确保粮食生产安全不受威胁，并使经济发展能够可持续地进行。

减缓气候变化有两个基本点：公平和成本有效。无论是发展中国家还是发达国家都要根据共区原则承担应对气候变化的责任，根据国家发展情况而做出相应的努力。但根据目前实施情况看，受技术、经济性等方面的限制，各国减缓政策收效甚微，远未达到相关标准，目前面临的基本挑战是如何以最小成本或损失来减缓气候变化。

由于各个国家和地区所处发展阶段、经济水平、政治制度等方面的不同，故在气候治理问题上不同国家间存在较大差距。以欧盟为首的发达国家作为目前全球气候治理的倡导者和先行者，在应对气候变化方面占据主导地位，积累了诸多经验，为广大发展中国家提供了成功经验和可供参考的发展样板。

欧盟：在减排的成本有效性及能源安全双重目标的导向下，欧盟重点依托以碳排放交易系统为代表的市场手段和以可再生能源指令为代表的行政指令，控制温室气体排放对气候变化的影响。下一步，欧盟将通过继续扩大和改进碳排放交易系统、加快发展可再生能源、提高能源效率及加强技术和产品标准等措施来实现温室气体减排目标。

伞形集团❶：像日本、加拿大、澳大利亚和俄罗斯等国家在应对气候变化时都充分

---

❶ 伞形集团（Umbrella Group）是一个区别于传统西方发达国家的阵营划分，用以特指在当前全球气候变暖议题上不同立场的国家利益集团，具体是指除欧盟以外的其他发达国家，包括美国、日本、加拿大、澳大利亚、新西兰、挪威、俄罗斯、乌克兰。

考虑了各自的国情。日本在进一步挖掘节能潜力的同时，通过加强国民教育、利用核能、动员全社会力量来减少排放；加拿大则将温室气体纳入污染物范畴并加以管理；澳大利亚强调采用排放贸易等市场经济手段；俄罗斯则借助经济结构调整和能源政策寻求实现温室气体排放控制目标。

美国：美国在国际合作应对气候变化方面积极性不高，如拒绝接受《京都议定书》强制性量化减排目标，特朗普政府期间退出《巴黎协定》。但由于美国早已实现了工业化、页岩气革命成功，促进了天然气替代煤炭的步伐，积极开发新能源技术，在减排过程中也付出了大量的行动；在政策方面，推动多边技术合作计划，促进技术开发；一些地方政府提出限排目标，有很多企业自愿采取减排行动。

中国政府高度重视应对气候变化工作，持续推进国际合作，是《联合国气候变框架公约》《京都议定书》《巴黎协定》缔约方，尤其是在推进《巴黎协定》的形成、颁布、生效、细则配套等方面发挥了强有力的推进作用。同时，不断加强国内应对气候变化工作，相关措施主要包括：

（1）优化调整能源结构。能源领域是温室气体排放的主要来源，鉴于中国以煤炭为主体的能源结构，未来一段时间内，中国仍将是全球最大的煤炭运输及物流市场。为降低化石能源在一次能源中的消耗，中国一方面积极推动煤炭供给侧结构性改革，推动煤电行业清洁高效高质量发展（见图1-7）；另一方面，加强新能源的研发应用，提高可再生能源的消费比重（见图1-8），加快能源结构调整，构建清洁低碳安全高效的能源体系。

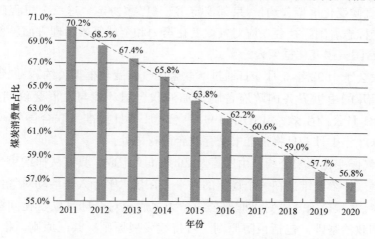

图1-7 2011—2020年中国煤炭消费量占能源消费总量比例

（2）加大温室气体排放控制力度。加强重点工业行业、建筑行业、交通行业温室气体排放控制力度，推动非二氧化碳温室气体减排和绿色可持续发展体系构建；统筹推进山水林田湖草沙系统治理，严格落实相关举措，持续提升生态碳汇能力。

（3）大力发展绿色低碳产业。建立健全绿色低碳循环发展经济体系，促进经济社会发展全面绿色转型是解决资源环境生态问题的基础之策。在此基础上，中国大力培育发展新兴产业，支持节能环保、清洁生产、清洁能源等绿色低碳产业发展。

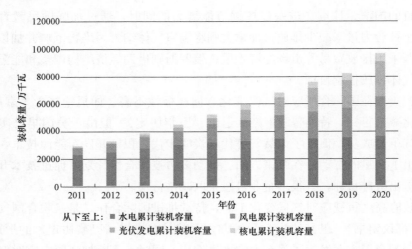

图 1-8 2011—2020 年非化石能源发电装机容量

1.2.2 全球气候治理

在过去几十年的全球气候治理过程中，取得了一系列制度性成果和重大治理成效，形成了一种多主体参与的、多层次的、多机制的应对体系。

《联合国气候变化框架公约》《京都议定书》《巴黎协定》这三个里程碑式的应对气候变化的法律标志着国际社会在应对气候变化努力和全球气候治理方面新秩序的形成。

1. 《联合国气候变化框架公约》

联合国大会于 1992 年 5 月 9 日通过《联合国气候变化框架公约》，同年 6 月在巴西里约热内卢召开的由世界各国政府首脑参加的联合国环境与发展会议期间开放签署，1994 年 3 月 21 日公约生效。我国于 1992 年 11 月 7 日批准《联合国气候变化框架公约》，并于 1993 年 1 月 5 日将批准书交存联合国秘书处。

《联合国气候变化框架公约》由序言及 26 条正文组成，具有法律约束力，终极目标是将大气温室气体浓度维持在一个稳定的水平，在该水平上人类活动对气候系统的危险干扰不会发生。《联合国气候变化框架公约》为之后应对全球气候变化问题提供了重要的法律基础和政治基础，包括预防原则、可持续发展原则、共区原则。根据共区原则，《联合国气候变化框架公约》对发达国家和发展中国家规定的义务以及履行义务的程序有所区别，要求发达国家采取具体措施限制温室气体的排放，并向发展中国家提供资金以支付它们履行公约义务所需的费用；而发展中国家只承担提供温室气体源与温室气体汇的国家清单的义务，制订并执行含有关于温室气体源与汇方面措施的方案，不承担有法律约束力的限控义务。

2. 《京都议定书》

《京都议定书》于 1997 年 12 月在日本京都《联合国气候变化框架公约》第三次缔约方大会上通过，2005 年 2 月 16 日开始生效。《京都议定书》整体上体现了"共区原则"，为发达国家限定了减排的目标和时间。发达国家和市场经济转轨国家（即《联合国气候变化框架公约》附件一国家），在 2008—2012 年承诺期内，要将《京都议定书》所列的 6 种温室气体排放总量从 1990 年水平减少 5.2%，但不同国家或地区的减排比例是不同的，例如，欧盟要减排 8%、美国要减排 7%、日本要减排 6%。美国虽然 1998 年签署了《京都议定书》，但在 2001 年 3 月，美国政府以"减少温室气体排放将会影响美国经济发展"和"发展中国家也应该承担减排和限排温室气体的义务"为借口，宣布拒绝批准《京都议定书》。

为了促进各国完成温室气体减排目标，《京都议定书》允许采取三种减排机制，即联合履约（joint implementation，JI）、排放交易（emissions trade，ET）和清洁发展机制（clean development mechanism，CDM）。联合履约，指可以采用"集团方式"，即欧盟内部的许多国家可视为一个整体，采取有的国家削减、有的国家增加的方法，在总体上完成减排任务。排放交易，指两个发达国家之间可以进行排放额度买卖的"排放权交易"，即难以完成削减任务的国家，可以花钱从超额完成任务的国家买进超出的额度。清洁发展机制，指发达国家可以在促进发展中国家可持续发展中，在发展中国家减排，其额外的减排量在确认后可以作为发达国家的额度。

3. 《巴黎协定》

《巴黎协定》（The Paris Agreement）于 2015 年 12 月 12 日在第 21 届联合国气候变化大会（巴黎气候大会）上通过，于 2016 年 4 月 22 日在美国纽约联合国大厦签署，于 2016 年 11 月 4 日起正式实施，是由全世界 178 个缔约方共同签署的气候变化协定，是对 2020 年后全球应对气候变化行动作出的统一安排。《巴黎协定》共 29 条，包括目标、减缓、适应、损失损害、资金、技术、能力建设、透明度、全球盘点等内容。

为了进一步体现"共区原则"，《巴黎协定》规定了发达国家应该为发展中国家在减缓和适应气候变化的方面提供资金。气候变化问题不是单纯的环境问题，而是与国家的贫困消除、可持续发展、粮食安全等密切相关的，所以《巴黎协定》也强调国家应该整体上实现经济发展的低碳转型，探索气候治理的发展路径。《巴黎协定》生效之后，各国采取了相应的行动，体现出应对气候变化与人类命运密切相关。

英国 2019 年修订了《气候变化法》并发布了 2050 年实现碳中和的计划；2020 年发布的"绿色工业革命"计划涵盖了海上风能、氢能、绿色航运、CCUS 等十个方面的内容并计划投入 120 亿英镑。

德国致力于在 2020 年 35% 以上的电力供能来自可再生能源❶，2030 年比例增加至50%，2050 年达到 80% 以上；2020 年制定了《国家氢能战略》，投入 70 亿欧元，并同时开展 CCUS、储能技术等领域的技术研究。

美国特朗普政府退出了《巴黎协定》，拜登政府又加入了《巴黎协定》，体现出美国执政党在应对气候变化政策方面的摇摆不定。但美国各阶层仍然在持续推进应对气候变化的行动，2019 年可再生能源的利用首次超过煤炭，加上核能，非化石能源已占能源

---

❶　根据德国统计局数据，2020 年德国实际的可再生能源发电占比达到 47%。

消费总量的 20％；2020 年美国能源部推出了一项为期五年、投入一亿美元的《绿色氢燃料电池卡车计划》，以推进氢能和燃料电池技术的研究。

日本 2019 年宣布旨在 21 世纪后半叶尽早实现碳中和，将 CCUS 和氢能作为两个重要的研究方向；2020 年发布《2050 年碳中和绿色增长战略》，鼓励企业投资推动海上风能和氢能的研究发展，预计 2030 年氢能供应量可达 300 万吨，2040 年海上风电装机容量达 30～45 吉兆，2050 年氢能供应量达 2000 万吨。资金主要是来自政府撬动的民间资本投资。

《巴黎协定》之后，中国采取了调整产业结构、优化能源结构、节能提高能效、利用市场机制、增加碳汇等一系列举措，落实国家自主贡献并取得积极进展。根据中国政府向 UNFCCC 秘书处提交的《中国落实国家自主贡献成效和新目标新举措》文件介绍，2019 年中国碳排放强度是 2005 年的 51.9％，比 2005 年下降约 48.1％，已超过 2020 年碳排放强度较 2005 年下降 40％～45％的控制温室气体排放行动目标，相当于累计减少排放二氧化碳约 57 亿吨。2019 年中国非化石能源占能源消费总量的比重达到 15.3％，比 2005 年大幅提升了 7.9 个百分点；根据第九次全国森林资源连续清查（2014—2018 年），森林覆盖率达到 22.96％，森林蓄积量达到 175.6 亿立方米，成为对全球新增绿化面积贡献最多的国家。

在适应气候变化方面，中国农田有效灌溉面积由 2005 年的 5500 万公顷提高到 2019 年的 6830 万公顷，农业灌溉用水有效利用系数由 2005 年的 0.45 提高到 2019 年的 0.56，提高了农业生产的气候韧性；南水北调工程的实施，提高了中国北方地区应对气候变化不利影响的能力。

在政策方面，2016 年发布的《中华人民共和国国民经济和社会发展第十三个五年规划纲要》中将单位 GDP 能耗降低 15％和单位 GDP 二氧化碳排放降低 18％作为约束性指标，2021 年发布的《中华人民共和国国民经济和社会发展第十四个五年规划和 2035 年远景目标纲要》中将单位 GDP 能耗降低 13.5％和单位 GDP 二氧化碳排放降低 18％作为约束性指标。两个规划均设置专门章节部署节能减排和应对气候变化重点任务。2016 年，国务院发布《"十三五"节能减排综合工作方案》和《"十三五"控制温室气体排放工作方案》，明确了节能减排和控制温室气体排放的目标、任务、要求和各部门分工。重点用能和碳排放领域、省级政府也分别编制了相关规划，部署落实节能减排和应对气候变化目标与任务。目前，为做好碳达峰碳中和工作，中国制定出台相关政策文件，包括《中共中央　国务院关于完整准确全面贯彻新发展理念做好碳达峰碳中和工作的意见》和《2030 年前碳达峰行动方案》及重点行业和领域的达峰方案和支撑方案，初步构建起"1＋N"碳达峰碳中和政策体系。

1.3　碳中和的基本概念与原理

1.3.1　碳中和基本概念

能源与气候组织（Energy & Climate Intelligence Unit，ECIU）追踪显示，截至

2022 年 4 月，已有 131 个国家和地区承诺实现碳中和，大部分国家和地区承诺在 2050 年实现碳中和，可见，实现碳中和已成为全球共识。

但是，碳中和（carbon neutral）的表述在世界各国存在着一定差异。有的讲二氧化碳排放中和，有的讲温室气体排放中和，有的讲气候中和，且存在着不同的表述内涵相同或者相同的表述内涵不同的情况，因此，必须对其碳中和的概念进行必要分析。

"中和"意味着正负相抵，"碳"根据狭义和广义可分别解释为二氧化碳（CO_2）以及以 CO_2 为代表的温室气体（greenhouse gas，GHG），包括甲烷（CH_4）、氧化亚氮（N_2O）、氢氟碳化物（HFCS）、全氟化碳（PFCS）、六氟化硫（SF_6）等。

对于温室气体中和而言，是指若一个对象（国家、地区、企业或个人）在一定测算时间内，直接或间接产生的温室气体通过植树造林或者从大气中移除温室气体等方式，在最终核算时二氧化碳当量为零，达到相对"零排放（net zero）"的结果，即可认为实现了温室气体中和。若温室气体特指二氧化碳，则称为碳中和或二氧化碳净零排放。在实现净零排放的基础上，综合考虑区域或局部的地球物理效应（如辐射效应），发现人类活动对气候系统没有产生净影响，则可称实现了气候中和或者气候中性。在具体工作中，应当根据具体情况分清碳中和的内涵，以便准确理解各国的政策以及采取的措施。

我国已进入新发展阶段，推进实现"双碳"目标是破解资源环境约束突出问题、实现可持续发展的迫切需要，是顺应技术进步趋势、推动经济结构转型升级的迫切需要，是满足人民群众日益增长的优美生态环境需求、促进人与自然和谐共生的迫切需要，是主动担当大国责任、推动构建人类命运共同体的迫切需要。因此，我们必须充分认识实现"双碳"目标的重要性，增强推进"双碳"工作的信心。

1. 增强国际合作，牢固树立命运共同体意识

温室气体排放所带来的生态环境变化作为全球性问题，任何国家都不能独善其身。由于各国所处发展阶段、社会制度、能源结构、技术发展等方面的不同，实现碳中和难度差异明显。发达国家因已经实现了工业化，经济结构、产业结构、能源结构呈现出显著的低碳趋势，碳排放总量已经达峰并开始进入下降通道；而且，发达国家科技水平整体领先，相关碳减排技术开发及早期示范项目建设较为完善，因此有利于它们更为顺利地实现碳中和/温室气体中和目标。对于发展中国家，实现碳中和的目标不尽相同，主要取决于国家能源结构和经济结构特点，但总体而言发展中国家实现碳中和要付出更为艰巨的努力。因此，发达国家应当在共区原则下率先减排，同时加强与发展中国家在政策、技术等各个方面的沟通合作，牢固树立人类命运共同体意识，共同面对气候变化问题。

2. 促进能源结构转型，构建更安全、绿色的能源结构

化石燃料燃烧是 CO_2 及其他温室气体的主要来源，实现碳中和，要通过提高非化石能源尤其是可再生能源占比，逐步摆脱对化石燃料依赖，构建更安全、绿色的能源体系。鉴于我国"富煤贫油少气"的能源禀赋，2021 年原油进口对外依存度达到 72%，远超 50% 的"国际警戒线"。随着地缘政治日趋复杂，世界贸易格局发生深刻变化，原油生产、运输安全及原油价格若得不到充分保障，或将严重影响我国的能源安全和国民

的日常生活。积极推进碳中和，对降低国家化石燃料依存度，优化能源结构，减少石油的对外依存度，构建安全、优质的能源结构意义重大。

3. 提升自主创新力，助力产业技术变革

实现碳中和必须依靠技术创新，一方面通过技术创新带动新能源的大规模使用，维护能源电力系统的安全；另一方面通过技术创新实现经济效能提升，保证碳中和在经济社会能够承受的成本下完成转型。为此，各国需要加大投入，着力提升各个环节的自主创新能力，尽早攻克"卡脖子"技术，提高低碳技术竞争力，在国际上抢占先机，帮助产业尽早实现转型升级。根据全球脱碳成本曲线显示，成本曲线是动态变化的，随着各项技术的应用范围扩大、规模效应和技术创新，脱碳技术将从初期的单一维度向多维度协同脱碳演进，带来更多低成本脱碳机会。

4. 推动产业结构优化，重构产业链布局及利润分配

随着碳中和政策的推行，目前欧盟提出了实施碳边境调节税机制的计划，名义上将减碳成本内部化到产品中，这一举措或将损害高碳产品的出口竞争力，以加工制造业为主的国家应该引起重视。由于各国发展阶段不同，产业结构不同，国际社会中的分工不同，在应对气候变化中的责任不同，这种做法实质上也是一种贸易壁垒，是一种不公平的体现。但如何既要做好应对气候变化工作，又要公平贸易，还要防止由于碳税等政策造成碳泄漏等问题，从整体上看，需要推动产业结构升级，优化产业链和供应链，提高经济效益，促进社会发展。

5. 创造新型就业岗位和市场需求

新的变化伴随着新的机遇，由于涉及多方面的调整，发展碳中和也有助于向经济转型注入更多动能，带来了许多新型就业岗位和市场需求。据国际能源署（IEA）测算，光伏发电、风电与能效领域的就业创造率是传统化石燃料的 1.5～3 倍。美国高盛公司也在《碳中和经济学》中指出：到 2060 年，中国清洁能源基础设施投资规模将达到 16 万亿美元（约合 104 亿元人民币），并创造 4000 万个净新增工作岗位。

6. 构建绿色低碳循环发展经济体系，推动社会经济全面绿色转型

碳中和是构建绿色低碳循环发展经济体系的重要内容，循环经济则是推进碳中和的一项重要举措。2021 年，国务院印发的《关于加快建立健全绿色低碳循环发展经济体系的指导意见》明确了构建绿色低碳循环发展经济体系的六大路径，即建立健全绿色低碳循环的生产体系、流通体系、消费体系、基础设施、绿色技术和法律法规政策；引导社会投资向绿色低碳等环境友好型企业倾斜，培育绿色交易市场机制，充分发挥绿色金融的资源配置、风险管理和市场定价功能，推动社会经济全面绿色转型。

1.3.2 碳中和原理

1. 碳中和实施原理

前已述及，碳中和的核心是二氧化碳/温室气体的排放与从大气中移除相抵消时即实现了中和。显然，从生产者来讲，要尽量提高非化石能源的生产比重，从消费者来

讲，要尽量减少非化石能源的使用。碳中和实施过程中需要社会各主体的全面参与以及各学科、领域间的交叉融合，但具体到某一社会主体，如何使其推进碳中和工作并认定其在碳中和中的贡献，可以从以下流程的原理中寻找答案：

第一，明确测算对象（国家、企业或个人）在测算周期中温室气体排放量的计算方法，明确碳排放范围，开展碳核算。

碳核算即指一种测量工业活动向地球生物圈直接或间接排放 CO_2 及其当量气体的方法。由于不同气体对温室效应的影响程度不同，因此在进行碳核算时，需要将除 CO_2 以外的其他温室气体排放换算为二氧化碳当量（$CO_2\,eq$）。从国家层面讲，核算对象主要涵盖能源活动、工业生产、农业生产、林业和土地利用变化以及废弃物处理五类。

在具体实施中，碳核算方法主要可分为计算和测量两种形式，具体可以分为排放因子法、质量平衡法和实测法三类。

（1）排放因子法。排放因子法（emission - factor approach）又称排放系数法，是适用范围最广、应用最为普遍的一种方式，可以粗略地对特定区域的整体情况进行宏观把控，计算见公式（1-1）：

$$温室气体(GHG) = 活动数据(AD) \times 排放因子(EF) \tag{1-1}$$

活动数据（activity data，AD）是指温室气体排放的生产或消费活动的活动量，如每种化石燃料的消耗量、石灰石原料的消耗量、净购入的电量、净购入的蒸汽量等；排放因子（emission factor，EF）是与活动水平数据对应的系数，包括单位热值含碳量或元素碳含量、氧化率等，表征单位生产或消费活动量的温室气体排放系数。

但在实际工作中，由于地区能源品质差异、机组燃烧效率不同等原因，各类能源消费统计及碳排放因子测度容易出现较大偏差，成为碳排放核算结果误差的主要来源。

（2）质量平衡法。质量平衡法（mass - balance approach）又称物料衡算法，可以根据每年用于国家生产生活的新化学物质和设备，计算为满足新设备能力或替换去除气体而消耗的新化学物质份额：

$$\sum G_{input} = \sum G_{production} + \sum G_{output} \tag{1-2}$$

式中：$\sum G_{input}$ 为投入物料总和；$\sum G_{production}$ 为所得产品量总和；$\sum G_{output}$ 为物料和产品流失量总和。

该法使用广泛且方法简单，可以反映碳排放发生地的实际排放量。不仅能够区分各类设施之间的差异，还可以分辨单个和部分设备之间的区别，尤其当年际间设备不断更新的情况下，该种方法更为简便。

（3）实测法。实测法（experiment approach）指基于排放源实测基础数据，汇总得到相关碳排放量：

$$G = K \times Q \times C \tag{1-3}$$

式中：G 为某种气体排放量；K 为公式中单位换算系数；Q 为介质（空气）流量；C 为介质中某气体浓度。

实测法又可根据监测地点细分为现场测量和非现场测量两种。现场测量一般是在烟气排放连续监测系统（CEMS）中搭载碳排放监测模块，通过连续监测浓度和流速直接测量其排放量；非现场测量是通过采集样品送到有关监测部门，利用专门的检测设备和技术进行定量分析，但存在数据难以获得且非现场测量的样品存在诸多因素可能影响结果。

第二，紧抓"减排增汇""消除"两条主线，多措并举实现净零排放。

实现净零排放就意味着要尽可能地减少温室气体的排放，去除并储存尚未消除的排放，最终使得大气中温室气体排放量不超过被"抵消"的温室气体的量。如何做到"抵消"也是实现碳中和的重点，发展出了"减排增汇"和"消除"两条主线。

"减排增汇"意味着运用一些技术手段减少或避免可能发生的温室气体排放，从根本上减少大气中的温室气体。如使用可再生能源代替化石能源，或利用碳捕集封存技术对排放物进行封存，阻止其排放到大气中。

"消除"，指在面对难以减排的行业如食品加工业和部分交通运输部门，减排和增汇对其影响较小，需要通过负碳排放技术来实现碳的净零排放。常见的技术包括生物固碳增汇、生物能源与碳捕获和储存（BECCS）、直接空气碳捕集（DAC）和碳循环利用等。这些方法也有助于减少大气中原本的温室气体总量，进一步保护环境生态。

在国家执行层面，要发展低碳技术，推进能源结构和产业结构调整，减少温室气体排放或将产生的温室气体进行封存转化仍存在诸多问题有待解决，在实施过程中，大体可分为三部分：

（1）传统能源系统低碳排放转型。一方面包括对现有基础设施和资产碳排放进行评估，逐步淘汰高碳的"小、老、旧"设施；另一方面需要对传统化石能源系统进行低碳化改造，大规模部署使用新能源。

（2）新一代能源体系重构。其核心在于原料/燃料替代。目前可再生能源、核能等清洁燃料应用是实现燃料端碳减排的重要途径，但需要突破能效和成本的限制并进一步实现大规模开发。

（3）生物固碳增汇/负排放关键技术体系建立。不是所有国家和部门都能如期完成净零排放，这就意味着其剩余排放量需要有其他国家或部门通过碳负排放来实现全球净零排放的目的。据 IEA 在《2020 年世界能源展望》中 CCUS 在可持续发展方案中的阶段探索指出：到 2070 年，超过三分之一的 CO_2 排放量将来自 BECCS 或 DAC，以产生碳中性燃料的负排放量。

第三，合理定价，保证碳中和的经济性。

作为一种具有成本效益的政策工具，碳定价通过将温室气体排放成本内部化来激励低碳行动。显性碳价的制订一般由政府通过碳税或碳排放交易体系的方式颁布实施。

根据世界银行 2021 年发布的《碳定价机制发展现状与未来趋势》，目前世界各地运行的碳定价机制共计 64 种，覆盖全球温室气体排放量 21.4%，与 2020 年相比增长 6.3%；全球范围内的碳定价机制产生了 530 亿美元的收入，同比增长 17%（见图 1 - 9）。

2. 碳排放交易体系

碳排放交易体系（carbon emissions trading system，ETS）是帮助国家实现目标和能源转型的重要市场工具，排放者可以通过排放权交易来满足其排放目标，通过创建碳

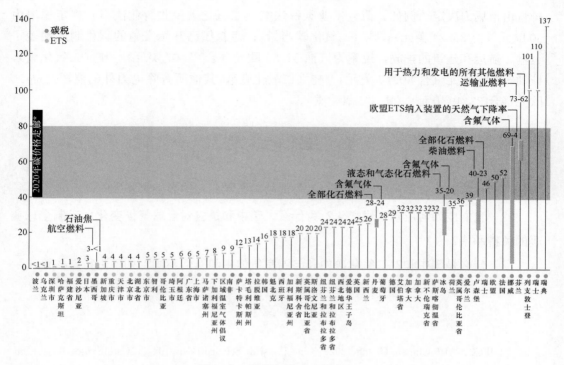

图 1-9　碳价水平（2021 年）

排放单位的供需来形成碳排放市场价格。碳交易市场的建立切实提高了脱碳经济性，在帮助国家实现气候目标和能源转型中起着重要作用。

目前各国的 ETS 运营模式大体可分为两类：

（1）总量调控与交易系统：遵循"总量控制与交易"原则，政府对一个或多个行业的碳排放实施总量控制，纳入交易体系的公司可在限额内对剩余份额进行交易。

（2）基准线与信贷系统：为纳入交易体系的公司规定各自的排放基准，并向已将排放量降至此水平以下的实体发放信用额度。这些信用额可以出售给超过排放基准的其他实体。

全球首个主要的碳排放权交易系统于 2005 年投入运营，即欧盟排放交易系统（EU-ETS）。截止到 2021 年，已有遍布四大洲的 24 个碳交易系统相继出现。随着越来越多的政府考虑采纳碳市场作为节能减排的政策工具，碳交易已逐渐成为全球应对气候变化的关键工具。大部分系统均涵盖工业和能源行业，部分碳交易系统也被用于减少其他行业部门的碳排放，如建筑、航空等。

2021 年中国碳排放交易体系启动，并成为世界上最大的碳排放交易市场，其规模是目前规模最大的欧盟 ETS 的两倍以上，初期覆盖了发电行业 2225 个实体，年排放量超过 40 亿吨 CO_2。

3. 碳税

碳税（Carbon Tax）主要是通过对燃煤和石油下游的汽油、航空燃油、天然气等化石燃料产品，按其碳含量的比例征税来实现节能减排的目的。其碳价格由政府决定，减排量由市场力决定。例如，荷兰工业碳税法案（二氧化碳税收行业法案）规定税率为30 欧元（合 35.24 美元）/吨（二氧化碳当量）；卢森堡已开始实施的碳税制度涵盖了运输、航运和建筑的排放，税率为汽油 31.56 欧元（合 37.07 美元）/吨（二氧化碳），柴油 34.16 欧元（合 40.12 美元）/吨（二氧化碳），其他所有除电力外的能源产品 20 欧元（合 23.49 美元）/吨（二氧化碳）。

思 考 题

1 气候变化会带来哪些影响？人为活动对气候变化的影响有多大？

2 我们应如何应对气候变化？为什么说碳中和是应对全球气候变化、遏制全球变暖的关键举措？

3 什么是碳中和？二氧化碳中和与温室气体中和有何不同？如何进行碳核算？

参考文献

［1］IPCC. AR6 Climate Change 2021：The Physical Science Basis［R］. Cambridge，UK：Cambridge University Press，2021.

［2］United Nations. The Paris Agreement［EB/OL］.（2015 - 12 - 12）［2022 - 04 - 30］. https：//www. un. org/zh/documents/treaty/files/FCCC - CP - 2015 - L. 9 - Rev. 1. shtml.

［3］新华网. 习近平在气候变化巴黎大会开幕式上的讲话（全文）［EB/OL］.（2015 - 12 - 01）［2022 - 04 - 30］. http：//www. xinhuanet. com/world/2015 - 12/01/c _ 1117309642. htm.

［4］求是网. 习近平在第七十五届联合国大会一般性辩论上的讲话（全文）［EB/OL］.（2020 - 09 - 22）［2022 - 04 - 30］. http：//www. qstheory. cn/yaowen/2020 - 09/22/c _ 1126527766. htm.

［5］IPCC. Global Warming of 1.5℃. An IPCC Special Report on the impacts of global warming of 1.5℃ above pre - industrial levels and related . global greenhouse gas emission pathways［EB/OL］.（2018 - 12 - 16）［2022 - 04 - 30］. https：//www. ipcc. ch/2018/10/08/summaryforpolicymakersofipccspecialreport on global warmingof15capprovedbygovernments/.

［6］Ritchie H，Roser M，Rosado P. CO_2 and Greenhouse Gas Emissions［EB/OL］.（2020 - 08）［2022 - 04 - 30］. https：//ourworldindata. org/co₂- and - other - greenhouse - gas - emissions.

［7］中国气象局气候变化中心. 中国气候变化蓝皮书（2021）［M］. 北京：科学出版社，2021.

［8］陈思宇. 论将适应气候变化的要求纳入建设项目环境影响评价制度［J］. 重庆理工大学学报（社会科学），2019，33（4）：27 - 37.

［9］韦玉金. 气候变化融入环境影响评价体系研究［J］. 皮革制作与环保科技. 2021，2（23）：56 - 58.

［10］丁继武. 气候系统的混沌性质和可预报性［N］. 中国气象报，2010 - 11 - 17（003）. DOI：10. 28122/n. cnki. ncqxb. 2010. 003301.

［11］王素琴. 对气候变暖的若干解读［N］. 中国气象报，2010 - 06 - 24（003）. DOI：10. 28122/n. cnki. ncqxb. 2010. 001892.

[12] 胡永云. 气候系统和全球变暖——解读 2021 年诺贝尔物理奖 [J]. 大学物理, 2022, 41 (02): 1-6+57. DOI: 10.16854/j. cnki. 1000-0712.210557.

[13] 张人禾, 刘哲, 穆穆, 等. 气候系统和气候变化研究获 2021 年诺贝尔物理学奖的启示 [J]. 中国科学基金, 2021, 35 (06): 1013-1016. DOI: 10.16262/j. cnki. 1000-8217.20211217.002.

[14] 王晓红, 胡士磊. 气候变化认知、环境效能感对居民低碳减排行为的影响 [J]. 科普研究, 2021, 16 (03): 99-106+112. DOI: 10.19293/j. cnki. 1673-8357.2021.03.012.

[15] 吕江. 应对气候变化与生物多样性保护的国际规则协同: 演进、挑战与中国选择 [J]. 北京理工大学学报 (社会科学版), 2022, 24 (02): 50-60. DOI: 10.15918/j. jbitss 1009-3370.2022.0194.

[16] 杨冬红, 杨学祥. 全球气候变化的成因初探 [J]. 地球物理学进展, 2013, 28 (04): 1666-1677.

[17] 张强, 李裕, 陈丽华. 当代气候变化的主要特点、关键问题及应对策略 [J]. 中国沙漠, 2011, 31 (02): 492-499.

[18] Scholze M, Knorr W, Arnell N W, et al. A climate-change risk analysis for world ecosystems [J]. Proceedings of the National Academy of Sciences, 2006, 103 (35): 13116-13120.

[19] Walther G R, Post E, Convey P, et al. Ecological responses to recent climate change [J]. Nature, 2002, 416 (6879): 389-395.

[20] 邓振镛, 王鹤龄, 王润元, 等. 气候变化对祁连山北坡农林牧业结构的影响与对策研究 [J]. 中国沙漠, 2008, 28 (2): 381-387.

[21] 邓振镛, 张强, 刘德祥, 等. 气候变暖对甘肃种植业结构和农作物生长的影响 [J]. 中国沙漠, 2007, 27 (4): 627-632.

[22] 潘家华, 孙翠华, 邹骥, 等. 减缓气候变化的最新科学认识 [J]. 气候变化研究进展, 2007, 3 (4): 187-184.

[23] 秦大河, 罗勇, 陈振林, 等. 气候变化科学最新进展: IPCC 第四次评估综合报告解析 [J]. 气候变化研究进展, 2007, 3 (6): 311-314.

[24] 韩邦帅, 薛娴, 王涛, 等. 沙漠化与气候变化互馈机制研究进展 [J]. 中国沙漠, 2008, 28 (3): 410-415.

[25] 李祝. 适应与减缓气候变化 [M]. 北京: 科学出版社, 2019.

[26] 中华人民共和国国务院新闻办公室. 中国应对气候变化的政策与行动 [N]. 人民日报, 2021-10-28 (014). DOI: 10.28655/n. cnki. nrmrb. 2021.011347.

[27] 王滢, 刘建. 科学推动气候变化适应政策与行动 [J]. 世界环境, 2019 (01): 26-28.

[28] 付琳, 周泽宇, 杨秀. 适应气候变化政策机制的国际经验与启示 [J]. 气候变化研究进展, 2020, 16 (5): 641-651

[29] 梁秀英. ISO 14091: 2021《适应气候变化——脆弱性、影响和风险评估指南》的理解与应用 [J]. 标准科学, 2021 (09): 70-73.

[30] 李彦. 中国应对气候变化南南合作历程和成效 [J]. 世界环境, 2020 (06): 77-78.

[31] 陈迎. 全球应对气候变化的中国方案与中国贡献 [J]. 当代世界, 2021 (05): 4-9.

[32] 人民网. 习近平在"领导人气候峰会"上的讲话（全文）[EB/OL]. (2021-04-22) [2022-04-22]. http://politics. people. com. cn/BIG5/n1/2021/0422/c1024-32085313. html.

[33] 卢燕. 格拉斯哥应对全球气候变化的中转站 [J]. 绿色中国, 2021 (23): 22-29.

[34] 薄燕, 高翔. 原则与规则: 全球气候变化治理机制的变迁 [J]. 世界经济与政治, 2014

（02）：48-65＋156-157.

［35］陶蕾．国际气候适应制度进程及其展望［J］．南京大学学报（哲学．人文科学．社会科学版），2014，51（02）：52-60＋158.

［36］孙傅，何霄嘉．国际气候变化适应政策发展动态及其对中国的启示［J］．中国人口·资源与环境，2014，24（05）：1-9.

［37］黄晨，谭显春，郭建新，等．气候适应治理的国际比较研究与战略启示［J］．科研管理，2021，42（02）：20-29.

［38］陈馨，曾维华，何霄嘉，等．国际适应气候变化政策保障体系建设［J］．气候变化研究进展，2016，12（06）：467-475.

［39］石晨霞．全球气候变化治理的新形势与联合国的新使命［J］．湖北社会科学，2020（05）：48-57.

［40］耿玉超．全球气候治理中的中国选择［J］．合作经济与科技，2022（06）：13-17.

［41］康晓，刘欢．适应气候变化视角下的中国对非洲气候援助［J］．中国非洲学刊，2021，2（03）：98-115＋158.

［42］Goldman Sachs Research. Carbonomics China Net Zero：The clean tech revolution［R］. New York：Goldman Sachs，2021.

［43］刘学之，孙鑫，朱乾坤，等．中国二氧化碳排放量相关计量方法研究综述［J］．生态经济，2017，33（11）：21-27.

［44］World Bank. State and Trends of Carbon Pricing［EB/OL］.（2021-10-05）［2022-04-30］. https：//openknowledge. worldbank. org/bitstream/handle/10986/35620/9781464817281. pdf.

［45］IEA. The Role of China's ETS in Power Sector Decarbonisation［EB/OL］.（2021-04-13）［2022-04-30］. https：//www. iea. org/reports/the-role-of-chinas-ets-in-power-sector-decarbonisation.

第 2 章
全球应对气候变化的政策与行动

气候变化是全人类面临的共同挑战，中国高度重视应对气候变化。作为世界上最大的发展中国家，中国克服自身经济、社会等方面困难，实施一系列应对气候变化的战略、措施和行动，参与全球气候治理，取得了积极成效。

2.1 应对气候变化的国内外法规框架

从全球应对气候变化的演变来看，其制度变迁经历了三个阶段：首先是自 20 世纪 90 年代开始，随着一系列气候事件的发生，气候变化问题逐渐向政治议题靠拢，直至 1992 年联合国环境与发展大会通过了具有历史性意义的《联合国气候变化框架公约》，至此，气候变化问题从一个完全是科学研究的议题演变为政治议题。第二个阶段从《京都议定书》到《巴黎协定》，全球气候变化由政治议题转为制度安排问题，首先是自上而下由发达国家实施定量减排温室气体义务，并开启了新的应对气候变化的谈判模式。第三个阶段是从 2015 年的《巴黎协定》开始，为 2020 年后的全球应对气候变化建立了自下而上的国家自主贡献新框架，开启了碳达峰碳中和之路。

2.1.1 国际社会应对气候变化制度历程

——1992 年 5 月，通过《联合国气候变化框架公约》，同年 6 月开放签署，1994 年 3 月 21 日生效。

——1997 年 12 月，通过《京都议定书》，2005 年 2 月 16 日生效。

——2007 年 12 月，制定"巴厘岛路线图"，确定《京都议定书》第一承诺期到期后全球应对气候变化问题的谈判的路线图。

《联合国气候变化框架公约》第 13 次缔约方大会在巴厘岛举行，各方对《京都议定书》第一承诺期到期后全球应对气候变化的问题进行了讨论。大会最终通过"巴厘岛路线图"，为气候变化国际谈判的关键议题确立了明确议程。"巴厘岛路线图"建立了双轨谈判机制，即以《京都议定书》特设工作组和《联合国气候变化框架公约》长期合作特设工作组为主进行气候变化国际谈判。"巴厘岛路线图"还为谈判设定了期限，即 2009 年年底完成 2012 年后全球应对气候变化新安排的谈判，但这一期限已在丹麦哥本哈根大会和南非德班大会上得以延长。

——2008 年 12 月：波兹南气候大会正式启动 2009 年气候谈判进程。

《联合国气候变化框架公约》第 14 次缔约方大会在波兰波兹南召开。会议总结了"巴厘岛路线图"一年来的进程，正式启动 2009 年气候谈判进程，同时决定启动帮助发展中国家应对气候变化的适应基金。

——2009 年 12 月：哥本哈根气候大会未达成共识。

《联合国气候变化框架公约》第 15 次缔约方大会暨《京都议定书》第 5 次缔约方大会在丹麦首都哥本哈根召开，来自 192 个国家和地区的谈判代表召开峰会，商讨《京都议定书》一期承诺到期后的后续方案，即 2012—2020 年的全球减排协议。由于各方在减排目标、"三可"（可测量、可报告和可核实）问题、长期目标、资金等问题上分歧较大，仅达成了不具法律约束力的《哥本哈根协议》。

——2010 年 11 月，坎昆会议就适应、技术转让、资金和能力建设等问题取得了进展。

《联合国气候变化框架公约》第 16 次缔约方大会在墨西哥坎昆召开。尽管会议未能完成"巴厘岛路线图"的谈判，但发达国家推进并轨的步伐也继续加快。最终，在玻利维亚强烈反对的情况下，缔约方大会强行通过了《坎昆协议》。本次会议的成果体现在，一是坚持了《联合国气候变化框架公约》《京都议定书》和"巴厘岛路线图"，坚持了共区原则，确保了 2011 年的谈判继续按照"巴厘岛路线图"确定的双轨方式进行；二是就适应、技术转让、资金和能力建设等发展中国家所关心问题的谈判取得了不同程度的进展，谈判进程继续向前，向国际社会发出比较积极的信号。

——2011 年 11 月，德班气候大会建立"德班平台"，准备法律文件。

《联合国气候变化框架公约》第 17 次缔约方大会在南非德班召开。大会通过决议，建立德班增强行动平台特设工作组，决定实施《京都议定书》第二承诺期并启动绿色气候基金。对于绿色气候基金，大会确定基金为《联合国气候变化框架公约》下金融机制的操作实体，成立基金董事会，并要求董事会尽快使基金可操作化。在德班大会期间，加拿大宣布正式退出《京都议定书》，此举遭到了各国媒体、环保组织和专家的谴责。

——2012 年 11 月，多哈气候大会通过《京都议定书》修正案。

《联合国气候变化框架公约》第 18 次缔约方大会在卡塔尔多哈召开。大会通过的决议中包括《京都议定书》修正案，从法律上确保了《京都议定书》第二承诺期在 2013 年实施，在原六种温室气体基础上增加了第七种温室气体三氟化氮。此外，大会还评估了《联合国气候变化框架公约》长期合作工作组成果，并通过了有关气候变化造成的损失损害补偿机制等方面的多项决议。

——2013 年 11 月，华沙气候大会促使利马大会进入实质性谈判阶段。

《联合国气候变化框架公约》第 19 次缔约方大会在波兰华沙召开。本次会议主要取得三项成果：一是德班增强行动平台基本体现"共区原则"；二是发达国家再次承认应出资支持发展中国家应对气候变化；三是就损失损害补偿机制问题达成初步协议，同意开启有关谈判。

——2014 年 12 月，利马气候大会就巴黎大会协议草案要素达成一致。

《联合国气候变化框架公约》第 20 次缔约方大会在秘鲁的利马召开。各方经过妥协在决议中进一步细化了预计 2015 年达成的应对气候变化新协议的各项要素，为各方下一年进一步起草并提出协议草案奠定了基础，向国际社会发出了确保多边谈判于 2015 年达成协议的积极信号。

——2015 年 12 月，通过《巴黎协定》，启动 2020 年后全球温室气体减排新进程，于 2016 年 11 月 4 日生效。

——2016 年 11 月，《联合国气候变化框架公约》第 22 次缔约方大会在摩洛哥马拉喀什召开。

本次气候大会旨在解决以下几个问题：一是要加强 2020 年之前应对气候变化的行动力度，兑现、落实《联合国气候变化框架公约》《京都议定书》及多哈修正案所确定达成的共识、做出的决定和各国的承诺，为落实《巴黎协定》奠定政治基础；二是明确各国应对气候变化自主贡献的落实情况；三是就《巴黎协定》实施的后续谈判给出"时间表"和"路线图"，通过一系列机制和制度安排落实该协定的所有规定；四是资金问题，即发达国家应把 2020 年前每年向发展中国家提供 1000 亿美元资金支持以应对气候变化的承诺落实到位；五是对如何走绿色低碳发展道路做出安排。

——2017 年 11 月，《联合国气候变化框架公约》第 23 次缔约方大会在德国波恩召开。

大会通过了名为"斐济实施动力"的一系列成果，就《巴黎协定》实施涉及的各方面问题形成了谈判案文，进一步明确了 2018 年促进性对话的组织方式，通过了加速 2020 年前气候行动的一系列安排。

——2018 年 12 月，《巴黎协定》实施细则谈判。

《联合国气候变化框架公约》第二十四次缔约方大会在波兰卡托维兹举行。会议完成了《巴黎协定》实施细则谈判，就《巴黎协定》关于自主贡献、减缓、适应、资金、技术、能力建设、透明度和全球盘点等内容涉及的机制、规则基本达成共识，取得了一揽子全面、平衡、有力度的成果，并对下一步落实《巴黎协定》，加强全球应对气候变化行动力度做出进一步安排。卡托维兹大会的成功让国际社会对气候事业重振信心，并对气候行动的紧迫性达成进一步共识。

——2019 年 12 月，《联合国气候变化框架公约》第 25 次缔约方大会在西班牙马德里召开。

大会通过了"智利·马德里行动时刻"的决议，就性别与气候变化、损失与损害华沙国际机制的程序性成果、海洋与气候变化以及长期全球目标的阶段性评估等方面取得了一定进展。因各方分歧严重，本届大会并未就《巴黎协定》第六条实施细则谈判达成共识。

——2021 年 10 月，《联合国气候变化框架公约》第 26 次缔约方大会在英国格拉斯哥召开。

来自 197 个国家和区域的缔约方代表经历了长达两周的谈判，在最后一刻签署了《格拉斯哥气候公约》（Glasgow Climate Pact）。各缔约方最终完成了《巴黎协定》实施细则，包括市场机制、透明度和国家自主贡献共同时间框架等议题的遗留问题谈判。本次会议期间，它受到国际关注的成果包括签署《关于森林和土地利用的格拉斯哥领导人宣言》《全球甲烷减排承诺》正式启动、中美两国联合发布的《中美关于在 21 世纪 20 年代强化气候行动的格拉斯哥联合宣言》、国际可持续准则理事会的成立和民间资本对净零排放的支持。

2.1.2　我国应对气候变化的法律框架

我国在气候变化应对制度建设上，大致可分为三个阶段：

第一阶段是将应对气候变化作为中国可持续发展总体战略的优先领域。1994 年，中国政府为了履行其在 1992 年联合国环境与发展大会上的承诺，制定并发布了《中国 21 世纪议程》（又称《中国 21 世纪人口、环境与发展白皮书》），提出了中国可持续发展的总体战略方案，保护大气层和全球变暖相关对策被单列为中国实现可持续发展的一个重要政策领域。

第二阶段是将生态环境目标纳入中国经济社会发展规划。将应对气候变化作为发展议题，把提高经济社会发展能力作为应对气候变化的主要手段，并在能源利用、公共服务和可持续发展等方面，将应对气候变化国家政策同经济社会发展政策相互融合。2006 年，中国政府在国民经济和社会发展第十一个五年规划中，提出到 2010 年要实现单位国内生产总值能源消耗比 2005 年末降低 20%左右，单位工业增加值用水量降低 30%，农业灌溉用水有效利用系数提高到 0.5 等约束性指标要求。

第三阶段是制定应对气候变化专门性国家政策。2006 年底，中国政府历经近 4 年时间，编制完成了中国首部关于全球气候变化及其影响的《气候变化国家评估报告》，第一次较全面系统地评估了中国近百年所观测到的气候变化实际情况及其影响和未来趋势，综合分析了全球气候变化政策进程，并提出了中国应对气候变化的基本对策。2007 年，中国政府制定发布了中国首个应对气候变化的专门性政策文件，即《中国应对气候变化国家方案》，该方案分析了中国所面临的气候变化问题，表明了中国在气候变化问题上的原则立场，提出了应对气候变化的总体目标和 2010 年目标，以及与达成这些目标关联的重点领域和相应的政策措施。随后，科技部、国家发展改革委等 14 个部委又联合发布了旨在全面提高中国应对气候变化科技能力的首个《中国应对气候变化科技专项行动》方案。有了上述政策的铺垫与制度的积累，我国的气候变化应对立法工作也逐步展开。

2009 年十一届全国人民代表大会常务委员会第十次会议通过了《全国人大常委会关于积极应对气候变化的决议》（简称《决议》）。这是第一个由最高立法机构通过的关于应对气候变化的决议。《决议》指出：要把加强应对气候变化的相关立法作为形成和完善中国特色社会主义法律体系的一项主要任务，纳入立法工作议程。适时修改完善与应对气候变化、环境保护相关的法律，及时出台配套法规，并根据实际情况制定新的法律法规，为应对气候变化提供更加有力的法治保障。

该决议本身并非法律，不具有法律约束力，但是，通过建议将气候变化立法纳入立法议程之中，它极大地提高了法律在应对气候变化中的地位。可以说，《决议》是中国用法律手段解决气候变化问题的一个重要转折点。

从我国的气候变化应对的立法框架体系安排来看，社会寄望出台的《气候变化应对法》是主体，是综合性应对法，主要确立应对气候变化的基本法律原则和基本法律制度；减缓性立法和适应性立法分别对气候变化应对中的减缓和适应两个方面的问题做出规定。

按照《决议》的要求，为推进应对气候变化立法进程，国家于 2011 年成立了由国家发展改革委牵头，全国人大环资委、全国人大法工委、原国务院法制办和 17 家部委组成的应对气候变化法律起草工作领导小组。2018 年政府机构改革后，根据实际情况调整了立法领导小组成员。领导小组下设法律起草小组，具体负责《应对气候变化法》草案起草工作。

所谓减缓性立法，就是通过适当的法律调整，有效控制人类的温室气体排放，使得全球气候变暖的速度变慢、程度减轻。在已有的国际立法中，减缓的内容占据了主要的篇幅。我国已经出台的气候变化相关立法中，重点也是放在减缓方面。目前，我国减缓性立法框架体系已初步形成，主要包括以下几个方面的立法：围绕节能减排目标所进行的立法、制定和完善节约能源法、调整产业结构的立法、可再生能源立法、循环经济法、清洁生产法、环境污染防治法等。应当说我国的减缓性立法已初具规模且相对完善。今后一段时期，我国减缓性立法的重点是紧紧围绕国家确立的约束性指标，即到 2030 年，中国单位国内生产总值二氧化碳排放将比 2005 年下降 65% 以上而展开。

适应性立法主要是针对适应气候变化而言的。适应将是一种长远努力，有必要纳入环境和经济社会发展的战略规划和以法律为核心的实施体系中。我国目前并无专门的"适应法"来确立如何在发展过程中考虑和处理气候变化适应性问题，应当加快适应性立法框架体系研究，制定和完善相关立法。鉴于国家层面立法资源的高度稀缺，我国在今后相当长的时期内，适应性立法应当以完善已有的适应性法律为主，通过降低对气候变化的脆弱性和提高适应能力来适应气候渐进的或突发的变化。《中国应对气候变化国家方案》确立了农业、水资源、森林和其他自然生态系统等与环境保护法律密切相关的领域为适应气候变化的重点领域。目前来看，业已建立的关于适应气候变化的法律框架仍然处于发展的初步阶段，缺乏目的明确和清晰的法律规定。

2.1.3 应对气候变化的组织体系

1988 年，政府间气候变化专门委员会（IPCC）成立之际，中国在 IPCC 的牵头单位是中国气象局。自 1988 年，中国开始积极参与 IPCC 的工作。1990 年，国务院环境保护委员会在第 18 次会议上通过了《我国关于全球环境问题的原则立场》，首次阐明中国在气候变化问题上的立场。同时，会议通过了建立气候变化协调小组的决定。1992 年，中国派代表团参加了里约热内卢的环境与发展大会，并在会议上签署了《联合国气候变化框架公约》。

1998 年，在国家机构调整中，国家气候变化对策协调机构取代了气候变化协调小组，该协调机构由 17 个部门组成，并由国家发展计划委员会取代中国气象局作为统筹协调单位。2002 年中国正式批准了《京都议定书》，开始积极参与该议定书下的清洁发展机制项目（CDM）活动。2007 年 1 月，中国成立了应对气候变化专门委员会，它成为国家应对气候变化、出台政府决策并提供科学咨询的专门机构。

应对气候变化工作覆盖面广、涉及领域众多。2007 年 6 月 12 日，《国务院关于成立国家应对气候变化及节能减排工作领导小组的通知》（国发〔2007〕18 号），决定成立以国务院总理为组长的国家应对气候变化及节能减排工作领导小组。作为国家应对气候变化和节能减排工作的议事协调机构，领导小组的主要任务是：研究制订国家应对气候变化的重大战略、方针和对策，统一部署应对气候变化工作，研究审议国际合作和谈判对策，协调解决应对气候变化工作中的重大问题。组织贯彻落实国务院有关节能减排工作的方针政策，统一部署节能减排工作，研究审议重大政策建议，协调解决工作中的重大问题。应对气候变化的办事机构设在国家发展改革委。国家应对气候变化及节能减排工作领导小组成员单位作为相关行业的政府主管部门，也明确了应对气候变化工作的部门分管领导，以及本部门应对气候变化工作的主要承担处室，并加强了对所属行业协会应对气候变化工作的指导。各省（区、市）人民政府按照中央政府的要求，相继成立了由省级人民政府主要领导任组长、有关部门参加的省级应对气候变化和节能减排工作领导小组，作为地方应对气候变化和节能减排工作的跨部门综合性议事协调机构。

2008 年，国家发展改革委设立了应对气候变化司，主要负责综合分析气候变化对经济社会发展的影响，组织拟订应对气候变化的重大战略、规划和重大政策；牵头承担国家履行《联合国气候变化框架公约》相关工作，会同有关方面牵头组织参加气候变化国际谈判工作；协调开展应对气候变化国际合作和能力建设；组织实施清洁发展机制工作；承担国家应对气候变化领导小组的有关具体工作。2010 年，在国家应对气候变化领导小组框架内设立了协调联络办公室，加强了部门间协调配合。2012 年成立了国家应对气候变化战略研究和国际合作中心。随着国家发展改革委增设应对气候变化司，全国许多省（区、市）也相继在地方发展改革委成立应对气候变化处室，作为省级应对气候变化主管部门的办事机构；同时，地方层面的应对气候变化科研机构建设也得到加强，对地方政府应对气候变化决策的科技支撑能力也在不断地提升。

2013 年国家应对气候变化及节能减排工作领导小组成员单位由成立之初的 20 个调整至 26 个。除中国民用航空局与交通运输部合并外，新增了教育部、民政部、国务院国有资产监督管理委员会、国家税务总局、国家质量监督检验检疫总局、国家机关事务管理局、国务院法制办公室 7 个成员单位，覆盖经济社会发展的方方面面。各省（区、市）人民政府也进行了相应调整。2014 年，成立了由国家发展改革委、国家统计局等 23 个部门组成的应对气候变化统计工作领导小组，建立了以政府综合统计为核心、相关部门分工协作的工作机制，强化应对气候变化基础统计工作和能力建设。"十二五"期间，与国际形势相呼应，国内应对气候变化的组织机构建设总体呈现加强态势。

2018 年 3 月，根据第十三届全国人民代表大会第一次会议批准的国务院机构改革方案设立中华人民共和国生态环境部。生态环境部负责气候变化工作，包括组织拟订应对气候变化及温室气体减排重大战略、规划和政策；与有关部门共同牵头组织参加气候变化国际谈判；负责国家履行《联合国气候变化框架公约》相关工作。国家发展改革委承担的应对气候变化和减排职责被整合入新组建的生态环境部，成为应对气候变化历程中最重大的机构调整之一，强化了应对气候变化与生态环境保护的协同性。

2018 年 7 月 19 日，国务院办公厅发布《国务院办公厅关于调整国家应对气候变化及节能减排工作领导小组组成人员的通知》（国办发〔2018〕66 号），根据国务院机构设置、人员变动情况和工作需要，国务院决定对小组成员单位和人员进行调整，成员包括生态环境部、国家发展改革委、工业和信息化部等 30 个政府部门的有关负责人,具体工作由生态环境部、国家发展改革委按职责承担。

2020 年 9 月,中国明确提出"双碳"目标后,能源、钢铁、有色金属、石化化工、建材、交通、建筑等行业和领域碳达峰具体实施方案开始起草规划,分别由国家能源局、工业和信息化部、住房和城乡建设部、交通运输部负责。

2021 年,为指导和统筹做好碳达峰碳中和工作,中国成立碳达峰、碳中和工作领导小组,对碳达峰相关工作进行整体部署和系统推进,定期对各地区和重点领域、重点行业工作进展情况进行调度,科学提出碳达峰分步骤的时间表、路线图,督促将各项目标任务落实落细,确保政策到位、措施到位、成效到位;领导小组办公室设在国家发展改革委,统筹《2030 年前碳达峰行动方案》相关目标的落实。碳达峰、碳中和工作领导小组办公室设立碳排放统计核算工作组,加快完善碳排放统计核算体系。各省(区、市)陆续成立碳达峰、碳中和工作领导小组,加强地方碳达峰、碳中和工作统筹。

中国应对气候变化组织机构的变化反映了中国对气候变化问题认识的进一步加深。它不仅仅是对气候变化科学的认知,更是对中国国情的深刻把握。既要发展经济、消除贫困、改善民生,又要积极应对气候变化,这是中国面对的巨大挑战,关键在于处理好应对气候变化与发展之间的关系。

2.2 碳达峰碳中和政策体系

2.2.1 "十二五"以来中国应对气候变化的政策

我国早在 2007 年就发布了《中国应对气候变化国家方案》,以表明中国应对气候变化的政治意愿以及气候变化应对工作在社会和经济发展领域的地位。自此以后,我国政府每年均公布政策与行动报告,对过去一年应对气候变化的措施进行总结和评价。

"十二五"之前,气候政策更多依附于能源等其他领域政策。从"十二五"开始,气候变化领域开始拥有更多的独立政策,进入了黄金发展期。基于哥本哈根会议之前中国政府提出的国内适当减缓行动,"十二五"期间第一次提出了有法律约束力的 CO_2 排放控制目标,即在 2010—2015 期间万元 GDP 的 CO_2 排放量(也称 CO_2 排放强度)下降 17%,其地区分配方案与能效目标分配方案类似。同时也进行年度和终期目标责任考核。低碳发展试点、碳排放交易试点、温室气体核算报告核证能力建设等工作全面铺开。"十三五"又进一步提出了 CO_2 排放强度下降 18% 的国家目标和执行政策。"十二五"后期以及"十三五"以来,以细颗粒物和臭氧为代表的大气环境质量问题加剧,"大气十条""蓝天保卫战"等大气污染防治政策陆续颁布,"控煤、减车、提油"以及产业结构调整等污染防治政策短时间内被强化,环境政策与气候政策协同治理的倾向凸显出来。

总的来看,中国应对气候变化政策类型齐全、实践广泛,不仅有行政指令性政策(如目标责任考核制度)和"由点及面"的试点示范优良实践,也有经济激励类(例如价格政策、财政补贴政策）、直接规制类（例如法律、法规和标准）等多种类政策组成的复合政策体系，进入行政手段和市场化建设并重时期。"十二五"以来，市场政策工具的应用不断加速，在一揽子政策的相互协作配合下，中国已经形成了完整的政策体系。在气候政策指引下，应对气候变化的各级行动有序开展，成效显著。"十二五"以来中国应对气候变化的政策见表 2-1。

表 2-1　　　　　　　　　　"十二五"以来中国应对气候变化的政策

政策大类	政策类型	应对气候变化的政策
减缓政策	减排目标设定	《中华人民共和国国民经济和社会发展第十二个五年规划纲要》（全人大〔2011〕4 次，2011 年 3 月 14 日）
		《中华人民共和国国民经济和社会发展第十三个五年规划纲要》（全人大〔2016〕4 次，2016 年 3 月 16 日）
		《中华人民共和国国民经济和社会发展第十四个五年规划和 2035 年远景目标纲要》（全人大〔2021〕4 次，2021 年 3 月 11 日）
	碳交易市场	《关于开展碳排放权交易试点工作的通知》（发改办气候〔2011〕2601 号），2011 年 10 月 29 日
		《温室气体自愿减排交易管理暂行办法》（发改气候〔2012〕1668 号），2012 年 6 月 13 日
		《关于切实做好全国碳排放权交易市场启动重点工作的通知》（发改办气候〔2016〕57 号），2016 年 1 月 11 日
		《国务院关于印发"十三五"控制温室气体排放工作方案的通知》（国发〔2016〕61 号），2016 年 10 月 27 日
		《全国碳排放权交易市场建设方案（发电行业）》（发改气候规〔2017〕2191 号），2017 年 12 月 18 日
		《碳排放权交易管理办法（试行）》（环境部令〔2020〕19 号），2020 年 12 月 31 日
		《关于印发〈企业温室气体排放报告核查指南（试行）〉的通知》（环办气候函〔2021〕130 号），2021 年 3 月 26 日
		《关于公开征求〈碳排放权交易管理暂行条例（草案修改稿）〉意见的通知》（环办便函〔2021〕117 号），2021 年 3 月 30 日
	产业政策	《交通运输部关于印发公路水路交通运输节能减排"十二五"规划的通知》（交政法发〔2011〕315 号），2011 年 6 月 27 日
		《加快推进绿色循环低碳交通运输发展指导意见》（交政法发〔2013〕323 号），2013 年 5 月 22 日
		《工业绿色发展规划（2016—2020 年）》（工信部规〔2016〕225 号），2016 年 6 月 30 日

政策大类	政策类型	应对气候变化的政策
减缓政策	产业政策	《关于做好 2018 年重点领域化解过剩产能工作的通知》（发改运行〔2018〕554 号），2018 年 4 月 9 日
		《关于做好 2019 年重点领域化解过剩产能工作的通知》（发改运行〔2019〕785 号），2019 年 4 月 30 日
		《关于做好 2020 年重点领域化解过剩产能工作的通知》（发改运行〔2020〕901 号），2020 年 6 月 12 日
		《国务院关于加快建立健全绿色低碳循环发展经济体系的指导意见》（国发〔2021〕4 号），2021 年 2 月 2 日
		《关于加强自由贸易试验区生态环境保护推动高质量发展的指导意见》（环综合〔2021〕44 号），2021 年 5 月 17 日
		《住房和城乡建设部等 15 部门关于加强县城绿色低碳建设的意见》（建村〔2021〕45 号），2021 年 5 月 25 日
		《国家发展改革委等部门关于严格能效约束推动重点领域节能降碳的若干意见》（发改产业〔2021〕1464 号），2021 年 10 月 18 日
		《关于推动城乡建设绿色发展的意见》（中办发〔2021〕37 号），2021 年 10 月 21 日
		《绿色出行创建行动考核评价标准》（交办运函〔2021〕1664 号），2021 年 10 月 18 日
		《"十四五"全国清洁生产推行方案》（发改环资〔2021〕1524 号），2021 年 10 月 29 日
		《绿色交通"十四五"发展规划》（交规划发〔2021〕104 号），2021 年 10 月 29 日
		《"十四五"工业绿色发展规划》（工信部规〔2021〕178 号），2021 年 11 月 15 日
		《"十四五"建筑节能与绿色建筑发展规划》（建标〔2022〕24 号），2022 年 3 月 1 日
	能效政策	《国务院关于印发"十二五"节能减排综合性工作方案的通知》（国发〔2011〕26 号），2011 年 8 月 31 日
		《国务院关于印发节能减排"十二五"规划的通知》（国发〔2012〕40 号），2012 年 8 月 6 日
		《国务院办公厅关于加强内燃机工业节能减排的意见》（国办发〔2013〕12 号），2013 年 2 月 17 日
		《国务院办公厅关于印发 2014—2015 年节能减排低碳发展行动方案的通知》（国办发〔2014〕23 号），2014 年 5 月 15 日

政策大类	政策类型	应对气候变化的政策
减缓政策	能效政策	《煤电节能减排升级与改造行动计划（2014—2020 年）》（发改能源〔2014〕2093 号），2014 年 9 月 12 日
		《关于加快电动汽车充电基础设施建设的指导意见》（国办发〔2015〕73 号），2015 年 9 月 29 日
		《国务院关于印发"十三五"节能减排综合工作方案的通知》（国发〔2016〕74 号），2016 年 12 月 20 日
		《乘用车企业平均燃料消耗量与新能源汽车积分并行管理办法》（工信部令〔2017〕44 号），2017 年 9 月 27 日
		《关于印发 2018 年各省（区、市）煤电超低排放和节能改造目标任务的通知》（国能发电力〔2018〕65 号），2018 年 8 月 19 日
		《绿色建筑评价标准》（住建部公告〔2019〕61 号），2019 年 3 月 13 日
		《乘用车企业平均燃料消耗量与新能源汽车积分并行管理办法（2020 修正）》（工信部令〔2020〕53 号），2020 年 6 月 15 日
		《国务院关于印发"十四五"节能减排综合工作方案的通知》（国发〔2021〕33 号），2021 年 12 月 28 日
	能源政策	《关于煤炭行业化解过剩产能实现脱困发展的意见》（国发〔2016〕7 号），2016 年 2 月 1 日
		《北方地区冬季清洁取暖规划（2017—2021）》（发改能源〔2017〕2100 号），2017 年 12 月 5 日
		《清洁能源消纳行动计划（2018—2020 年）》（发改能源规〔2018〕1575 号），2018 年 10 月 30 日
		《关于推进电力源网荷储一体化和多能互补发展的指导意见》（发改能源规〔2021〕280 号），2021 年 2 月 25 日
		《关于加快推动新型储能发展的指导意见》（发改能源规〔2021〕1051 号），2021 年 7 月 15 日
		关于印发《完善能源消费强度和总量双控制度方案》的通知（发改环资〔2021〕1310 号），2021 年 9 月 11 日
		《加快农村能源转型发展助力乡村振兴的实施意见》（国能发规划〔2021〕66 号），2021 年 12 月 29 日
		《国家发展改革委　国家能源局关于完善能源绿色低碳转型体制机制和政策措施的意见》（发改能源〔2022〕206 号），2022 年 1 月 30 日
	碳汇政策	《全国造林绿化规划纲要（2016—2020 年）》（全绿字〔2016〕9 号），2016 年 8 月 10 日

政策大类	政策类型	应对气候变化的政策
减缓政策	碳汇政策	《国务院办公厅关于科学绿化的指导意见》（国办发〔2021〕19号），2021年5月18日
		《关于深化生态保护补偿制度改革的意见》（中办发〔2021〕50号），2021年9月12日
		《全国国土绿化规划纲要（2022—2030年）》（全绿字〔2022〕2号），2022年9月9日
适应政策	农业政策	《全国农业现代化规划（2016—2020年）》（国发〔2016〕58号），2016年10月17日
		《农业农村污染治理攻坚战行动方案（2021—2025年）》（环土壤〔2022〕8号），2022年1月19日
	水资源政策	《水污染防治行动计划》（国发〔2015〕17号），2015年4月16日
		《国家节水行动方案》（发改环资规〔2019〕695号），2019年4月15日
	林业和生态政策	《国家林业局关于推进林业碳汇交易工作的指导意见》（林造发〔2014〕55号），2014年4月29日
		《林业适应气候变化行动方案（2016—2020年）》（办造字〔2016〕125号），2016年7月1日
		《耕地草原河湖休养生息规划（2016—2030年）》（发改农经〔2016〕2438号），2016年11月18日
		《2019年林业和草原应对气候变化政策与行动》（办生字〔2020〕98号），2020年11月24日
		《关于深化生态保护补偿制度改革的意见》（中办发〔2021〕50号），2021年9月12日
协同政策	环保政策	《重点区域大气污染防治"十二五"规划》（环发〔2012〕130号），2012年10月29日
		《中共中央 国务院关于加快推进生态文明建设的意见》（中发〔2015〕12号），2015年4月25日
		《生态文明体制改革总体方案》（中发〔2015〕25号），2015年9月21日
		《打赢蓝天保卫战三年行动计划》（国发〔2018〕22号），2018年6月27日
		《美丽中国建设评估指标体系及实施方案》（发改环资〔2020〕296号），2020年2月28日
		《关于构建现代环境治理体系的指导意见》（中办发〔2020〕6号），2020年3月3日

政策大类	政策类型	应对气候变化的政策
协同政策	环保政策	《全国重要生态系统保护和修复重大工程总体规划（2021—2035年）》（发改农经〔2020〕837号），2020年6月3日
		《关于统筹和加强应对气候变化与生态环境保护相关工作的指导意见》（环综合〔2021〕4号），2021年1月9日
		《"美丽中国，我是行动者"提升公民生态文明意识行动计划（2021—2025年）》（环宣教〔2021〕19号），2021年1月29日
		《支持长江全流域建立横向生态保护补偿机制的实施方案》（财资环〔2021〕25号），2021年4月16日
		《关于推动生态环境志愿服务发展的指导意见》（环宣教〔2021〕49号），2021年6月2日
		《2021—2022年秋冬季大气污染综合治理攻坚方案》（环大气〔2021〕104号），2021年10月28日
		《"三线一单"减污降碳协同管控试点工作方案（征求意见稿）》（环评函〔2021〕112号），2021年10月29日
		《生态环境部关于实施"三线一单"生态环境分区管控的指导意见（试行）》（环环评〔2021〕108号），2021年11月19日
		《中共中央　国务院关于深入打好污染防治攻坚战的意见（中发〔2021〕40号）》，2021年11月2日
		《"十四五"生态环境监测规划》（环监测〔2021〕117号），2021年12月28日
		《"十四五"大小兴安岭林区生态保护与经济转型行动方案》（发改振兴〔2022〕14号），2022年1月5日
		《成渝地区双城经济圈生态环境保护规划》（环综合〔2022〕12号），2022年2月10日
		《国务院关于支持宁夏建设黄河流域生态保护和高质量发展先行区实施方案的批复》（国函〔2022〕32号），2022年4月18日
其他政策	金融政策	《关于构建绿色金融体系的指导意见》（银发〔2016〕228号），2016年8月31日
		《关于支持绿色金融改革创新试验区发行绿色债务融资工具的通知》（银发〔2019〕116号），2019年4月26日
		《支持引导黄河全流域建立横向生态补偿机制试点实施方案》（财资环〔2020〕20号），2020年4月20日

续表

政策大类	政策类型	应对气候变化的政策
其他政策	金融政策	《关于促进应对气候变化投融资的指导意见》（环气候〔2020〕57 号），2020 年 10 月 20 日
		《绿色债券支持项目目录（2021 年版）》（银发〔2021〕96 号），2021 年 4 月 2 日
		《加强产融合作推动工业绿色发展的指导意见》（工信部联财〔2021〕159 号），2021 年 9 月 3 日
		《关于开展气候投融资试点工作的通知》（环办气候〔2021〕27 号），2021 年 12 月 21 日

2.2.2 碳达峰碳中和 "1+N" 政策体系

2021 年 10 月 12 日，在中国昆明举行的《生物多样性公约》第十五次缔约方大会领导人峰会上，中国提出，为推动实现碳达峰碳中和目标，中国将陆续发布重点领域和行业碳达峰实施方案和一系列支撑保障措施，构建起碳达峰碳中和"1+N"政策体系。目前，已经出台了一系列政策并逐步构建起碳达峰碳中和"1+N"政策体系，为实现目标奠定基础，作出指引。

1. "1+N" 政策体系的顶层设计

2021 年 9 月，中共中央办公厅 国务院办公厅印发了《关于完整准确全面贯彻新发展理念 做好碳达峰碳中和工作的意见》（本节简称《意见》），同年 10 月，国务院印发了《2030 年前碳达峰行动方案》（本节简称《方案》），这两个文件共同构成贯穿碳达峰碳中和两个阶段的顶层设计。《意见》和《方案》以经济社会发展全面绿色转型为引领，以深度调整产业和能源结构、交通和城乡低碳建设、生态系统增汇为关键手段，以科技创新为核心驱动力，以健全法律法规标准和统计监测体系、完善政策机制和组织落实为保障，从遏制高耗能、高排放（简称"两高"）项目盲目发展、强化能耗双控、能源生产和消费结构的低碳化转型、工业部门的降碳和脱碳、交通运输领域的电动化、推行城市绿色低碳建筑和整个社会经济的深度节能多个重要环节入手，明确了我国碳达峰碳中和工作的基本原则、路线图、施工图。

《意见》和《方案》进一步明确了我国实现碳达峰总体目标，部署重大举措，明确实施路径。《意见》和《方案》分别列出 2025 年、2030 年和 2060 年的主要目标，从长期看，绿色低碳循环发展的经济体系和清洁低碳安全高效的能源体系全面建立。具体目标见表 2-2。

表 2 - 2   顶 层 设 计 主 要 目 标

年份	《意见》主要目标	《方案》主要目标
2025 年	绿色低碳循环发展的经济体系初步形成，重点行业能源利用效率大幅提升； 单位国内生产总值能耗比 2020 年下降 13.5%； 单位国内生产总值二氧化碳排放比 2020 年下降 18%； 非化石能源消费比重达到 20% 左右； 森林覆盖率达到 24.1%； 森林蓄积量达到 180 亿立方米	非化石能源消费比重达到 20% 左右； 单位国内生产总值能源消耗比 2020 年下降 13.5%； 单位国内生产总值二氧化碳排放比 2020 年下降 18%
2030 年	单位国内生产总值二氧化碳排放比 2005 年下降 65% 以上； 非化石能源消费比重达到 25% 左右； 风力发电、太阳能发电总装机容量达到 12 亿千瓦以上； 森林覆盖率达到 25% 左右；森林蓄积量达到 190 亿立方米； 二氧化碳排放量达到峰值并实现稳中有降	非化石能源消费比重达到 25% 左右； 单位国内生产总值二氧化碳排放比 2005 年下降 65% 以上； 顺利实现 2030 年前碳达峰目标
2060 年	绿色低碳循环发展的经济体系和清洁低碳安全高效的能源体系全面建立，能源利用效率达到国际先进水平； 非化石能源消费比重达到 80% 以上	

《意见》明确提出了做好碳达峰碳中和工作的基本原则，即坚持"全国统筹、节约优先、双轮驱动、内外畅通、防范风险"原则。

——全国统筹。全国一盘棋，强化顶层设计，发挥制度优势，实行党政同责，压实各方责任。根据各地实际分类施策，鼓励主动作为、率先达峰。

——节约优先。把节约能源资源放在首位，实行全面节约战略，持续降低单位产出能源资源消耗和碳排放，提高投入产出效率，倡导简约适度、绿色低碳生活方式，从源头和入口形成有效的碳排放控制阀门。

——双轮驱动。政府和市场共同发力。构建新型举国体制，强化科技和制度创新，加快绿色低碳科技革命。深化能源和相关领域改革，发挥市场机制作用，形成有效激励约束机制。

——内外畅通。立足国情实际，统筹国内国际能源资源，推广先进绿色低碳技术和经验。统筹做好应对气候变化对外斗争与合作，不断增强国际影响力和话语权，坚决维护我国发展权益。

——防范风险。处理好减污降碳和能源安全、产业链供应链安全、粮食安全、群众正常生活的关系，有效应对绿色低碳转型可能伴随的经济、金融、社会风险，防止过度反应，确保安全降碳。

《意见》指出，要推动钢铁、建材、有色、化工、石化、电力、煤炭等重点行业提出明确的碳达峰目标并制定碳达峰行动方案。加快全国碳排放权交易市场制度建设、系统建设和基础能力建设，以发电行业为突破口率先在全国上线交易，逐步扩大市场覆盖范围，推动区域碳排放权交易试点向全国碳市场过渡，充分利用市场机制控制和减少温室气体排放。《方案》提出重点实施"碳达峰十大行动"：能源绿色低碳转型行动、节能降碳增效行动、工业领域碳达峰行动、城乡建设碳达峰行动、交通运输绿色低碳行动、循环经济助力降碳行动、绿色低碳科技创新行动、碳汇能力巩固提升行动、绿色低碳全民行动、各地区梯次有序碳达峰行动。

从系统性看，《意见》和《方案》明确提出强化绿色低碳发展规划引领、优化绿色低碳发展区域布局、健全法律法规以及完善政策机制等具体内容，着力打造绿色低碳循环经济体系，明确国土空间用途管制的低碳责任，同时加快推进碳达峰碳中和领域相关立法工作，切实形成了决策科学、目标清晰、市场有效、执行有力的国家气候治理体系。同时，《意见》和《方案》充分阐述了"远期"和"短期"的关系以及"总体"和"局部"的关系。

从组织措施看，《意见》和《方案》要求各地要落实领导干部生态文明建设责任制，地方各级党委和政府要坚决扛起碳达峰碳中和责任，明确目标任务，制定落实举措。要求各省、自治区、直辖市人民政府要按照国家总体部署，结合本地区资源环境禀赋、产业布局、发展阶段等，坚持全国一盘棋，不抢跑，科学制订本地区碳达峰行动方案，提出符合实际、切实可行的碳达峰时间表、路线图、施工图，避免"一刀切"限电限产或运动式"减碳"。

从政策措施看，《意见》和《方案》提出推进市场化机制建设，积极发展绿色金融，健全企业、金融机构等碳排放报告和信息披露制度，运用减税、价格调控等激励政策推动企业进一步提高自主低碳绩效，重点用能单位要梳理核算自身碳排放情况，深入研究碳减排路径，"一企一策"制订专项工作方案。

从实现路径看，实现碳达峰碳中和是一场广泛而深刻的经济社会系统性变革，既要通过"攻坚战"完成短期行动任务，又要立足打"持久战"来实现远期目标，同时科学谋划各地区、各行业碳达峰的优先次序，确保以最优路径实现全国碳达峰碳中和目标。

《意见》和《方案》的制定意味着双碳"1+N"政策体系中最为核心的部分已经完成，标志着我国双碳行动迈入了实质性落实阶段，同时也代表着我国社会经济高质量发展迈入了新的台阶。

2."1+N"政策体系的初步进展

"1+N"政策体系的构成虽然没有明确由哪些相关文件构成，但由于已经明确了《意见》与《方案》是"1+N"政策体系的顶层设计文件，由此可以通过这两个顶层设计文件去分解和理解其他政策文件的组成。

"1+N"政策体系已经颁布的部分文件见表2-3。随着碳达峰碳中和工作的持续推进，更多的政策文件将会陆续颁布。

表 2 - 3 　　　　　　　　　　　已经颁布的部分"1＋N"政策体系文件

领域	政策名称	部门	发布时间	重点工作
顶层设计	《中共中央 国务院关于完整准确全面贯彻新发展理念做好碳达峰碳中和工作的意见》（中发〔2021〕36 号）	中共中央 国务院	2021 年 9 月 22 日	坚持系统观念，提出 10 方面 31 项重点任务，明确了碳达峰碳中和工作的路线图、施工图
顶层设计	《国务院关于印发 2030 年前碳达峰行动方案的通知》（国发〔2021〕23 号）	国务院	2021 年 10 月 24 日	重点实施能源绿色低碳转型行动、节能降碳增效行动、工业领域碳达峰行动、城乡建设碳达峰行动、交通运输绿色低碳行动等"碳达峰十大行动"
循环经济	《国务院关于加快建立健全绿色低碳循环发展经济体系的指导意见》（国发〔2021〕4 号）	国务院	2021 年 2 月 2 日	首次从全局高度对建立健全绿色低碳循环发展的经济体系作出顶层设计和总体部署，推行绿色规划、绿色设计、绿色投资、绿色建设、绿色生产、绿色流通、绿色生活、绿色消费
循环经济	《"十四五"循环经济发展规划》（发改环资〔2021〕969 号）	国家发展改革委	2021 年 7 月 1 日	推进循环经济发展，构建绿色低碳循环的经济体系，助力实现碳达峰碳中和目标
能源	《关于统筹和加强应对气候变化与生态环境保护相关工作的指导意见》（环综合〔2021〕4 号）	生态环境部	2021 年 1 月 9 日	鼓励能源、工业、交通、建筑等重点领域制订碳达峰专项方案，推动钢铁、建材、有色、化工、石化、电力、煤炭等重点行业提出碳达峰目标并制订行动方案
能源	《国家发展改革委 国家能源局关于加快推动新型储能发展的指导意见》（发改能源规〔2021〕1051 号）	国家发展改革委、国家能源局	2021 年 7 月 15 日	以实现碳达峰碳中和为目标，推动新型储能快速发展
能源	《关于严格能效约束推动重点领域节能降碳的若干意见》（发改产业〔2021〕1464 号）	国家发展改革委、工业和信息化部、生态环境部、市场监管总局、国家能源局	2021 年 10 月 18 日	突出抓好重点行业。科学确定能效水平、严格实施分类管理、稳妥推进改造升级、加强技术攻关应用、强化支撑体系建设，加强数据中心绿色高质量发展
工业	《"十四五"工业绿色发展规划》（工信部规〔2021〕178 号）	工业和信息化部	2021 年 11 月 15 日	到 2025 年，工业产业结构、生产方式绿色低碳转型取得显著成效，绿色低碳技术装备广泛应用，能源资源利用效率大幅提高，绿色制造水平全面提升，为 2030 年工业领域碳达峰奠定坚实基础

续表

领域	政策名称	部门	发布时间	重点工作
工业	《关于振作工业经济运行推动工业高质量发展的实施方案的通知》（发改产业〔2021〕1780号）	国家发展改革委、工业和信息化部	2021年12月8日	加强资源统筹调度，加快工业节能减碳，科学确定石化、有色、建材等重点领域能效标杆水平和基准水平，推动钢铁、电解铝、水泥、平板玻璃等重点行业和数据中心加大节能力度，加快工业节能减碳技术装备推广应用。加大能耗标准制修订
科技支撑	《贯彻落实碳达峰碳中和目标要求 推动数据中心和5G等新型基础设施绿色高质量发展实施方案》（发改办价格〔2021〕958号）	国家发展改革委、中央网信办、工业和信息化部、国家能源局	2021年11月30日	到2025年，数据中心和5G基本形成绿色集约的一体化运行格局。针对推动数据中心和5G等新型基础设施绿色高质量发展提出具体目标
科技支撑	《科技支撑碳达峰碳中和行动方案（2022—2030年）》（国科发社〔2022〕157号）	科技部、国家发展改革委、工业和信息化部、生态环境部、住房城乡建设部、交通运输部、中科院、工程院、国家能源局	2022年8月18日	大力推动重点领域节能降碳，聚焦能源消耗占比较高，改造条件相对成熟、示范带动作用明显的重点行业，加大改造升级力度，提升能源效率、降低碳排放强度。持续做好虚拟货币"挖矿"全链条治理工作
建筑	《关于推动城乡建设绿色发展的意见》（中办发〔2021〕37号）	中共中央办公厅、国务院办公厅	2021年10月21日	促进城乡建设一体化发展、促进区域和城市群绿色发展，转变城乡建设发展方式，创新工作方法，加强组织实施
交通	交通运输部等贯彻落实《中共中央 国务院关于完整准确全面贯彻新发展理念做好碳达峰碳中和工作的意见》的实施意见（交规划发〔2022〕56号）	交通运输部、国家铁路局、中国民用航空局、国家邮政局	2022年4月18日	优化交通运输结构、推广节能低碳型交通工具、积极引导低碳出行、增强交通运输绿色转型新动能
标准体系	《国家标准化发展纲要》（中发〔2021〕34号）	中共中央国务院	2021年10月10日	推动标准化与科技创新互动发展、提升产业标准化水平、完善绿色发展标准化保障、加快城乡建设和社会建设标准化进程、提升标准化对外开放水平、推动标准化改革创新、夯实标准化发展基础

续表

领域	政策名称	部门	发布时间	重点工作
碳排放权	《关于发布〈碳排放权登记管理规则（试行）〉〈碳排放权交易管理规则（试行）〉和〈碳排放权结算管理规则（试行）〉的公告》（公告2021年第21号）	生态环境部	2021年5月14日	明确了管理全国碳市场登记和交易工作的主体机构。即在全国碳排放注册登记机构和全国碳排放交易机构成立前，由湖北碳排放权交易中心有限公司和上海环境能源交易所股份有限公司承担具体工作
	《关于做好全国碳排放权交易市场数据质量监督管理相关工作的通知》（环办气候函〔2021〕491号）	生态环境部	2021年10月23日	要求做好全国碳排放权交易市场数据质量监督管理相关工作，将围绕2019和2020年度碳排放数据质量，对发电行业重点排放单位及相关服务机构开展全面核实，建立碳市场排放数据质量管理长效机制
碳金融	《国务院关于支持北京城市副中心高质量发展的意见》（国发〔2021〕15号）	国务院	2021年11月26日	稳妥推进基础设施领域不动产投资信托基金（REITs）试点，鼓励金融机构依法设立绿色金融专门机构，推动北京绿色交易所升级为面向全球的国家级绿色交易所，建设绿色金融和可持续金融中心。加快推进法定数字货币试点
	《银行业保险业绿色金融指引》（银保监发〔2022〕15号）	中国银行保险监督管理委员会	2022年6月1日	《指引》共36条，要求银行保险机构从战略高度推进绿色金融，加大对绿色、低碳、循环经济的支持，防范环境、社会和治理风险，提升自身的环境、社会和治理表现，促进经济社会发展全面绿色转型

2.3　应对气候变化国家行动

近年来，中国贯彻新发展理念，将应对气候变化摆在国家治理更加突出的位置，不断提高碳排放强度削减幅度，不断强化自主贡献目标，以最大努力提高应对气候变化力度，推动经济社会发展全面绿色转型，建设人与自然和谐共生的现代化。中国正在为实现"双碳"目标而付诸行动。

2.3.1 指导思想

以习近平新时代中国特色社会主义思想为指导，立足新发展阶段，完整、准确、全面贯彻新发展理念，构建新发展格局，坚持系统观念，处理好发展和减排、整体和局部、短期和中长期的关系，统筹稳增长和调结构，把碳达峰碳中和纳入经济社会发展全局，坚持"全国统筹、节约优先、双轮驱动、内外畅通、防范风险"的总方针，有力有序有效做好碳达峰工作，明确各地区、各领域、各行业目标任务，加快实现生产生活方式绿色变革，推动经济社会发展建立在资源高效利用和绿色低碳发展的基础之上，确保如期实现2030年前碳达峰目标。

2.3.2 工作原则

根据《国家应对气候变化规划（2014—2020年）》，中国应对气候变化工作的基本原则是：

（1）坚持国内国际两个大局统筹考虑。从现实国情和需要出发，大力促进绿色低碳发展。积极地、建设性地参与国际合作应对气候变化进程，发挥负责任大国作用，有效维护我国正当发展权益，为应对全球气候变化作出积极贡献。

（2）坚持减缓和适应气候变化同步推动。积极控制温室气体排放，遏制排放过快增长的势头。加强气候变化系统观测、科学研究和影响评估，因地制宜采取有效的适应措施。

（3）坚持科技创新和制度创新相辅相成。加强科技创新和推广应用，增强应对气候变化的科技支撑能力。注重制度创新和政策设计，为应对气候变化提供有效的体制机制保障，充分发挥市场机制作用。

（4）坚持政府引导和社会参与紧密结合。发挥政府在应对气候变化工作中的引导作用，形成有效的激励机制和良好的舆论氛围。充分发挥企业、公众和社会组织的作用，形成全社会积极应对气候变化的合力。

2.3.3 主要目标

2015年6月，中国政府提交了《强化应对气候变化行动——中国国家自主贡献》，提出了二氧化碳排放2030年左右达到峰值并争取尽早达峰；单位国内生产总值二氧化碳排放比2005年下降60%～65%，非化石能源占一次能源消费比重达到20%左右，森林蓄积量比2005年增加45亿立方米左右，以及形成有效抵御气候变化风险的机制和能力等适应行动目标，同时还提出了15个方面的应对气候变化行动政策和措施。自2015年提出国家自主贡献以来，中国积极务实地履行承诺，已经取得了显著进展。

2020年9月22日，习近平主席在第七十五届联合国大会一般性辩论上宣布，中国将提高国家自主贡献力度，采取更加有力的政策和措施，二氧化碳排放力争于2030 年前达到峰值，努力争取 2060 年前实现碳中和。2020 年 12 月 12 日，习近平主席在气候雄心峰会上进一步宣布：到 2030 年，中国单位国内生产总值二氧化碳排放将比 2005 年下降 65％以上，非化石能源占一次能源消费比重将达到 25％左右，森林蓄积量将比 2005 年增加 60 亿立方米，风力发电、太阳能发电总装机容量将达到 12亿千瓦以上。

2021 年 10 月 28 日，中国向《公约》秘书处提交了《中国落实国家自主贡献成效和新目标新举措》，正式提出了将上述目标作为新的国家自主贡献目标。

2.3.4　积极成效

为实现应对气候变化目标，中国积极制定和实施了一系列应对气候变化战略、法规、政策、标准与行动，推动中国应对气候变化实践不断取得新进步。

自"十二五"开始，中国将碳排放强度下降幅度作为约束性指标纳入国民经济和社会发展规划纲要，并明确应对气候变化的重点任务、重要领域和重大工程。中国"十四五"规划和 2035 年远景目标纲要将"2025 年单位 GDP 二氧化碳排放较 2020 年降低18％"作为约束性指标。中国各省（区、市）均将应对气候变化作为"十四五"规划的重要内容，明确具体目标和工作任务。

为确保规划目标落实，综合考虑各省（区、市）发展阶段、资源禀赋、战略定位、生态环保等因素，中国分类确定省级碳排放控制目标，并对省级政府开展控制温室气体排放目标责任进行考核，将其作为各省（区、市）主要负责人和领导班子综合考核评价、干部奖惩任免等重要依据。省级政府对下一级行政区域控制温室气体排放目标责任也开展相应考核，确保应对气候变化与温室气体减排工作落地见效。

中国坚持创新、协调、绿色、开放、共享的新发展理念，采取了调整产业结构、优化能源结构、节能提高能效、利用市场机制、增加碳汇等一系列举措，以中国智慧和中国方案推动经济社会绿色低碳转型发展不断取得新成效，以大国担当为全球应对气候变化作出积极贡献。

经初步测算，2019 年中国碳排放强度是 2005 年的 51.9％，比 2005 年下降约48.1％，已超过到 2020 年碳排放强度较 2005 年下降 40％～45％的控制温室气体排放行动目标，相当于累计减少排放二氧化碳约 57 亿吨，基本扭转了二氧化碳排放快速增长的势头，为全球应对气候变化作出了巨大贡献。

相比 2015 年提出的自主贡献目标，国家自主贡献新目标规定的减排时间更紧迫，碳排放强度削减幅度更大，为此，中国将碳达峰碳中和纳入生态文明建设整体布局，广泛深入开展碳达峰行动。

思 考 题

1 国际社会应对气候变化制度历程中，有哪些关键节点和重要公约？国际社会应对气候变化的基本原则是什么？

2 我国开展碳达峰碳中和的意义是什么？

3 我国碳达峰碳中和的"1+N"政策体系的构成是什么？开展碳达峰碳中和的基本原则是什么？

参 考 文 献

[1] 朱松丽，朱磊，赵小凡，等．"十二五"以来中国应对气候变化政策和行动评述 [J]．中国人口·资源与环境，2020，30（4）：1-8．

[2] 付琳，周泽宇，杨秀．适应气候变化政策机制的国际经验与启示 [J]．气候变化研究进展，2020，16（5）：641-651．

[3] 张雪艳，何霄嘉，孙傅．中国适应气候变化政策评价 [J]．中国人口·资源与环境，2015，25（9）：8-12．

[4] 张梓太．中国气候变化应对法框架体系初探 [J]．南京大学学报（哲学·人文科学·社会科学），2010，（5）：37-43．

[5]《碳排放权交易（发电行业）培训教材》编写组．碳排放权交易（发电行业）培训教材 [M]．北京：中国环境出版集团，2020．

[6]《第三次气候变化国家评估报告》编写委员会．第三次气候变化国家评估报告 [M]．北京：科学出版社，2015．

[7] 杜祥琬．应对气候变化进入历史性阶段 [J]．气候变化研究进展，2016，12（2）：79-82．

[8] 齐晔，张希良．中国低碳发展报告（2018）[M]．北京：社会科学文献出版社，2018．缺少"专著主要责任者．"

[9] 涂强，莫建雷，范英．中国可再生能源政策演化、效果评估与未来展望 [J]．中国人口·资源与环境，2020，30（3）：29-36．

[10] 中华人民共和国国务院新闻办公室．中国应对气候变化的政策与行动 [R/OL]．（2015-06-30）[2022-05-24]．https：//www.mee.gov.cn/zcwj/gwywj/202110/t20211027_958030.shtml．

[11] 李志斐，董亮，张海滨．中国参与国际气候治理30年回顾 [J]．中国人口·资源与环境，2021，31（9）：202-210．

[12] 董亮．"碳中和"前景下的国际气候治理与中国的政策选择 [J]．外交评论，2021，38（6）：132-154．

[13] 柴麒敏．中国碳达峰目标与碳中和愿景的政策展望 [J]．世界环境，2021，（1）：20-22．

[14] 解振华．坚持积极应对气候变化战略定力继续做全球生态文明建设的重要参与者、贡献者和引领者——纪念《巴黎协定》达成五周年 [J]．环境与可持续发展，2021，46（1）：3-10．

[15] 中国国家发展改革委应对气候变化司．强化应对气候变化行动：中国国家自主贡献 [R/OL]．（2015-06-30）[2022-05-24]．http：//www.gov.cn/xinwen/2015-06/30/content_2887330.htm．

第 3 章
电气化概论

3.1   电 气 化 发 端

自然界现成存在并可直接取得而不改变其基本形态的能源，称为一次能源，如煤炭、石油、天然气、水能、生物质能、地热能、风能和太阳能等。由一次能源经过加工而转换成另一种形式的能源产品，称为二次能源，如电力、蒸汽、焦炭、煤气以及各种石油制品等。

3.1.1   一次能源使用的历史变迁

人类在历史长河中逐步熟悉、适应、认识大自然，能源应用与人类文明相生相伴。人类的采猎文明时期从距今约 300 万年前一直持续到 1.2 万年前，以柴薪为基础的火是这段时期最重要的能源利用形式。经过"烹煮"解放的生产力，为人类开发了聪明的大脑，人类开始有条件地征服和利用更高级别的能源，开启了从距今 1.2 万年前持续到公元 1500 年的人类农耕文明。2000 多年前，在中国、古巴比伦、波斯等地就已利用古老的风车提水灌溉、碾磨谷物，将风能通过风车桨轮转动转化为动能。中国汉代（公元前 202—220 年）就开始利用水车生产谷物，利用水流的机械能（势能与动能）推动水车轮或者涡轮来驱动机械。

人类很早就发现了煤炭，中国是世界上最早利用煤的国家，北宋时期曾经以华北为中心爆发"燃料革命"，但煤炭替代柴薪成为生产的主要动力，在于其与蒸汽机的完美配合。蒸汽机的发明和使用加快了英国工业革命的完成和世界其他地区工业革命的进程，使生产力的发展出现了一次前所未有的飞跃。以蒸汽机发明和使用为标志的第一次工业革命，大大加强了世界各地之间的联系，改变了整个世界的面貌。

最早钻油的是中国人，最早的油井是 4 世纪或者更早出现的。中国人使用固定在竹竿一端的钻头钻井，其深度可达约一千米。人们焚烧石油来蒸发卤水制食盐。10 世纪时人们使用竹竿做的管道来连接油井和盐井。"石油"一词首次在《梦溪笔谈》中出现并沿用至今。现代石油历史始于 1846 年，当时生活在加拿大大西洋省区的亚布拉罕·季斯纳（Abraham Gesner）发明了从煤中提取煤油的方法。1852 年波兰人依格纳茨·武卡谢维奇（Ignacy Łukasiewicz）发明了使用更易获得的石油提取煤油的方法。真正的石油时代始于 1859 年，当时美国人埃德温·德雷克（Edwin Drake）发明了用于现代深水油井的钻井技术，在宾夕法尼亚州钻出了世界上第一口油井。19 世纪石油工业发展缓慢，提炼的石油主要是用来作为油灯的燃料，20 世纪初随着内燃机的应用情况骤变，石油的消耗量增长迅速。

18 世纪末、19 世纪初期，英美两国陆续出现了使用天然气照明等商业行为。到 20 世纪初，美国出现了天然气矿井，开始了商业规模运作，天然气产业由此诞生。天然气大规模发展的年代是 1970 年以后。整个 20 世纪可以说是油气的世纪，随着开采量和使用量的迅速增加，石油和天然气取代煤炭成了主要能源，1999 年的全球能源消费结构中，油气占比接近 60%（石油占 33.1%、天然气占 24.2%），煤炭只占 27.0%。

综上所述，我们看到，人类对一次能源的开发经历了柴薪时代、煤炭时代、油气时代。当前，我们正在向非化石能源时代迈进，这是人类实现可持续发展的必然路径，是人与自然和谐共生的更优选择。

3.1.2　能源消费的历史变迁

能源需求结构由能源"直接运用"转向以电为中心的能源"转化运用"，是能源消费革命的重要体现。自古人类学会用火取暖照明、烧烤食物开始，从一次能源中"直接"获取热和光，是人类用能的主要方式。第一次工业革命期间蒸汽机的发明，使得一次能源能够以"蒸汽"为媒介，"转化"为机械能加以运用。但是，蒸汽的生产、传输和转化效率有限，使得能源"转化运用"的场景局限在铁路、纺织、机械制造等工业部门。直至电的发现和电力技术的发展，人类可以将一次能源大规模、高效率地转化为电能进行运用，第二次工业革命也因此到来。

电是一种自然现象，指静止或移动的电荷所产生的物理现象。古希腊的哲学家泰勒斯（Thales）通过在琥珀上摩擦皮毛，发现了静电。17 世纪，英国医师和物理学家威廉·吉尔伯特（William Gilbert）总结了关于磁的实验结果，于 1600 年出版了名为《论磁》的书，开创了电学和磁学的近代研究。

1746 年，莱顿大学教授缪森布鲁克（Pieter Von Musschenbrock）发明了一种存储静电的瓶子，一根金属线垂直插在瓶中，一半在水里一半在外面，电力从大型的霍克斯比静电装置传递出来后，通过莱顿瓶里的这条金属线，电荷可以保持一段时间甚至数天之久，这就是有名的"莱顿瓶"。1752 年，美国政治家、物理学家、社会活动家本杰明·富兰克林（Benjamin Franklin）进行了著名的风筝实验，将系上钥匙的风筝用金属线放到云层中，被雨淋湿的金属线将空中的闪电引到手指与钥匙之间，证明了闪电就是一种放电现象。1800 年意大利物理学家亚历桑德罗·伏特（Alessandro Volta）发明了原电池——用铜片、锌片以及盐水浸湿过的硬纸板制造的"伏特电堆"。

1820 年，丹麦物理学家汉斯·克里斯琴·奥斯特（Hans Christian Oersted）发现在与伏打电池连接了的线旁边放一个磁针，磁针马上就发生偏转，这就是电流磁效应。1831 年，英国科学家迈克尔·法拉第（Michael Faraday）首次发现电磁感应现象，并进而得到产生交流电的方法，同年法拉第创造出世界第一台发电机——圆盘式发电机：在马蹄形磁铁的两极之间用手握着曲柄转动铜锌片，产生微弱的电力流动。

真正建立了电力系统的人，是美国大发明家托马斯·爱迪生（Thomas Edison）。1882 年 9 月 4 日，第一个商业发电站在曼哈顿的珍珠街正式投入运营，开始向一平方英里内的用户提供电力和照明，从此开启了电气时代。爱迪生的珍珠街发电站引进了 4

个现代电力工业系统的要素，即可靠的中央发电、高效的电力分配、成功的最终用途（灯泡）以及有竞争力的价格。当时使用的是爱迪生通过通用电气公司发明的直流（direct current，DC）输电系统。但爱迪生的学生尼古拉·特斯拉（Nikola Tesla）相信交流电是一个更好的选择，因为使用变压器可以更轻松、更有效地将电源转换为更高或更低的电压。特斯拉关于交流电的想法得到了当时一个名叫乔治·威斯汀豪斯（George Westinghouse）的企业家的支持，他在 1888 年买下了特斯拉关于交流电机和交流输电的专利，并开始推广交流（alternative current，AC）输配电系统。这就是历史上发生的著名的"直流与交流之战"。

发电机将燃机、水车、风车的机械能转化为电能，电能经输配电系统传送到用户端，又可以在电动马达上转化为动能，用于需要转动的设备，如交通工具、纺织机器等。电能生产的高效性、传输的便捷性、终端的多样性、使用的清洁性等诸多优势，使得电能走进千家万户，电器成为人人必备的生活用具。在 19 世纪的最后几年里，西方文明迅速进入到电气化时代。

3.1.3 对电气化的历史性评价

早在 19 世纪 50 年代，电力应用之初，马克思就敏锐地预见到："在 19 世纪曾经翻转世界的蒸汽统治时代已经宣告结束，代替它的是无比的最革命的力量——电气火花"。

1883 年 2 月 27 日恩格斯在致爱德华·伯恩施坦的信中评价"电工技术革命"时强调"这实际上是一次巨大的革命"，他说，"蒸汽机教我们把热变成机械运动，而电的利用将为我们开辟一条道路，使一切形式的能——热、机械运动、电、磁、光互相转化，并加以利用。德普勒的最新发现，在于能够把高压电流在能量损失较小的情况下通过普通电线输送到迄今连想也不敢想的远距离，并在那一端加以利用——这件事还只是处于萌芽状态——这一发现使工业几乎彻底摆脱地方条件所规定的一切界限，并且使极遥远的水力的利用成为可能，如果在最初它只是对城市有利，那到最后它终将成为消除城乡对立的最强有力的杠杆。"

苏联社会主义革命以前，列宁就极其重视国民经济各个部门采用科学技术的最新成就，尤其注意在发达的资本主义国家里使用电力和实行电气化的情况。十月革命刚一胜利，鉴于电气化对于国民经济的发展具有头等重要的意义，列宁就提出了电气化问题，并把它看成是社会主义和共产主义经济的技术基础，看成是从资本主义向社会主义过渡时期内恢复国民经济并对其实行社会主义改造的极为重要的推动力量。1920 年 12 月在全俄苏维埃第八次代表大会上所作的政府工作报告中，列宁对俄罗斯国家电气化委员会制定的《全俄电气化计划》给予了极高的评价，把这个计划称为"第二个党纲"，提出了"共产主义就是苏维埃政权加全国电气化"这个著名口号。列宁认为，"只有当国家实现了电气化，为工业、农业和运输业打下了现代大工业的技术基础的时候，我们才能彻底取得胜利"。

3.2　电气化的传统指标

3.2.1　电气化指标

什么是电气化呢？《中国大百科全书》认为：电气化，英文名称 electrification，是指国民经济和人民生活的各个领域中广泛使用电能并采用电工电子技术。电气化可以提高劳动生产率，改善人们的工作及生活条件。电气化也为自动化奠定了技术基础。实现电气化包含下列内容：

（1）以电力作为动力，实现电力传动。

（2）在生产工艺中使用电能，如电焊、电解、电镀、电冶炼等电加工和电加热等。

（3）用电工设备、电子仪器设备（包括计算机），对生产设备、生产过程和其他工作进行自动检测、自动调节、自动控制、自动联锁保护、自动管理等。

（4）在日常生活中，以电能和电器作为改善生活环境和提高生活水平的手段，如各类机器人的广泛使用。随着现代科学技术与互联网技术的发展，电气化的内涵与应用也会不断拓宽。

一般认为，电气化是一次能源需求向电能转换的过程，其间伴随着替代其他形式能源的电力需求不断增长的过程。传统的观点认为，电气化水平可以用两个指标表示：一是发电能源消费占一次能源消费的比重，它反映电力在能源系统中的地位；二是电力消费占终端能源消费的比重，用来度量各类用户的电力消费水平，说明电力对社会经济发展的作用。衡量电气化水平的两个指标计算公式如下：

$$电气化水平指标 1 = \frac{发电用能源消费}{一次能源消费} \times 100\% \tag{3-1}$$

$$电气化水平指标 2 = \frac{电力消费}{终端能源消费} \times 100\% \tag{3-2}$$

根据以上定义，电气化是反映能源消费与电力消费关系的一个重要指标。电气化水平的变化虽然在公式上是由发电用能源消费、一次能源消费或电力消费、终端能源消费所决定的，但实质上是经济发展、产业结构、能源消费结构、电力消费结构、技术进步等因素的集中反映。

电气化是与国情、时代、现代化进程等相关的与时俱进的动态概念。在电力工业初期，电气化主要表现在照明上。随着电能的广泛应用，电气化则表现在机械动力、交通运输、自动控制、家用电器等领域。在我国，有鲜明时代特色的是农村电气化和铁道电气化。前者瞄准基础薄弱的农村地区，后者则是针对工业经济的大动脉。

3.2.2　农村电气化指标

农村电气化是农业现代化的重要组成部分，受到世界上多数国家的普遍重视，其重要作用体现在：一是改善农村生产条件，提高农村劳动生产率；二是促进农副产品加工业和乡村工业的发展；三是减少农民用煤和用薪材量，有利于改善生态环境；四是提高农村物质、文化生活水平。农村电气化的内容及水平是随着经济社会的发展而不断变化的，各国在不同的发展时期都制定了相应的标准，评价技术指标也有所差异。

1949 年，我国农村的年用电量仅为 2000 万千瓦时，平均每个农民年用电量仅为 0.05 千瓦时，亿万农民尚无法触摸到电力的文明之光。1949 年后，党和政府在全国范围内逐步开展农业电气化的工作。农村电力发展经历了比城市更加漫长而艰辛的过程，折射的是中国农村经济和农民生活发展的历史性跨越，更是城乡经济社会由二元结构逐渐向一体化发展的历史性跨越。

1956 年 1 月，中共中央政治局和最高国务会议讨论通过的《一九五六年到一九六七年全国农业发展纲要（草案）》和之后的修改草案中明确提出，"凡是有水源可以利用的地方，基本上做到每个乡或几个乡建设一个水力发电站，结合国家大型的水利建设和电力工程建设，逐步实现农村电气化。" 1963 年，中央批准当时的水利电力部设立农村电气化局，电网的供电开始由大城市郊区延伸到商品粮基地，并在全国电力工作会议上提出了整个农村电气化发展的方针："以商品粮棉基地为重点，以排灌用电为中心，以电网供电为主力，电网和农村小型电站（主要是小型水电站）并举。"

20 世纪 80 年代，随着乡镇工业的全面起步，农村电力负荷需求骤增，电气化之路遇到"四大难"——网架难、安全难、运行难、投资难。中央和地方政府千方百计地推动农村电气化事业持续发展。当时提出的实现农村电气化方针是"两条腿走路"——大电网、大电厂由国家办，目前农村用电已在大电网供电范围内，今后用电的增长，也要靠大电网供应；另一部分由地方或农村电网供电的地区，以及尚未用上电的地区，要根据资源情况由地方、社队和群众办小水电、小火电、风力发电，以调动各方面办电的积极性。

1982 年 11 月中央领导视察福建、四川小水电以后，提出全国建设 100 个农村电气化试点县。1986 年 3 月全国 100 个农村电气化试点县工作会议认为，福建省光泽县、四川省汶川县、荥经县，广东省仁化县、龙门县，初步达到农村电气化标准。而当年水利电力部颁布的标准 SD 178—1986《一百个农村电气化试点县初级阶段验收条例》提出的用电水平实际上比较低。1986 年农村电气化试点县的用电水平衡量标准见表 3-1。

表 3-1　　　　　　　　1986 年农村电气化试点县的用电水平衡量标准

全县应有 90％以上的家庭用上电。应满足在照明、电风扇降温、电褥取暖、电鼓风助燃以及使用电视、收录机等方面的生活用电需要。其用电保证率应达 85％以上
全县应有 20％以上的家庭一年内有 6 个月以上的丰水时间利用电煮饭、烧水
满足全县农副产品加工，如碾米、磨面、饲料粉碎、榨油、轧花等用电的需要
在农牧业生产方面，应满足小型排灌、脱粒、灭虫、育秧、孵化、自动化养猪、养鸡、剪毛、挤奶等用电的需要
基本满足县办工业、乡镇企业和专业户的用电需要

以上综合用电水平，要求全县户年均生活用电量达 200 千瓦时以上（包括公共照

明、文化娱乐用电在内）；全县总用电量人均一般要求在 200 千瓦时，对于牧区、林区、少数民族地区、山区可适当降低到 150 千瓦时。

1991 年国家能源部发布的《农村电气化标准》（能源农电〔1991〕80 号），相应的标准有所提高。对照这个标准，全国各地加快了基本实现农村电气化的建设进程。1991 年的农村电气化考核标准见表 3-2。

表 3-2　　　　　　　　　　　1991 年的农村电气化考核标准

通电率	乡通电率 100%
	村通电率 100%
	户通电率 95% 以上
供电保证率	排灌用电供电保证率 100%
	乡村居民生活用电供电保证率 90% 以上
用电水平	全县人口年均用电量达到 300 千瓦时以上
	全县农业人口年均农村用电量达到 160 千瓦时以上
	全县农业人口年均农村居民生活用电量达到 50 千瓦时以上
电网与电源建设	农村电气化的发展应纳入省（自治区、直辖市）或地（地级市）的电力发展规划，并与农村经济和社会发展相适应
	农村电源和电网结构合理，达到多供少损，安全经济
	电压合格率达到 90% 以上
	县独立电网频率合格率达到 95% 以上
设备完好率	电站（厂）主要设备完好率达到 100%，其中，一类设备为 70% 以上
	10（3、6）～110 千瓦输、配、变电设备完好率达到 100%，其中，一类设备为 70% 以上
	380/220 伏低压配电装置完好率达到 95% 以上，其中，一类设备为 60% 以上

党的十六届五中全会确立了建设社会主义新农村重大历史任务。随着新农村建设的不断深入，农村经济社会快速发展，服务"三农"对地方政府和电网企业发展农电事业提出了新目标、新任务。比如，国家电网公司在 2007 年先后下发了《关于大力推进新农村电气化建设的意见》《新农村电气化标准体系》《新农村电气化建设实施纲要》和《新农村电气化建设考评工作管理办法》，明确了新农村电气化建设要达到"户户通电、供电可靠、安全经济、供用和谐"的目标要求。其中，户户通电是指：农村居民户户通电，电力在农民生活、农村经济和社会建设中得到广泛应用，农业生产基本实现电气化；供电可靠是指电网发展规划科学、布局合理、装备先进、管理规范，提供充足、可靠的电力供应；安全经济是指供电生产安全稳定，电网运行经济环保，用电价格规范合理，安全用电水平较高；供用和谐是指政府、企业、客户和谐互动，供用关系协调有序，供电服务优质高效，设施保护群策群力。

上述文件所提新农村电气化的主要指标包括户通电率、县及县以下人均年生活用电量、综合电压合格率、供电可靠率（RS‑3）、综合线损率、实现城乡各类用电同网同价县的比例等。新农村电气化乡（镇）标准、新农村电气化县标准的具体内容可查阅相关文献。

3.2.3　世界各国的电气化水平

1. 发电用能源消费占一次能源消费的比重

图3‑1是中国与美国、德国、日本等发达国家，以及俄罗斯、巴西、印度、南非等金砖国家，1980—2020年的电气化水平（发电用能源消费占一次能源消费的比重）变化情况，图3‑2是中国与世界平均水平以及经合组织OECD国家水平的对比。由图可见，中国、印度近40年来的电气化发展水平提高较快，从与巴西、俄罗斯一起的第二梯队跃升至与美国、日本、南非、德国并列的第一梯队行列。

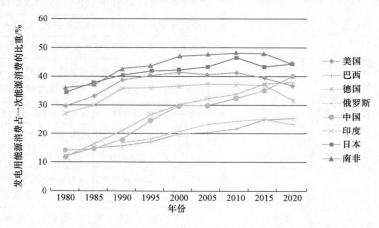

图3‑1　主要国家的电气化水平指标Ⅰ

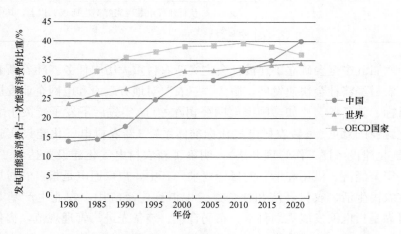

图3‑2　中国电气化水平指标Ⅰ与世界水平对比

2. 电力消费占终端能源消费的比重

图 3-3 是中国与美国、德国、日本等发达国家，以及俄罗斯、巴西、印度、南非等金砖国家，1980—2020 年的电气化水平（电力消费占终端能源消费的比重）变化情况，图 3-4 是中国与世界平均电气化水平以及经合组织 OECD 国家电气化水平的对比。中国用 40 年的时间，将电力消费电气化水平从不到 5%，提升至 25% 以上，增长最快。

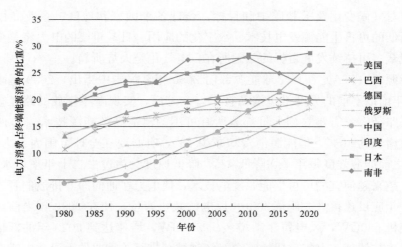

图 3-3　主要国家的电气化水平指标Ⅱ

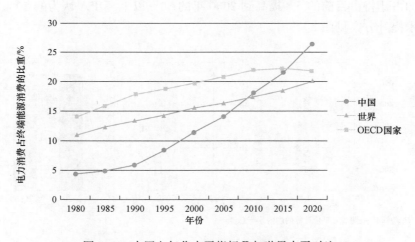

图 3-4　中国电气化水平指标Ⅱ与世界水平对比

总的来看，世界各地的电气化水平各不相同。经合组织 OECD 成员国的份额略高于非成员国，金砖国家普遍高于经合组织国家。电气化的总体水平与国家的经济发展水平、资源禀赋、工业结构和能源替代政策等一系列因素有关。反过来看，电气化水平也是观察国家经济社会发展状况的一个很好的视角。

3.3 碳中和理念下的电气化

3.3.1 加快电气化成为全球共识

面对应对气候变化要求和碳中和目标，全球各个国家和地区、企业和民众都认识到，成本渐低的可再生能源发电技术、数字化的应用、日益重要的电力将是变革的重要方向和实现众多可持续发展目标的关键所在，电气化是大势所趋。

国际能源署（IEA）在《全球能源部门2050年》报告中指出，2050年净零排放取决于2030年前以空前的力度推进清洁技术。一方面，实现净零排放的路径很窄，要想不偏离这条路径，就需要立刻大量部署所有可用的清洁高效能源技术。2030年世界经济将比目前增长约40%，但能源消费却减少7%，有必要在全球范围内大力提高能效，使2030年之前能源强度每年平均降低4%，降低速度约为过去二十年平均水平的三倍。另一方面，越来越便宜的可再生能源发电技术，使电力在通向净零排放的赛道中脱颖而出。今后十年应迅速扩大太阳能发电和风电的装机容量，使在2030年之前，光伏发电每年新增装机630GW，风电每年新增装机390GW，增速达到2020年的四倍。随着电力部门变得更加清洁，电气化成为整个经济领域减排至关重要的手段。电动车在全球汽车销售中的占比将由目前的5%提高到2030年的60%以上。IEA认为的2030年之前关键清洁技术提升方案见图3-5。

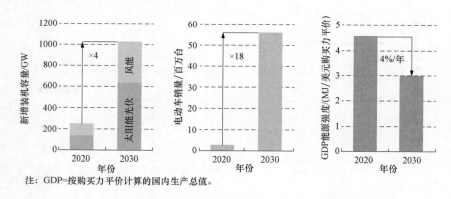

注：GDP=按购买力平价计算的国内生产总值。

图3-5 IEA认为的2030年之前关键清洁技术提升方案

IEA认为，在净零排放路径中，2050年全球能源需求将比目前低8%左右，但其服务的经济规模是目前的两倍多，服务的人口比目前多20亿。能源更高效利用、资源效率和行为改变的有机结合，将抵消因世界经济发展和能源普遍可及而引起的能源需求的增长。能源部门主要依靠可再生能源，而不是化石燃料。2050年，风能、太阳能、生物质能、地热能和水能将占能源供应总量的三分之二。到2050年，太阳能光伏发电装机将是现在的20倍，风电装机将是现在的11倍。2050年电力将占终端能源消费总量的近 50％。电力将在交通运输、建筑物、工业等各部门中起着关键作用，在氢气等低排放燃料生产中起着至关重要的作用。为实现上述目标，2050 年全球总发电量需要达到 2020 年的 2.5 倍以上。

全球范围内的各类行业、企业也意识到电气化的重要性。中国钢铁行业综合节约能源资源、加快技术创新、提高可持续竞争能力等多因素分析指出，电气化发展是我国钢铁行业低碳转型的重要环节；我国钢铁工业电能占终端能源消费比重约为 10％，电气化仍存在较大发展空间，未来将考虑电炉短流程炼钢工艺的发展、能效水平的进一步提升、创新技术的普及应用等影响因素，持续提升电气化水平，拓宽电能替代领域。作为全球电气化和自动化领先企业的 ABB 电气，定位于行业赋能者，致力于通过电气化、自动化、数字化并举的创新技术，以及聚焦清洁能源利用、能源效率优化、电气化率提升三大领域的解决方案，助力电力、工业、交通、建筑等行业提升能源效率，推进绿色低碳转型。作为能源消费大户，中铝集团提出主动调整用能结构，引入综合智慧能源服务，消纳绿色能源，提高水电、风电、光伏发电、核电等清洁能源使用占比，推进以天然气代替煤炭组织生产。2021 年 5 月，作为化工行业龙头的德国企业巴斯夫（BASF）和德国莱茵集团（RWE）宣布建立一个新的海上风电场，总装机容量为 2000 兆瓦，为巴斯夫在德国路德维希港的化学生产基地提供绿色电力。

3.3.2　新时期中国电气化发展内涵

2012 年以来，中国发展进入新时代，中国的能源发展也进入新时代。习近平总书记在 2014 年提出"四个革命、一个合作"能源安全新战略，为新时代中国能源发展指明了方向，开辟了中国特色能源发展新道路。2021 年，《中共中央　国务院关于完整准确全面贯彻新发展理念做好碳达峰碳中和工作的意见》和国务院《2030 年前碳达峰行动方案》文件发布，标志着中国形成了碳达峰碳中和的顶层设计。其中，对能源转型促进碳达峰碳中和也提出了系统性要求。中国坚持创新、协调、绿色、开放、共享的新发展理念，以推动高质量发展为主题，以深化供给侧结构性改革为主线，全面推进能源消费方式变革，构建清洁低碳、安全高效的现代能源体系，实施创新驱动发展战略，不断深化能源体制改革，持续推进能源领域国际合作，中国能源进入高质量发展新阶段。

新时期电气化发展是推动能源转型、构建现代能源体系的重要途径，是在以化石能源为主体的传统能源生产与消费模式下电气化发展的全面升级。具体而言，分为以下各个层面：

（1）在国民经济各部门和人民生活中广泛使用电力的基础上，通过电力与新技术的深度融合，促进更多清洁能源通过转化为电力得以大规模利用，清洁低碳电力以智能电网为载体实现更大范围内的配置和使用；

（2）利用电能替代传统化石能源的直接消费，进一步提高终端用能的电气化水平，实行多种节能节电措施，引导全社会高效、节约用电；

（3）通过提升电力安全供应能力、开展电力普遍服务与现代电力营销服务、推进电力市场建设，形成激发生产、惠及民生的可靠电力供应；

（4）以电力为核心，融合多种能源协同高效运行，进而推动能源生产与消费变革、支撑经济社会协调发展、促进生态环境持续改善、助力人民生活品质不断提升。

传统的电气化主要表现的是为了用电而发电，不考虑其发电能源和发电方式是什么，而新时期电气化不仅是经济社会发展和能源转型的必然，而且电的来源必须是低碳的，发电方式是绿色的。电气化的主要部门是交通、工业、建筑、新兴产业部门以及农业部门，这些部门的电气化与电力部门必须高度合作，互相了解需求和特点，在规划中要增加部门间的沟通联系（包括指标体系的构建），共同促进新时期电气化发展。

与传统能源生产和消费方式下的电气化相比，新电气化从能源生产环节看，体现为非化石能源，尤其是以风能、太阳能等为代表的新能源通过转换成电力得到开发利用；从终端消费环节看，体现为通过大幅度提高电能占终端能源消费中比重使能源消费低碳化，如电气化交通的大规模发展。

新电气化是指在传统电气化的基础上，充分利用现代能源、电力、材料和数字技术，实现以清洁能源为主导、以电为中心的高度电气化社会的过程。通过将新电气化的发展作为首要和基础性的措施促进全球实现碳中和，已是世界各国的共识，这与以往传统工业化时期的电气化进程有本质区别：

（1）清洁低碳电气化。从能源生产环节来看，传统电气化主要依靠煤炭、天然气等化石能源发电来保障电力供应，而新电气化则伴随着风能、太阳能等新能源的大规模开发和利用，体现为清洁能源对化石能源的替代和发电能源占一次能源消费比重的提升。

（2）深度广泛电气化。从终端能源消费环节来看，传统的用电领域和用电方式主要包括照明、加工、制造、运输、制冷、通信等方面。新电气化过程中，电能的利用规模和范围将前所未有地拓展和深化，对其他终端能源消费品种呈现出深度广泛替代的趋势。

（3）智能互动电气化。从整个能源系统来看，新能源的大规模接入和用能需求多样化，对提高电力系统运行的稳定性、灵活性和抗扰动能力提出了更高要求。未来随着新电气化进程的加快推进，电力技术与信息技术的深度融合，电力系统全环节将具备智能感知能力、实时监测能力、智能决策水平，源网荷之间实现高度智能化的协同互动。

3.3.3 新时期电气化发展指标体系

从电力系统自身发展看，电力系统由分散式、小容量、低电压阶段，发展到大机组、高电压、大电网、自动化阶段，进而发展到分布式与大电网互补、绿色电力、智能电网新阶段。从社会发展进程看，电能应用初期并未对电力生产过程的环境保护提出严格要求，随着各国环境问题和全球应对气候变化要求的出现，电力污染控制和低碳发展成为人类共同关注和行动的重大领域。面对以新能源替代高碳化石能源为特征的能源革命在世界范围兴起，以及以"云、大、物、移、智"为特征的创新发展新时代的开启，电气化内涵需要深化和丰富。

　　评价电气化水平的指标不仅包含传统的发电用能占一次能源消费比重、电能占终端能源消费比重，而且还要包含电能促进现代化、电力可靠性、电能绿色供应等新维度，如图 3-6 所示。之所以增加了 3 个维度是基于以下考虑：一是电能促进现代化是中国电力发展的初心和目标，具体表现在人均电能应用水平提高和人均生活用电量比重的提高；二是随着电能进一步广泛应用，电能像空气、水一样成为不可或缺的重要能源，而大面积停电事故已成为经济社会的重大风险之一，电力可靠性是保证电力系统安全的核心；三是电能作为商品，绿色化是可持续发展的基本要求。这 5 个维度分别代表了电气化发展的基础性、广泛性、方向性、可靠性、可持续性。这 5 个维度既相互独立，又紧密联系，浑然一体。

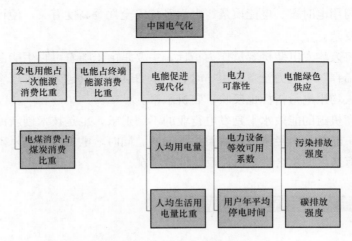

图 3-6　新时期电气化指标体系

　　以上指标体系中，发电用能占一次能源消费比重之下设立电煤消费占煤炭消费比重这个二级指标。这是因为尽管煤炭在能源消费总量中的占比不断下降，但考虑到可再生能源短期内难以大规模替代传统化石能源，煤炭仍将是我国能源供应的"压舱石"和"稳定器"。对于发展中大国，从政治、经济、社会稳定和国际环境看，电力安全应包括电力能源多元化和基本自给。

　　电能促进现代化指标之下设有人均用电量、人均生活用电量比重两个二级指标。单独采用人均用电量、人均生活用电量均不合适，因受产业结构、自然环境（如寒冷、炎热）影响大，综合采用人均用电量和人均生活用电量比重两个指标，则可以共同反映电气化对促进现代化的作用。

　　电力可靠性之下设有电力设备等效可用系数及用户年平均停电时间两个二级指标。发电设备等效可用系数是考虑降低出力影响的机组可用小时与统计期间小时比值的百分数，其计算需要考虑发电机组的运行状态，如图 3-7 所示，具体计算公式见

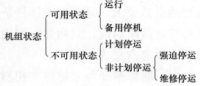

图 3-7　发电机组的状态划分

DL/T 793.1～DL/T 793.5《发电设备可靠性评价规程》。架空线路、变压器、断路器

三类输变电主要设施的等效可用系数分析方式与发电设备类似。用户平均停电时间是指用户在统计期间内的平均停电小时数。具体计算公式见 DL/T 836.1～DL/T 836.3《供电系统供电可靠性评价规程》。

电能绿色供应之下设有污染物排放强度（颗粒物、二氧化硫、氮氧化物）、碳排放强度（全电量和煤电）两个二级指标。

未将经济性、人均装机容量、能源转换效率作为指标，理由如下：

第一，未将经济性作为指标，主要是由于国情和体制原因，在电力供需环节都存在不同程度的交叉补贴而使经济性有可能失真。例如，工业电价补贴居民电价，可再生能源发电有优惠政策，煤电矛盾也往往通过电价调整来解决。同时，电能作为特殊商品，电能的价值还与用电时段、电能质量、电力系统安全性等高度有关，使评价电能经济性问题变得更为复杂。

第二，未将人均发电装机容量作为指标，主要是由于随着可再生能源发电的大规模发展，不断"稀释"了电力设备利用小时数，电力装机容量越来越难以客观反映电气化真实能力，且人均用电量指标也反映了装机水平。

第三，提高机组的能效水平是发电行业的不懈追求，也是技术创新的基本动力，但是从本质上讲，能效是由经济性即效益为导向的。同时，电力（火电）碳排放强度指标与能效指标具有高度的重合性，可以反映能效情况。

3.3.4 农村电气化迈向新阶段

2017 年，习近平总书记在党的十九大报告中阐述坚持新发展理念这一基本方略时首次提出了"实施乡村振兴战略"，2018 年中央一号文件《中共中央　国务院关于实施乡村振兴战略的意见》发布，《国家乡村振兴战略规划（2018—2022 年）》更是对乡村振兴战略做出了重大部署。2020 年 12 月，总书记再次提出，举全党全社会之力推动乡村振兴，促进农业高质高效、乡村宜居宜业、农民富裕富足，随后《中共中央　国务院关于全面推进乡村振兴、加快农业农村现代化的意见》和《中共中央　国务院关于实现巩固拓展脱贫攻坚成果同乡村振兴有效衔接的意见》相继发布。

乡村振兴是实现"两个一百年"奋斗目标的必然要求，在历史站位上具有"以国家长治久安和民族伟大复兴"统揽全局的战略意义。实施乡村振兴战略，是解决人民日益增长的美好生活需要和不平衡不充分的发展之间矛盾的必然要求，是实现全体人民共同富裕的必然要求，是推进中国经济新发展的发动机，是应对世界百年未有之变局的"压舱石"和战略后院，对构建以国内大循环为主体、国内国际双循环相互促进的新发展格局具有重要意义。

农村能源革命与乡村振兴相辅相成，能源电力是乡村生产生活重要的物质基础，并作为必要的基础设施带动其他产业发展。农村生产生活发展也将推动农村能源消费升级。电能在未来农村能源供应体系中处于中心位置，是农业生产发展、农民生活水平提高、农村环境改善的重要保障。要推进农村能源消费升级，首先是完善农村能源基础设施网络，推动农村配电网改造升级，建设新型农村配电网。

然而，由于农村地区处于电力系统的末端，长期以来农网建设较为薄弱。农村电网容量和安全性不及城市配电网，全年利用率不高且网损大。2018 年，我国城镇人均用电量 8300 千瓦时，农村人均用电量 4954 千瓦时，为城镇的 60%。据统计，2018 年，我国每百户家庭拥有的电器数量，城镇家庭与农村家庭相比，房间空调器为 2.18 倍、热水器为 1.4 倍、微波炉为 3.1 倍、家用电脑为 2.7 倍、抽油烟机为 3 倍，电冰箱、电视机、洗衣机的数量高出 5%～10%。在这种情况下，一方面农村电网无法完全保障农村更高质量生活的用电，包括使用家用电器以及电锅炉替代燃煤锅炉取暖；另一方面，农村电网也无法支撑乡村振兴战略下乡村产业经济发展。加快农村能源转型迫在眉睫，因为它不仅是农村居民生活质量提高的基础，也是农村产业发展的基础。

在此背景下，2021 年 12 月，国家能源局、农业农村部、国家乡村振兴局联合下发了《加快农村能源转型发展助力乡村振兴的实施意见》，提出将能源绿色低碳发展作为乡村振兴的重要基础和动力，统筹发展与安全，推动构建清洁低碳、多能融合的现代农村能源体系，全面提升农村用能质量，实现农村能源用得上、用得起、用得好的目标，为巩固拓展脱贫攻坚成果、全面推进乡村振兴提供坚强支撑。文件的任务部署涉及巩固光伏扶贫工程成效、持续提升农村电网服务水平、支持县域清洁能源规模化开发、推动千村万户电力自发自用、积极培育新能源＋产业、推动农村生物质资源利用、鼓励发展绿色低碳新模式新业态、大力发展乡村能源站、推动农村生产生活电气化、继续实施农村供暖清洁替代、引导农村居民绿色出行 11 方面。文件也提出了发挥试点带动作用、实施主体多元化、加大财政金融支持力度、健全完善农村能源普遍服务体系、加强农村能源统计能力建设等五项保障措施。

预计到 2025 年，我国将建成一批农村能源绿色低碳试点，风能、太阳能、生物质能、地热能等占农村能源的比重将持续提升，农村电网保障能力进一步增强，分布式可再生能源发展壮大，绿色低碳新模式新业态得到广泛应用，新能源产业成为农村经济的重要补充和农民增收的重要渠道，绿色、多元的农村能源体系加快形成。

3.4　电气化的经济效应

人类文明的发展史本质上就是一部经济史。电气化固然可以带来显著的环保效益，但核心驱动力的改变（从技术驱动转向政策驱动）使得此次能源转型与以往大不相同，过去的经验教训不一定有用。电气化不可避免会对整个社会的经济造成影响，上到整体国民经济，下到私人居民能源账单。只有厘清电气化给整个社会带来的成本收益，政府才能更好地掌控政策力度并进行宏观调节。因此本章接下来将对电气化的宏微观经济效应进行分析。

3.4.1 电气化的宏观经济效应

作为顺应人类文明进程与能源革命应运而生的新的能源发展形态，电气化将为生态文明建设做出积极贡献。生产侧电气化体现为可再生能源的大规模开发利用，消费侧体现为电能占终端能源消费比重的持续提升。电气化的发展将拉动产业投资，提升净出口以及提升能源利用效率与科技水平，因此电气化的宏观经济效应可以分为两类，一是电气化对总需求的影响；二是电气化对总供给的影响。

3.4.1.1 投资拉动

净出口与电气化投资的提高，分别会拉动外需与内需的增长。在几十年的能源投资下，传统的化石能源系统架构与基础设施已经成熟。火电装机、燃油汽车投资、管道投资、燃气锅炉投资等化石能源投资已基本饱和。与传统化石能源相比，电气化投资作为科技前沿具备更广阔的投资空间。电气化投资可进一步分为生产侧投资和消费侧投资两类，生产侧投资包括可再生能源装机投资、特高压投资；消费侧投资包括充电桩投资、储能投资等。

1. 可再生能源投资

在"双碳"目标下，以风光为代表的可再生能源装机投资必将持续增长，2030年中国风电、光伏发电装机总容量将达到12亿千瓦以上。2021—2030年期间中国风光装机每年将增加约0.665亿千瓦，年均可再生能源投资将超过2374亿元，投资潜力巨大。风电及光伏发电的大量投资又将带动产业链上下游各产业发展，风电及光伏产业链全景图如图3-8与图3-9所示。风电产业链具体包括叶片、风电主机、塔架的各个生产商。光伏的产业链则又涉及多晶硅、光伏浆料、光伏背板及光伏玻璃生产。

2. 特高压输电投资

特高压输电即电压等级在交流1000千伏及以上、直流±800千伏及以上的输电技术，其具有输送容量大、传输距离远、运行效率高和输电损耗低等技术优势，输电功率一般是现有500千伏超高压线路的5～6倍、送电距离的2～3倍。

我国早在1986年就开始特高压输电的研发，目前是世界上唯一一个将特高压输电项目投入商业运营的国家。2020年全国在建及待建的特高压输电项目共31项，整体投资金额约为3000亿元。特高压输电投资将带动包括线缆、变压设备、高压开关、电源材料、机械等众多产业的发展。特高压输电细分产业链如表3-3所示。

表3-3 特高压输电细分产业链

产业链	细分产业链
直流特高压输电	换流阀、控制保护、换流变压器、互感器、直流断路器、高压电抗器、电容器、高压组合、断路器、避雷器
交流特高压输电	GIS、特高压变压器、特高压抗压器、550kV组合电器、互感器、断路器隔离开关、电容器、避雷器、变电站监控

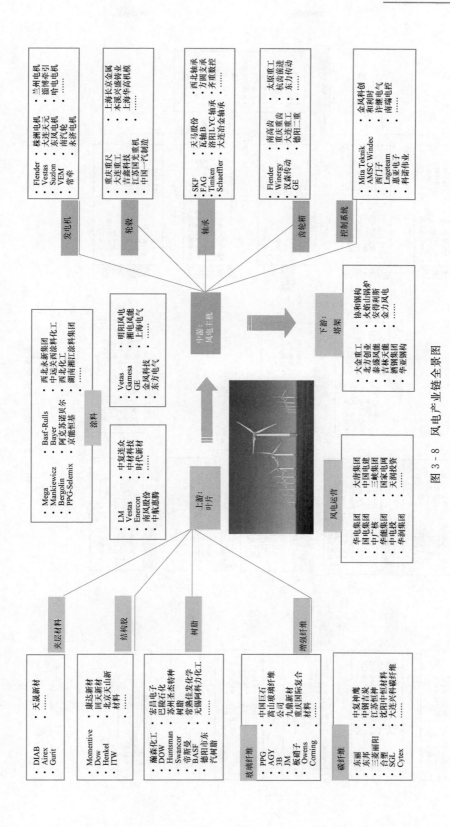

图 3 - 8　风电产业链全景图

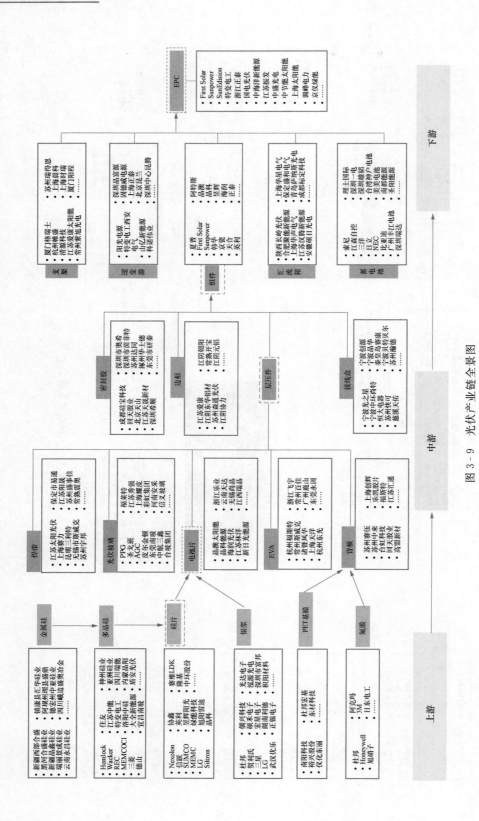

图 3 - 9　光伏产业链全景图

3. 充电桩投资

作为电气化的重要基础设施，新能源汽车充电桩具有投资大、链条长的特点，是新能源汽车产业发展的前提。"十四五"末，我国将形成适度超前、布局均衡、智能高效的充电基础设施体系，能够满足超过 2000 万辆电动汽车充电需求。截至 2021 年底，我国公共及私人充电桩保有量总计 261.7 万台，离"十四五"末期 1∶1 的规划桩车比还有较大差距。随着新能源汽车保有量的快速提升，充电桩的投资空间将更广阔，充电桩投资的增加又会带动整个产业链的投资，包括上游的设备生产商、中游的充电运营商及下游整体解决方案商在内，具体产业链见表 3-4。

表 3-4　　　　　　　　　　　新能源汽车充电桩相关产业链

	产业链	细分产业链
上游	设备生产商	壳体、底座、插头插座、线缆、充电模块或充电机、其他
中游	充电运营商	充电桩、充电站、充电平台
下游	整体解决方案商	新能源汽车整车企业

4. 储能投资

随着电气化的发展，新能源汽车、充电桩及分布式发电装置的快速投运，现存能源消费格局将逐渐被可再生能源所替代。从技术路径上来看，现今储能行业可主要分为电化学储能、电磁储能和机械储能三类。其中，机械储能又包括抽水蓄能、压缩空气储能及飞轮储能三类；电磁储能则主要包括超级电容器与超导储能两类。各类储能产业链上、中、下游可分为设备生产、系统集成及运维以及终端应用三类。因此未来储能投资也具有极大空间。储能相关产业链如表 3-5 所示。

表 3-5　　　　　　　　　　　储 能 相 关 产 业 链

	产业链	细分产业链
上游	设备生产	电池管理系统、能量管理系统、电池系统、变流装置、其他
中游	系统集成及运维	储能系统集成、储能系统安装、储能系统运维
下游	终端应用	发电侧、电网侧、消费侧

电气化投资增多导致的技术创新与规模经济效应也会推动储能平均成本的下降，使得本国产品在国际市场上更具竞争力，推动外贸出口。

3.4.1.2　电气化投资的乘数效应

把视角从电气化相关产业链拉回整个宏观经济，由于需求侧各个产业之间相互关联互为生产要素，最初投资与净出口增加所引起的内需会进一步通过产业关联和区域关联而不断强化放大，扩大影响，最终体现为国民收入的数倍增加，这种连锁效应即称作乘数效应。

乘数效应可通过式（3-3）和式（3-4）联立推导得出。其中式（3-3）为四部门国民收入恒式

$$Y = C + I + G + NX \qquad (3-3)$$

式中：Y 为总需求，C 为总消费，I 为投资，G 为政府购买，NX 为净出口。

总消费又可分为维持生存所需的基本消费与提高生存质量的非必要消费，消费函数如式（3-4）所示：

$$C = \alpha + \beta(Y - T) \qquad (3-4)$$

式中：α 为维持人们生存所必需的基本消费，β 为边际消费倾向，$(Y-T)$ 为可支配总收入，T 为税收。

联立式（3-3）和式（3-4）得到：

$$Y = \frac{(\alpha - \beta T + I + G + NX)}{1 - \beta} \qquad (3-5)$$

由式（3-5）可得投资乘数的表达式如式（3-6）所示：

$$\frac{\Delta Y}{\Delta I} = \frac{1}{1 - \beta} \qquad (3-6)$$

同理，净出口的乘数也为 $\frac{1}{1-\beta}$。

电气化投资的增多虽然会推动可再生能源、特高压输电、充电桩的发展建设，但同时也会挤出对传统火电厂及化石能源科技的投资，抑制煤电机组、燃油车及燃气锅炉等设备的投资建设。作为资本密集型行业，能源系统的大部分投资都集中于基础设施建设，经过多年的发展我国化石能源基础设施已经比较完备，基建投资空间已经不足。而电气化投资刚刚起步，具有更广阔的投资空间，因此电气化投资的增量要大于化石能源投资的挤出量，总投资增量为正值，电气化投资具有较强的需求拉动效应。

3.4.1.3 电气化投资对宏观经济的整体影响

电气化投资对宏观经济的整体影响表现在短期至中长期总供需方面。影响曲线变动情况如图3-10所示，在短期由于价格具有黏性，初始总供给曲线为 S，总需求曲线为 D_1，均衡点为 E_1，电气化投资与净出口的增多会推动总需求曲线向右移，由 D_1 移动至 D_2，均衡点变为 $E_{1.5}$，这时国民总收入与物价水平都增加，体现为经济增长与通货膨胀。在中长期，随着人们意识到通货膨胀带来的成本上升，人们会合理调整自己的预期，并减少生产

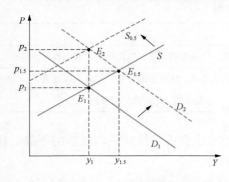

图3-10 短期至中长期总供需曲线变动情况

使得总供给曲线向左移，由 S 移动至 $S_{0.5}$，最后到达均衡点 E_2，体现为经济衰退和通货膨胀。总的来说在中长期电气化投资的增多不会影响国民总收入，仅会造成通货膨胀。

中长期至长期总供需变动情况如图3-11所示。长期总供给曲线只取决于当前社会的潜在产出水平，而当前社会的潜在产出水平与技术水平、资本和劳动力有关。长期电气化投资的增多除了会提升资本存量外，也会提升科技水平，进而提升社会潜在产出水平。在中长期电气化投资及净出口的增加虽然会推动总需求曲线右移（D_1 移向 D_2），

但是由于中长期工资与价格具有完全弹性，国
民总收入并无变化，因此仅造成物价上升（E_1
移动至 E_2）。在长期资本存量及技术进步会推
动中长期总供给曲线向右移动（移动幅度的大
小取决于技术进步的程度），由 S_1 移向 S_2 或
S_3，最后均衡点从 E_2 转向 E_3 或 E_4，体现为
物价水平的下降与国民总收入的上升即通货紧
缩与经济增长。综上所述，在短期电气化的宏
观经济效应体现为经济增长与通货膨胀，中长
期仅体现为通货膨胀，长期则体现为经济增长。

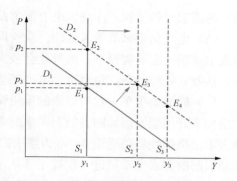

图 3-11　中长期至长期总供需曲线变动情况

3.4.2　电气化的微观经济效应

3.4.2.1　电气化对居民消费的影响

能源作为重要的物质基础，在经济系统中至关重要；作为投入要素，贯穿于经济社
会的各个环节，如原料开采、运输、加工、销售等；作为消费品，包含在人们的消费组
合里，日常生活中餐饮、照明、取暖都离不开能源消费。本节将分别从消费者行为理论
和生产与成本理论的角度对电气化的微观经济效应进行分析。

消费者行为理论的核心之一是研究价格变化对消费量的影响，即不同价格下人们
的需求量，这属于价格变化对消费者的配置效应。价格变化又会影响消费者的福利，
这属于福利效应。需求的形成有三要素：对物品的偏好、物品的价格以及收入。不同能
源价格与收入的结合构成了预算集，又称作消费的可行性集。在收入固定、不同价格
下，使得个人偏好得到最大满足的需求量的点的集合就是需求曲线。需求曲线可以写成
形如 $x_i(p,m)$ 的函数形式（马歇尔需求曲线），p 为不同商品的价格向量，m 为居民
收入。在商品都是正常品且存在替代效应的情况下，商品 j 价格的增加会提升消费者对
商品 i 的需求，即 $\dfrac{\partial x_i}{\partial p_j} \geqslant 0$；同时消费者在消费时也存在着收入效应，即总收入的增长
会提升消费者对商品 i 的需求量，即 $\dfrac{\partial x_i}{\partial m} \geqslant 0$。

传统的居民能源菜单既包括传统的柴薪、煤
炭、石油、天然气等一次能源，也包括电力、热
力等二次能源。这些能源彼此之间互相替代，但
是电气化的发展将减少其他能源的消费量，转而
消耗更大规模的电力。电气化对居民电力需求曲
线（见图 3-12）的影响主要有以下三方面：

（1）电力对其他能源的替代效应。碳税、碳
市场的发展将使得化石能源的负外部性逐渐成本
化，化石能源的价格逐渐上升推动替代能源（电

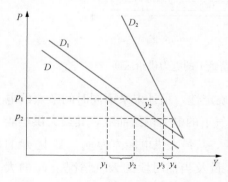

图 3-12　电气化下居民电力需求
曲线的变动情况

力）的需求大幅增长，体现为电力需求曲线的右移，由 D 移动至 D_1。

（2）电气化带来的收入效应。众所周知电力是目前利用效率最高的能源，在有效能源需求总量一定的假设下，电气化会减少人们的能源消费总量，体现为可支配收入的增加，从收入效应的角度也会推动电力消费的增长。

（3）能源菜单单一化所带来的价格弹性效应。能源是居民的生活必需品，现代生产生活离不开用能。因此随着能源菜单的单一化，电力需求将逐渐成为人们的刚需，电力的需求价格弹性将趋近于 0，电力需求曲线变得更加陡峭，从 D_1 移动至 D_2，单位价格变动引起的需求变动量进一步缩小（从 y_1y_2 变至 y_3y_4）。

3.4.2.2　电气化对厂商供给的影响

根据生产与成本理论，传统的成本函数是由固定成本与可变成本两部分组成。固定成本是生产之前就投入的资本，可变成本是生产产品所要投入的生产要素成本。因为固定成本是沉没成本，所以生产者生产与否取决于预期收入与可变成本的大小，只要预期收益大于可变成本，即产品价格 P 大于平均可变成本 AVC，生产者就会进行生产活动。生产者每多生产一单位产品所增加的可变成本即边际成本 MC。如图 3-13（a）所示，MC 曲线的右半段 PQ 为传统电力供给曲线。在传统的电力生产中，边际成本随着产量的增加不断递增。

按照生产与成本理论可以求解出传统的电力供给曲线，但是随着电气化的发展，可再生能源发电将改变过去边际成本递增的生产规律。如图 3-13（b）所示，因为可再生能源自身零边际成本的特性，电气化情景下的总平均成本曲线由倒 U 形曲线变为一条持续递减曲线，$MC=AVC=0$。这意味着只要价格不小于边际成本，生产者愿意供给其能供给的所有产量。电力供给函数由供给曲线变成了供给区间。

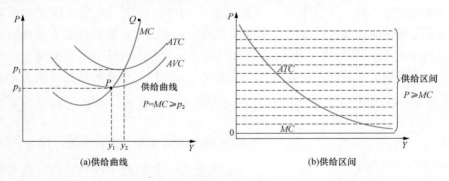

图 3-13　传统电力供给曲线与电气化情景下的电力供给区间

考虑到可再生能源发电的随机性、间歇性及不确定性，预计未来不同时间节点的电力供给曲线将如图 3-14 所示，其中 S_1 代表极端天气下的电力供给曲线，其最大供电能力为 y_1，S_2 为新能源发电高功率下的电力供给曲线，其最大供电能力为 y_2。其中 y_1 的大小主要取决于全国可再生能源装机总量、储能容量及当前时段的天气情况，y_2 的大小主要取决于天气情况与装机容量。

电气化将使得可再生能源发电成为未来的主流，需求侧能源菜单的单一化使得电力的需求价格弹性越来越小，需求曲线日渐陡峭，而在供给侧可再生能源的零边际成本同样大幅压减了电力供给弹性。在供需两侧的共同作用下未来的电价波动幅度将异常巨大，未来电价水平将摆脱成本的束缚，仅受需求与供电能力的影响，如何减少电价波动将成为未来研究的重难点。

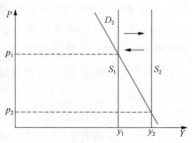

图 3-14　电气化情景下的
　　　　电力供需情况

　　系统层面，电气化也会对传统电力系统的结构与运行成本产生重大影响。伴随着集中式与分布式可再生能源的大规模推广应用，电力系统的安全性受到了严重挑战。在新型电力系统中，煤电将由提供电力、电量的主体电源，逐步转变为提供可靠容量、电量的灵活性调节型电源。火电灵活性改造将与储能、可调负荷一起被用以改善新能源波动性、电网调峰调频能力不足的缺陷，从而支撑大规模新能源柔性并网和分布式新能源开放接入。

　　电力系统结构的变动会进一步对运行成本产生影响。维持灵活性与备用资源的长期在线将会产生大量的折旧、维护及仓储费用，这会使得电价具有上升趋势。但由于我国现阶段电价传导机制还不健全，电价成本无法顺利疏导给消费者，导致电气化在执行过程中面临较大障碍，短期内若要破局需要依靠政策推动。但从长期来看，随着相关技术的突破与电力市场的完善，电力及相关服务的商品属性必将得到完全开发，电气化将从政策驱动向市场驱动逐渐转型。

3.5　电气化的碳减排效应

　　电气化的核心就是电力对化石能源的广泛替代，而化石能源消费减少带来的最大的正外部性就是碳减排效应，本节将分别从经济视角与技术视角出发对电气化的碳减排原理与建模进行分析。

3.5.1　经济视角下电气化碳减排的原理与建模

3.5.1.1　碳减排原理

　　伴随工业的发展环境问题日益凸显，1995 年格鲁斯曼（Gene M. Grossman）提出了环境库兹涅茨曲线（EKC），即当人均收入处于较低水平时，环境质量随着收入的增加而下降；当人均收入水平达到一定程度之后，环境质量随收入增加而改善，即环境质量与人均收入水平之间存在倒 U 形关系。国家政策虽然不能改变倒 U 形曲线的总体特点，但可以让它变得更平坦或更早出现顶点。

　　基于 EKC 理论解释可看出，碳达峰与碳中和都是中国经济社会发展的必然趋势。"双碳"目标的提出旨在通过政府干预，改变 EKC 曲线的形状细节，缩短碳达峰与碳中和时间。现阶段我国用能结构仍以化石能源为主，经济的高速增长对应着庞大的化石能源消费，化石能源的大量消费最终产生了大量碳排放。因此，现存的碳排放问题很大程度是源于现有能源、经济、环境系统的互相胁迫作用，在现有能源系统下中国很难做到碳减排与经济增长的有机统一。若想解决现有能源、经济、环境系统之间的矛盾，在保持经济增长的同时做到碳减排，便只能从能源系统寻求突破——从化石能源驱动的能源体系向可再生能源驱动的能源体系转变，推动电气化。因此，电气化已成为中国碳减排的必要手段。

3.5.1.2 相关模型

目前，国内外相关学者从经济视角出发对我国碳排放进行了大量研究，总体上看这些研究主要集中在碳排放变化的因素分解、建立预测模型以及构建大型宏观经济模型对减排驱动力及未来碳排放进行预测，主要涉及模型包括 IPAT 模型、Kaya 恒等式、STIRPAT 模型、LMDI 模型及 CGE 模型等。下面将主要就上述模型进行简要介绍。

1. IPAT 模型

IPAT 模型又称作环境压力控制模型，其最初是由埃里奇（Paul R. Ehrlich）提出用以测量人类活动对环境的输入性影响或压力的模型。IPAT 模型的数学表达式如下：

$$I = P \times A \times T \tag{3-7}$$

式中：I 代表环境影响，通常用排放的污染物数量表示；P（population）代表人口规模；A（affluence）代表富裕度或人均资源消耗程度，通常用人均 GNP 或 GDP 来表达；T（technology）代表广义的科技水平，通常用单位 GDP 的污染物排放来表示。从模型可知，在其他因素不变的情况下，人口规模增加（P）、人均资源消耗程度或消费水平提升（A）以及不断增加的提供消费品的技术（T），都将导致环境破坏程度加巨。

在 IPAT 模型提出以后，为了提高结果的准确性，学者们在原 IPAT 方程的基础上进行了应用扩展，通过构造链式乘积的形式将 T 中隐含的因素分解为 GDP 能源强度与能源碳排放强度，进而提出了 Kaya 恒等式。Kaya 恒等式的表达式如下：

$$C = P\left(\frac{G}{P}\right)\left(\frac{E}{G}\right)\left(\frac{C}{E}\right) = Pgec \tag{3-8}$$

式中：C 为碳排放数量；P 为人口规模；G 为国内生产总值（GDP）；E 为一次能源消耗总量。其中 $g=\frac{G}{P}$ 代表人均 GDP；$e=\frac{E}{G}$ 代表 GDP 能源强度；$c=\frac{C}{E}$ 代表能源碳排放强度。

在 Kaya 恒等式的基础上对相关参数进行预测或进行情景设置后，便可对电气化的碳减排效应进行研究。

尽管 IPAT 与 Kaya 恒等式简洁直观，但其应用也存在一定的限制。首先，这两个表达式将环境影响和各个驱动力之间的关系简单地处理为同比例线性关系，将不同变量对环境的影响视为均等，但忽略了各个驱动力之间的差异以及相互之间的作用；其次，这两个表达式不能分析如城市化、人口年龄结构、地理位置、气候条件等人文驱动力对环境压力的影响。

为了克服上述缺陷，迪茨（Dietz T）等（1994）在 IPAT 模型的基础上进一步提出了随机回归影响模型即 STIRPAT 模型，其表达式如下：

$$I = aP^b A^c T^d e \qquad (3-9)$$

式中：a 为模型的常数项；b、c、d 分别为各自变量的指数项；e 为误差项。STIRPAT 模型是一个多自变量的非线性模型，其不仅保存了 IPAT 模型中各人文驱动力之间的相乘关系，并将人口数量、富裕度、技术等人文驱动力作为影响环境压力变化的主要因素。模型两边同时进行对数化处理后得到：

$$\ln I = \ln a + b\ln P + c\ln A + d\ln T + \ln e \qquad (3-10)$$

式中：系数代表的是相关变量的弹性系数，即人口规模 P、收入水平 A 和技术水平 T 每变化 1% 时，环境压力分别变化 $b\%$、$c\%$ 和 $d\%$。除此之外，为了考察随着富裕度的增加，富裕度与环境压力之间是否存在着倒 U 形的 EKC 曲线，部分学者也会引入富裕度的二次项，即将 $\ln A$ 转换为 $\ln A$ 和 $(\ln A)^2$ 两项。在此基础上对对数处理后的模型进行多元线性拟合，便可得到碳排放量与各人文驱动力之间的关系，并得到相关变量的减排驱动力，代入各解释变量的预测值则可对未来碳排放量进行预测。

2. LMDI 模型

除了 IPAT 及 STIRPAT 模型之外，在环境经济研究中，也有大量学者运用分解方法以定量分析因素变动对能源消费及排放量变动的影响。

常用的能源消费分解方法可以分为 Laspeyres IDA 与 Divisia IDA 两大类，而每种方法又可以分为"加和分解"和"乘积分解"两类，并由具体的计算中细微的差别体现为多种应用。其中，LMDI（log mean divisia index，对数指标分解方法）属于 Divisia IDA 的一个分支，由于具有全分解、无残差、易使用，以及乘法分解与加法分解的一致性、结果的唯一性、易理解等优点而在众多分解技术中受到重视，目前在许多领域得到广泛应用。大量学者运用 LMDI 分解法对国家及地区层面的碳排放进行了分解研究，以探究影响碳减排的核心驱动力。

3. 大型宏观经济 CGE 模型

CGE 模型即可计算一般均衡模型。一般均衡是与局部均衡相对应的概念。将一种商品市场与其他商品市场隔离开来单独考虑的研究方法称为局部均衡分析法，单个市场中商品供需平衡的状态称为局部均衡状态；整个经济中所有市场联合起来需要考虑的研究方法称为一般均衡分析方法，当市场价格充分调整，使得所有要素和商品供需相等时的状态，称为一般均衡状态。

一般均衡状态是经济系统达到的一系列资源配置和价格构成的理想均衡状态，关于如何达到均衡状态，亚当·史密斯（Adam Smith）认为经济中存在着"看不见的手"指引着众多市场经济主体参与并完成资源配置。现代意义上的一般均衡理论始于里昂·瓦尔拉斯（Leon Warlas），到 20 世纪 50 年代阿罗（Kenneth J. Arrow）和德布鲁（Debru）对不动点定理的证明使一般均衡理论形成了比较完整的体系，但其证明是非构造性的，只是证明均衡价格的存在性，而不能告诉人们如何找到均衡价格，因此还无法直接应用于实际。可计算一般均衡模型正是针对一般均衡理论过于抽象、难以用于政策研究的特点应运而生的。可计算一般均衡模型将一般均衡理论进行简化，使各种主要商品的价格和数量都可以通过模型计算出来。概括地说，就是用一组方程来描述供给、需求以及市场关系供求关系，在这组方程中不仅商品和生产要均衡，储蓄投资、劳动力供需、国际收支都要平衡，最后在一系列目标函数下（成本最小化、利润最大化、消费者效用最大化、进口收益利润最大化、出口成本最小化等）求解该方程组，得到各市场都达到均衡时的一组数量和价格。

一般来说 CGE 模型由生产模块、贸易模块、企业模块、居民模块、政府模块、均衡模块、福利模块及碳排放模块等构成。在数据选择方面，目前 CGE 模型所使用的基础数据，一般来自国家或者地区的投入产出表。使用者需根据研究的需求，合并投入产出表以构建社会核算矩阵（SAM 表）作为模型的基础数据。SAM 表是国民经济核算的一种表现形式，根据经济运行的实际情况，社会核算矩阵的行列可分为 12 个部门，分别是商品、活动、要素（劳动力）、要素（资本）、居民、企业、政府补贴、预算外账户、政府、国外、资本账户和存货变动，最后是合计，其基本结构如表 3-6 所示。

表 3-6　　　　　　　　　　中国宏观社会核算矩阵结构

部门		商品	要素 （劳动力）	居民	政府补贴	政府	资本账户	汇总
1	商品			居民消费		政府消费	固定资产形成	总需求
2	活动	国内总产出						总产出
3	要素　劳动力							要素收入
4	要素　资本							要素收入
5	居民		劳动收入		政府补贴	政府 其他支付		居民总收入
6	企业							企业总收入
7	政府补贴					政府的 补贴支出		预算 外总收入
8	预算 外账户							预算 外总收入
9	政府		关税	个人所得税			政府债 务收入	政府总收入
10	国外		进口			对国外 的支出		外汇支出
11	资本账户			居民储蓄		政府储蓄	存货变动	总储蓄
12	存货变动						总投资	存货净变动
	合计	总供给	要素支出	居民支出		政府支出	总投资	

在矩阵中，要求来自每一个账户的购买或支出在其他一个或几个账户中必须要有相

应的销售或收入。矩阵中的每一个非零元素从行来看表示从所在列得到的收入，从列来看则表示对应行的支出。根据任何收入或收益都有相应的支出或费用的经济核算基本原则，矩阵中的行所表示的收入等于相应的列所表示的支出，由此建立完整的宏观社会核算矩阵。社会核算矩阵之间的宏观关系具体如图 3 - 15 所示。

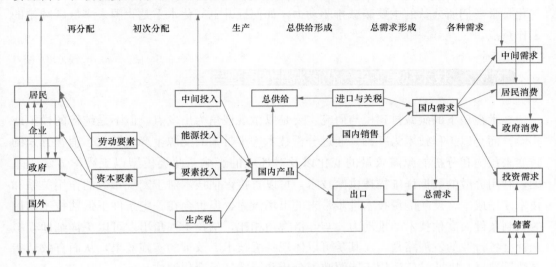

图 3 - 15　宏观经济循环图

在 CGE 模型基本框架与 SAM 表建立完成后，还需进一步对各种模型参数（生产函数、需求函数等）进行标定，最后再通过 GAMS 软件程序进行开发建模与模拟求解。

CGE 是典型的自上而下的经济模型，它从宏观角度研究能源环境问题，该类模型在经济学理论的基础上，将宏观经济指标作为主要参数，利用一般均衡理论考察经济参数、能源消费及碳排放量之间的关系，其在分析与宏观经济运行规律相关的政策导向方面具有明显的优越性，但在一定程度上会弱化技术对于政策的推动力量，低估能源技术进步带来的市场潜力，且其对数据的要求较多，建模难度较大。

3.5.1.3　现有研究概况

大量学者分别运用上述模型对电气化的碳减排效益进行了不同的建模与分析，并得出了各自的结论。朱宇恩（2016）运用 IPAT 模型与情景分析法对山西省的碳达峰进行研究后发现，山西省如果想在 2030 年前碳达峰需要尽快改变现有能源结构，提升电气化率。KaiSu（2020）运用扩展的 STIRPAT 模型与情景分析法研究了中国的碳达峰问题，结果表明中国如果想在 2030 年前碳达峰，需要迅速降低煤炭能源占比，大力推进电气化，2030 年前中国煤炭消费占比应至少下降到 53％以下。郭朝仙（2010）则基于 LMDI 分解法对中国的碳排放进行了分解研究，结果表明化石能源自身的结构变化（这里指煤炭、石油、天然气）对碳排放增长影响十分有限，建议通过大力发展可再生能源以及电气化来优化能源结构达到减排的目的。马丽梅（2018）运用 CGE 模型对中国 2025—2050 年可再生能源发展与可行路径进行了研究，其认为未来中国能源系统或将呈现两种可能，一是到 2050 年实现一次能源消费结构中可再生能源占比达到 60％以上；二是局部地区实现 100％的可再生能源供应，而整个能源供应体系呈现出化石能源与非化石能源平分秋色的局面。

虽然上述学者运用的方法与所得出的结论不尽相同，但从现有结论可以大致看出电气化是学者们所公认的主要碳减排驱动力，如何提升电气化水平是我国未来低碳减排的工作重点。

3.5.2 技术视角下电气化碳减排的原理与建模

技术视角下的碳减排建模与研究主要是以微观视角为出发点，但不是纯粹的模拟或实验，而是以工程技术为基础，通过分析技术进步带来的能源生产、转化、消费方式的转变来预测和分析能源需求量的变化以及对环境的影响。此类模型以工程学方法为基础，利用分散的数据详细描述供给技术，可以直接评估技术对于宏观参数的作用关系和技术使用成本，反映能源技术进步带来的市场潜力，但也会在一定条件下低估技术使用的限制条件而高估技术的推动力。与经济视角相比，从技术视角出发可以更详细地模拟全社会各行业的发展路径，尤其是可以体现各类技术、政策的实施效果，从而有效地指导政策选择，因此被广泛用于能源政策分析和减缓气候变化评估。

3.5.2.1 模型简介

技术视角下的能源环境模型较多，包括 MARKAL、EFOM、MEDEE、LEAP、EPS 模型等，本节选取 LEAP、MARKAL 以及 EPS 模型作为代表进行简要介绍。

1. LEAP 模型

LEAP 模型即长期能源替代规划系统（long range energy alternatives planning），是以瑞典斯德哥尔摩环境研究所（Stockholm Environment Institute，SEI）美国中心为主开发的，基于情景分析法的自下而上的终端能源消费模型，其被广泛用于能源政策分析和减缓气候变化评估。

LEAP 模型的核心在于各模块及分支结构的设计，共由七个模块组成，分别是能源分析模块、结果模块、技术与环境数据库、能源平衡模块、概要、显示及注释。其中，能源分析模块是 LEAP 模型中的核心模块。

能源分析模块由终端需求、转换与配送、资源三部分组成。其中，终端需求是指居民、工业、商业、交通、农业等部门在终端应用中产生的不同用能需求。转换与配送主要处理各种能源之间的转换，即电力、热力等能源的生产、配送、储存及损失。资源部分则主要用于分析系统涉及的各种一次和二次资源储量、产量以及进出口之间的关系。能源分析模块具体模块构造如图 3-16 所示。

LEAP 模型中的碳排放核算公式如式（3-11）所示。

$$C = C_1 + C_2 \qquad (3-11)$$

其中，碳排放总量 C 由终端能源使用所产生的碳排放 C_1 及能源生产转换过程中产生的碳排放 C_2 组成。

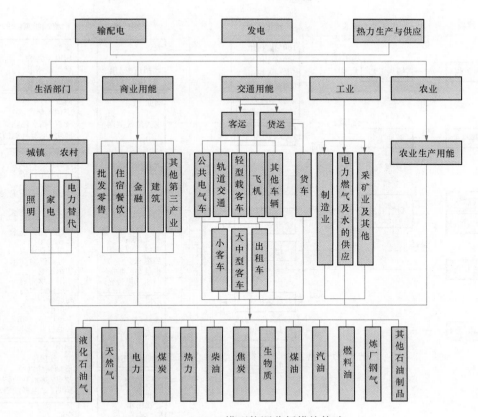

图 3-16　LEAP 模型能源分析模块构造

2. MARKAL 模型

MARKAL 模型最初开发于 20 世纪 70 年代末，是以技术为基础的能源系统市场分配优化数学模型，该模型通过计算能源系统中一次能源供应、二次转换能源、终端能源和能源需求不同层次的能源平衡，在满足给定的污染物排放限制条件下，以系统整体最低的成本来满足系统终端能源的需求。

MARKAL 模型在建模过程中，首先要进行参考能源系统的设计，一般来说 MARKAL 的参考能源系统由能源资源供应、能源的加工和转化技术、满足各种用能的终端技术以及各经济部门终端能源需求所组成。参考能源系统设计完成后再进行时间段的选取，设计起始年份与终止年份。标准的能源系统结构如图 3-17 所示。

建模完成后，首先要对未来终端能源需求进行预测，其次需要对能源加工技术、能源转换技术以及终端技术进行描述与参数选择。

在基本参数设定完成后，便可进一步进行情景设计，对模型目标年份的碳排放量设定限制条件从而产生出不同排放水平下的减排情景，最后通过 MARKAL 模型的情景模拟分析得出满足政策目标的能源消费情况。研究人员进一步根据模型模拟结果进行政策选择。

3. EPS 模型

EPS 模型是世界资源研究所（WRI）近期研发的，用于研究能耗与温室气体排放路

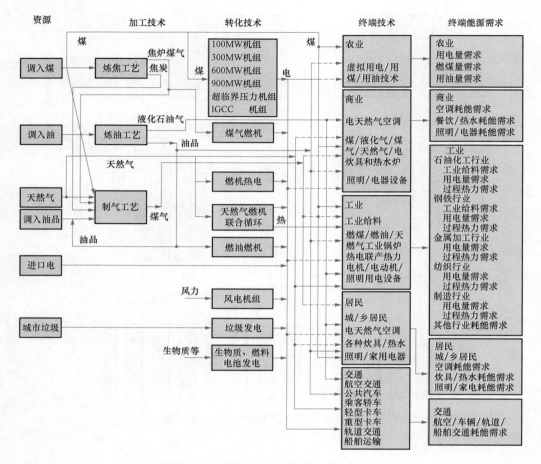

图 3-17　MARKAL 模型参考能源系统

径的模型工具。相较于 LEAP 与 MARKAL 模型，EPS 模型的功能更为丰富，设计了近百项政策，可以全面地反映各领域政策对能耗、温室气体排放的影响，并且可以较好地建立起政策（尤其是非能源领域政策）与模型测算逻辑间的联系。

EPS 模型主要基于"系统动力学"理论框架开发运行，其将能源消耗与经济发展视作一个不断变化的非平衡系统，因此 EPS 模型可以较好地剖析能源 - 经济系统之间的各要素的相关关系，例如：投入产出关系、互为因果关系等。系统动力学模型中包含许多长时间序列数据变量，这些变量既受外部环境的影响，又会受其自身存量变动的影响。

EPS 模型涵盖了包括工业、建筑、交通、能源加工转换、土地利用在内的五个领域，每个领域都按照内部结构细分了大量子项。其主要模块之间的逻辑关系如下，首先工业（含农业）、建筑、交通等主要能源需求部门消费化石燃料产生了大量直接碳排放，体现为各模块污染物的增加；其次也消耗了电力、热力、氢能等二次能源，产生了大量间接碳排放，表现为区域供热和氢能及电能模块的污染物排放。此外土地利用的变化也是造成温室效应的重要原因，这里主要衡量交通发展对绿地面积以及生态碳汇的影响。

在碳减排方面，碳捕获与封存技术的使用可以减少工业及电力部门的碳排放量，表现为污染物排放的减少。而研发技术的发展会对包括工业（含农业）、建筑、交通部门在内的能源需求部门和以电力、热力、氢能为主的能源生产部门及以碳捕获与封存技术代表的固碳部门均造成显著影响，进而减少污染物排放总量。EPS 模型结构图见图 3-18。

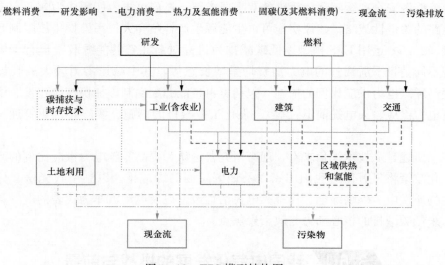

图 3-18　EPS 模型结构图

　　在 EPS 模型整体模块设定完成后，还需运用系统动力学对每一个子模块各经济、技术变量之间的逻辑关系进行梳理，形成闭环逻辑关系。整个模型构造完成后，便需对各分支数据进行搜集整理。以燃料数据为例，需要搜集各燃料的基本情况（包括产量、进出口量、价格、补贴税费等），并搜集考虑影响燃料价格供应量的相关政策。

　　在数据搜集完毕后，便可进行政策情景设计以及模型运行，EPS 模型会分别计算各个行业使用燃料所产生的排放，其中，模型会测算交通、建筑和工业领域使用燃料和生产过程所产生的直接排放，同时测算各领域每年电力和热力消费的需求量。进而，能源加工转化领域则在考虑了能源跨边界调入调出影响的前提下生产相应的电力和热力，以满足上述各领域的需求，最后再计算加工转换领域生产过程中的燃料消耗所产生的排放量。

3.5.2.2　现有研究概况

　　由于技术视角下的能源环境模型可以更详细地模拟全社会各行业的发展路径，体现各类技术、政策的实施效果，更好地指导政策选择，因此这类模型目前被大量学者以及研究机构使用以模拟并制定能源环境规划。Hu 等（2019）运用 LEAP 模型对深圳市 2019—2030 年的能源需求情况进行了研究，研究表明在大部分情景下，深圳市的能源消费总量与电气化率都将不断上升，以分布式光伏、垃圾发电、电动汽车及冷热电联产技术为代表的可再生电力将在深圳市的能源转型中发挥巨大作用。帕丽丹（2021）构建了基于 LEAP 模型的京津冀地区能源电力系统优化模型，探索了京津冀地区在不同情景下的发电技术最优组合发展路径，研究表明在最优情景下未来燃煤发电的装机容量和发电量总体上呈现明显的下降趋势，燃气装机容量与水电的装机容量和发电量基本稳定，而得益于技术进步与成本优势，集中式光伏、商业和屋顶分布式光伏、陆上风力发电以及生物质发电装机容量与发电量都将呈现上升趋势。何旭波等（2013）采用 MARKAL 模型对补贴政策与排放限制下陕西可再生能源发展预测进行了研究，研究表明在当前陕西省保障能源安全和缓解环境污染的双重压力下，发展可再生能源成为陕西省走可持续发展道路的关键性战略，建议实施可再生能源生产补贴和大气污染物排放限制政策。奚文怡等（2020）运用 EPS 模型以低碳减排为目标对浙江省的能源政策进行了模拟，研究发现不同情景下浙江省的电力消费均呈增长态势，其中减排潜力较大的政策主要包括：提高零碳电力供应比例的措施（包括可再生能源配额制、加快核电建设、增加外来非化石电力供应、火电提前退役等）、强化工业减排的措施、实施跨行业管理减排的措施三类。

综上所述，从技术视角来看，现有研究普遍认为提高零碳电力供应比例的政策也就是电气化政策将显著促进我国国家以及地区层面的碳减排。以集中式光伏、分布式光伏、生物质发电、外购绿电、传统火电灵活性改造以及电动汽车为代表的电气化技术将成为未来低碳减排的核心动力与政策聚焦点。

3.6 我国电气化发展的挑战与前景

未来电力需求呈现刚性、持续增长，增速明显高于能源需求的特点。我国构建新发展格局，加快推动新旧动能转换，重化工业用电增速将有所放缓，高技术及装备制造业快速成长、战略性新兴产业迅猛发展、传统服务业向现代服务业转型、新型城镇化建设均将带动相关领域用电较快增长，成为中长期电力消费增长的主要动力。在碳达峰碳中和背景下，我国坚持节能优先战略，严格控制能耗强度，依托产业结构调整和全社会节能增效控制能源消费峰值水平。在碳减排要求下，钢铁、化工、建材等其他行业的化石能源消费需求将严格控制并逐步削减，势必转移至电力消费，推动电力需求持续上涨。预计近中期电力消费将以中速保持刚性增长，远期考虑我国产业结构趋于稳定、城镇化和工业化基本实现，电力需求增速将逐步放缓、趋于饱和。

2021 年《中共中央　国务院关于完整准确全面贯彻新发展理念做好碳达峰碳中和工作的意见》，是指导做好碳达峰碳中和这项重大工作的纲领性文件。文件在加快推进低碳交通运输体系建设方面，提出推进铁路电气化改造，推动加氢站建设，促进船舶靠港使用岸电常态化。文件在提升城乡建设绿色低碳发展质量方面，提出深化可再生能源建筑应用，加快推动建筑用能电气化和低碳化；开展建筑屋顶光伏行动，大幅提高建筑采暖、生活热水、炊事等电气化普及率。

《"十四五"现代能源体系规划》中提出，"十四五"电气化水平持续提升，到 2025 年电能占终端用能比重达到 30% 左右。国网能源研究院 2020 年底发布的《中国能源电力发展展望 2020》研判，未来一次能源低碳化转型明显，非化石能源占一次能源消费比重在 2025 年、2035 年、2050 年、2060 年分别有望达到约 22%、40%、69%、81%。

终端用能结构中，电能会逐步成为最主要的能源消费品种，2025 年后电力将取代煤炭在终端能源消费中的主导地位。电能占终端能源消费比重在 2025 年、2035 年、2050 年、2060 年分别有望达到约 32%、45%、60%、70%。分部门来看，工业部门电气化率稳步提升，2060 年电气化率从 2020 年的 26% 提升至 2060 年的 69%；建筑部门电气化水平最高、提升潜力最大，2060 年电气化水平提升至 80%；交通部门电气化水平提升最快，将从 2020 年的 3% 提升到 2060 年的 53%。中国石油天然气集团有限公司 2021 年底发布的《世界与中国能源展望（2021 版）》报告预判，终端电气化与电力低碳化协调发展，才能共促"双碳"目标实现。在碳中和目标的指引下，各行业电气化率均将提升，2060 年，终端电气化率将在 60% 左右；非化石能源发电占比将快速提升，2060 年为 83%～91%。

当然，也应看到电气化发展面临的挑战。技术方面，电气化对电力系统灵活柔性、智能互动、安全可控提出更高要求，如何构建以新能源为主体、用户为中心的新型电力系统成为科技领域关注的焦点。经济层面，"十三五"时期在一系列优惠政策的推动下，我国电能替代进展较快，2020 年全年累计替代电量达 2252 亿千瓦时，比上年同比增加 9%。但综合考虑全寿命周期内投资、运行、维护等成本，电能在居民采暖、工业高温高压热蒸汽、中重型卡车长途运输等场景的应用中，经济性欠佳。从等效热值成本来看，当前电能成本约为燃煤的 2.4～4.8 倍，极大限制了电能替代推进速度。此外，新能源间歇性、波动性的出力特性，大规模接入电网后，带来了抽水蓄能建设、煤电灵活性改造、新型储能发展、跨区域输电通道建设等增量投资，大幅度增加系统成本。前述的《世界与中国能源展望（2021 版）》报告认为，实现碳达峰碳中和，需要大量的能源基础设施投资，仅电力部门投资就将在 1 万亿～2 万亿元/年，且呈现逐年增加态势，在 2030 年前后达到最高点的 9.4 万亿元/年。中国电力企业联合会估计，到 2030 年电力供应成本将增加 0.08～0.13 元/千瓦时，这些成本必将顺导至终端用户，抑制电能替代的积极性。

思　考　题

1　电气化与碳中和的关系是什么？电气化的传统指标有哪些？碳中和形势下新电气化指标有哪些？

2　如何看待我国的电气化在世界上所处的水平？试述我国电气化的发展趋势。

3　如何看待并分析电气化带来的经济效应和减排效应。

参 考 文 献

[1] 马克思，恩格斯. 马克思恩格斯全集 [M]. 北京：人民出版社，2018.

[2] 列宁. 列宁全集 [M]. 北京：人民出版社，2017.

［3］刘建平．智慧能源［M］．北京：中国电力出版社，2013．

［4］国家电网公司．新农村电气化标准体系［J］．农村电工，2007（08）：5－10．

［5］中电联电力发展研究院．中国电气化发展报告［M］．北京：中国建材工业出版社，2021．

［6］黄韧．"双碳"目标下北京市能源转型重点领域及路径研究［D］．华北电力大学（北京），2021．

［7］FOUQUET，R. The slow search for solutions：Lessons from historical energy transitions by sector and service［J］．Energy Policy，2010，38（11）：6586－6596．

［8］BLAZQUEZ J，FUENTES R，MANZANO B．On some economic principles of the energy transition［J］．Energy Policy，2020，147（9）：111807．

［9］BOMPARD E，BOTTERUD A，CORGNATIS et al．An electricity triangle for energy transition：Application to Italy［J］．Applied Energy，2020，277（11）：115525．

［10］夏小禾．"十四五"末超2000万辆电动汽车充电需求将得到满足［N］．机电商报，2022－02－28（A01）．DOI：10.28408/n. cnki. njdsb. 2022.000047．

［11］LINDMARK M．An EKC－pattern in historical perspective：carbon dioxide emissions，technology，fuel prices and growth in Sweden 1870－1997［J］．Ecological Economics，2002，42（1/2）：333－347．

［12］林伯强，牟敦果．高级能源经济学［M］．北京：清华大学出版社，2014．

［13］钟兴菊，龙少波．环境影响的IPAT模型再认识［J］．中国人口·资源与环境，2016，26（03）：61－68．

［14］杜强，陈乔，陆宁．基于改进IPAT模型的中国未来碳排放预测［J］．环境科学学报，2012，32（09）：2294－2302. DOI：10.13671/j. hjkxxb. 2012.09.020．

［15］王立猛，何康林．基于STIRPAT模型的环境压力空间差异分析——以能源消费为例［J］．环境科学学报，2008（05）：1032－1037. DOI：10.13671/j. hjkxxb. 2008.05.025．

［16］朱勤，彭希哲，陆志明，等．中国能源消费碳排放变化的因素分解及实证分析［J］．资源科学，2009，31（12）：2072－2079．

［17］ANG B W．LMDI decomposition approach：A guide for implementation［J］．Energy Policy，2015，86：233－238．

［18］郭正权．基于CGE模型的我国低碳经济发展政策模拟分析［D］．中国矿业大学（北京），2011．

［19］朱宇恩，李丽芬，贺思思，等．基于IPAT模型和情景分析法的山西省碳排放峰值年预测［J］．资源科学，2016，38（12）：2316－2325．

［20］SU K，CMLA B．When will China achieve its carbon emission peak？A scenario analysis based on optimal control and the STIRPAT model［J］．Ecological Indicators，2020，112（5）：106138．

［21］郭朝先．中国碳排放因素分解：基于LMDI分解技术［J］．中国人口·资源与环境，2010，20（12）：4－9．

［22］马丽梅，史丹，裴庆冰．中国能源低碳转型（2015—2050）：可再生能源发展与可行路径［J］．中国人口·资源与环境，2018，28（02）：8－18．

［23］张竣澈．武汉市碳排放达峰形势及对策研究［D］．华中科技大学，2018．

［24］余岳峰，胡建一，章树荣，等．上海能源系统MARKAL模型与情景分析［J］．上海交通大学学报，2008（03）：360－364＋369. DOI：10.16183/j. cnki. jsjtu. 2008.03.002．

［25］奚文怡，周华富，吴红梅，等．浙江能源政策模拟模型（EPS）的方法介绍及结果示例

［R/OL］.（2020-12-01）［2022-5-24］. https://wri. org. cn/sites/default/files/2021-11/zhejiang-energy-policy-simulator-methods-data-scenario-settings-CN. pdf.

［26］HU G，MA X，JI J. Scenarios and policies for sustainable urban energy development based on LEAP model - A case study of a postindustrial city：Shenzhen China［J］. Applied Energy，2019，238（MAR. 15）：876-886.

［27］帕丽丹·艾尼瓦尔. 基于能源-经济-环境模型的京津冀能源系统优化研究［D］. 华北电力大学（北京），2021.

［28］邱波. 我国再电气化发展现状及前景研究［J］. 中国电力企业管理，2020（16）：48-52.

［29］何旭波. 补贴政策与排放限制下陕西可再生能源发展预测——基于MARKAL模型的情景分析［J］. 暨南学报（哲学社会科学版），2013，35（12）：1-8＋157.

第 4 章

低碳电力技术

人类社会依靠能源创造生产力，各项人类活动都需要能源作为基础和支撑。化石能源始终是全球能源消费结构中的主力能源，然而人类对化石能源的过度开采及使用已经对全球生态环境等造成了恶劣影响。目前，已产生的能源安全、环境安全、气候变暖等相关问题对人类的生存发展带来了巨大挑战。为了解决能源消费所带来的一系列环境、生态、安全问题，当前新一轮的能源转型正在加速向前推进。人类历史上已经完成了两次能源转型，即煤炭取代柴薪、石油取代煤炭成为主导能源的能源变革。如今，能源转型的关键在于可再生能源的开发与利用，因此，必须坚定不移地进行绿色、清洁、低碳、可持续发展的能源技术研究。本章从能源转型的概念入手分析当前的能源转型思路，并重点介绍目前发展的各类低碳电力技术。

4.1　低 碳 能 源 转 型

4.1.1　能源转型的概念

1. 能源转型的概念来源

"能源转型"这一概念最早来源于德国，在遭受 20 世纪 70 年代严重的石油危机后，德国部分学者提出要大力发展核电来替代石油；与此同时，德国应用生态学研究所出版了《能源转型：没有石油与铀的增长与繁荣》一书，并于 1982 年首次提出了能源转型的概念。该所专家认为，主导能源应从石油和核能向可再生能源转换，同时提倡进行提高能源效率的技术研究，以便用更少的能源消耗来支撑经济的增长。至此，能源转型的概念初步形成。

从概念的初步形成至今，人类对能源转型的探索一直处在不断发展的过程中。

如今，对于能源转型的定义可以有更全面的解读：能源转型是在一定的经济技术条件下，逐步淘汰化石燃料如石油、天然气、煤炭等，通过技术创新或新能源种类的发现，包括核能等可再生能源，使在一次能源消费结构中占据主导地位的能源种类被其他能源种类所取代的过程，这是一种能源结构长期变化的过程。其主要表现为主导能源的转换，新能源消费数量不断扩大、在消费结构中比重逐渐上升，以至于能源生产和消费结构发生根本性改变。加拿大瓦茨拉夫·斯米尔（Vaclav Smil）认为当新能源在能源消费结构中占比达到 5％时，便可认定是能源转型开始的标志，如果占据最大比例，则认为是转型完成的标志。新能源利用的同时，并不排斥被替代能源（旧的能源）的继续利用，在技术进步的条件下，旧的能源反而可以被更经济、更清洁、更有效地利用。可以说，能源转型对国家社会经济发展乃至全球的政治格局都会产生深刻影响。

主导能源转换的同时，能源转型还涉及能源系统的转变。李俊江与王宁在《中国能源转型及路径选择》一文中补充了能源转型中能源系统转变这一层次的内容。能源系统通常是指将自然界的能源资源转变为人类社会生产和生活所需要的特定能量服务形式（有效能）的体系。能源系统是某个国家或地区经济和社会发展中存在的具有特定社会功能的系统之一，它既包括能源资源和与能源生产、储运、消费相关的物理设施、技术、知识体系等，又包含组织网络和相关的社会要素，如政府部门、企业、消费者，相关法规、制度和规则等。

2. 历史上两次能源转型与第三次能源转型

人类能源利用史曾经历过两次能源转型，第一次是煤炭取代柴薪成为主导能源，第二次是石油、天然气取代煤炭成为主要能源。当前正处于第三次能源转型阶段。

第一次能源转型始于 1550 年，至 1619 年左右完成，历时约 70 年。其中，英国最具代表性。转型初期，煤炭在英国能源消费结构中的比重约占 5%；完成阶段，煤炭在英国能源消费结构中的比重超过居主导地位的柴薪，实现了从柴薪到煤炭的转型。之后的很长时间，煤炭的比重仍保持增长趋势，并一直维持其主导能源的地位。

第二次能源转型是 20 世纪由煤炭转向石油及天然气的过程。其代表性国家是美国，始于 1910 年，到 1950 年完成，历时仅约 40 年。转型完成时，石油在美国能源消费结构中的比重已超过煤炭的 35.5%，达到 38.4%，石油成为主导能源。

这两次能源转型依托于丰富的能源储备量以及技术的进步，两者相辅相成，促进了能源转型，改变了能源的生产与消费结构。而现今的第三次能源转型正对应于能源转型概念的提出时间。为了应对化石能源短缺、气候变化等生态危机，世界各国正大力推动可再生能源的发展与利用，力争实现从以化石能源为主体的能源生产和消费体系向以可再生能源为主体的能源体系的转变，保证能源的绿色环保与可持续使用。

21 世纪以来，能源转型及其重要性逐渐得到全球各国的关注和认可，可再生能源技术随之不断进步，在全球范围内掀起了发展绿色低碳经济的浪潮，为能源转型的概念增添了绿色低碳的内涵。

4.1.2 低碳能源转型的思路

1. 能源转型现状

中国作为世界第二大经济体、世界上最大的能源生产国和消费国，正迎头赶上应对气候变化与能源转型的关键阶段。2014 年和 2016 年，中国相继颁布《能源发展战略行动计划（2014—2020 年)》和《能源生产和消费革命战略（2016—2030 年)》，提出要加快构建清洁低碳、安全高效的现代能源体系。2017 年，中国水电、风电、太阳能发电装机和核电在建规模稳居世界第一，成为全球非化石能源发展的"引领者"。中国承诺2030 年前，二氧化碳的排放不再增长，达到峰值后逐步降低，即碳达峰目标；企业、团体或个人测算在一定时间内直接或间接产生的温室气体排放总量，通过植树造林、节能减排等形式进行抵消，实现二氧化碳的"零排放"，即碳中和目标。中国正向世界不断展示出实现"双碳"目标的决心与力量。截至 2021 年 10 月底，我国可再生能源发电累计装机容量已超过 10 亿千瓦。国际能源署署长法提赫·比罗尔（Fatih Birol）表示中国的二氧化碳排放量极有可能在 2030 年前达到峰值。

目前，我国的能源转型面临巨大挑战。煤炭仍然是中国能源结构中的主导能源，

2017 年我国一次能源消费总量中煤炭所占比重为 60.42%，2020 年我国煤炭消费量占能源消费总量的 56.8%。根据 2023 年 3 月国家统计局发布的中华人民共和国 2022 年国民经济和社会发展统计公报数据显示：经初步核算，全年能源消费总量 54.1 亿吨标准煤，比 2021 年增长 2.9%。其中，煤炭消费量增长 4.3%，原油消费量下降 3.1%，天然气消费量下降 1.2%，电力消费量增长 3.6%。煤炭消费量占能源消费总量的 56.2%，比 2021 年上升 0.3 个百分点；天然气、水电、核电、风电、太阳能发电等清洁能源消费量占能源消费总量的 25.9%，上升 0.4 个百分点。重点耗能工业企业单位电石综合能耗下降 1.6%，单位合成氨综合能耗下降 1.6%，吨钢综合能耗上升 1.7%，单位电解铝综合能耗下降 0.4%，每千瓦时火力发电标准煤耗下降 0.2%。全国万元国内生产总值二氧化碳排放下降 0.8%。图 4-1 和图 4-2 分别展示了近年来我国光伏电池产量和风电装机容量情况。

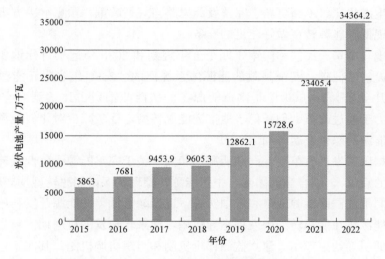

图 4-1　2015—2022 年我国光伏电池累计产量

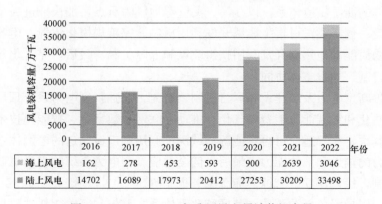

图 4-2　2016—2021 年我国风电累计装机容量

　　目前，可再生能源已成为全球能源转型中发展速度最快的能源。2018 年，可再生能源发电（含水电）占比达到全球新增发电的 63%。2020 年，可再生能源发电量首次超过了核电发电量。国际能源署报告中提到，在未来几年中可再生能源发电量会加速增长，预计到 2026 年将占到全球发电量增量的近 95％。这些数字快速增长的背后代表了越来越多的国家加入了能源转型，以及对低碳能源发展重要性的认同。但是，全球可再生能源发电装机容量还远未达到实现 2050 年温室气体净零排放目标的水平。

2. 能源转型思路

能源是人类生存和发展的重要基石，能源的绿色低碳转型是可持续发展的必然选择，是国民经济现代化发展的重要保障。其中，清洁能源和可再生能源是低碳能源转型的重要能源支撑，通过使用大规模清洁能源和可再生能源替代化石能源，提高其在能源消费结构中的比重，是应对气候变化、生态危机和环境污染等问题的有效手段之一。近年来，虽然世界各国能源转型脚步加快，不断朝着减碳目标前进，但是，全球能源转型仍是一场长期的攻坚战。面对未来的能源转型，要坚持国家发展战略，立足于当前能源转型及环境生态状况，不断更新、完善发展思路与规划政策，预想解决方案以应对各种困难，为实现低碳能源转型做好充足的准备。

为了实现《中华人民共和国第十四个五年规划和 2035 年远景目标纲要》等报告和政策中对建设清洁低碳、安全高效的能源体系提出的"2030 年非化石能源在一次能源消费占比提升至 25％；2060 年非化石能源在一次能源消费占比达到 80％以上"等目标，中国致力于通过改革、创新稳步地推进能源转型，逐步减少对化石能源的依赖，加快实现对新能源的绿色发展与利用。

以下根据国家发展改革委、国家能源局印发《关于完善能源绿色低碳转型体制机制和政策措施的意见》，结合当前国际与中国能源转型现状探讨能源转型发展思路。

（1）协同推进国家能源战略和规划实施，进行绿色低碳的能源开发利用。"十四五"以后，清洁能源将在能源转型中发挥主导作用，迎来较长发展机遇期。首先，强化能源战略和规划的引导约束作用，建立监测评价机制和组织协调机制。其次，建立清洁低碳能源资源普查和信息共享机制，推动能源领域数字经济发展。再次，推动构建以清洁低碳能源为主体的能源供应体系。以沙漠、戈壁等地区为重点，加快推进大型风电、光伏发电基地建设；创新农村可再生能源开发利用机制，完善规模化沼气、生物天然气、成型燃料等生物质能和地热能开发利用扶持政策和保障机制。最后，完善化石能源清洁高效开发利用机制，加强整体协同。

（2）完善新型电力系统建设和运行机制。首先，加强新型电力系统顶层设计。推动电力来源清洁化和终端能源消费电气化，推动互联网、数字化、智能化技术与电力系统融合发展。其次，完善适应可再生能源局域深度利用和广域输送的电网体系，提升对可再生能源电力的输送和消纳能力。最后，健全适应新型电力系统的市场机制。完善电力需求响应机制，探索建立区域综合能源服务机制等。

（3）完善引导绿色能源消费的制度和政策体系。首先，完善能耗"双控"和非化石能源目标制度。坚持把节约能源资源放在首位，合理确定各地区能耗强度降低目标，加强能耗"双控"政策"双碳"目标任务的衔接。其次，逐步建立能源领域的碳排放控制机制、可再生能源电力的消纳保障机制和消费促进机制。最后，完善工业、建筑业、交通运输等领域绿色能源消费支持政策。

（4）健全能源绿色低碳转型安全保供体系。我国能源供应未来将呈现"能源以电力为中心，电力以新能源为主体"的格局，需要同步做好能源安全保供落实，保障绿色低碳转型工作平稳实施。首先，健全能源预测预警机制，加强预警监测评估能力，健全能源供应风险应对机制。其次，构建电力系统安全运行和综合防御体系与健全能源供应保障和储备应急体系，优化能源储备设施布局。

（5）做好不同领域政策协同，建立支撑能源绿色低碳转型的保障体制。制订国土空间保障、价格、科技创新、财政金融等相关领域支持政策是做好绿色低碳转型的重要保障。国土空间保障方面，统筹协调能源绿色低碳转型相关战略、发展规划、行动方案和政策体系等。价格政策方面，进一步完善跨省跨区电价形成机制、出台支持分布式发电市场化交易价格机制等。科技创新方面，推动各类科技力量资源共享和优化配置，完善清洁低碳能源重大科技协同创新体系和科技创新激励政策。财政金融政策方面，完善支持能源绿色低碳转型的多元化投融资机制。

（6）促进能源绿色低碳转型国际合作。促进"一带一路"倡议绿色能源合作，支持"一带一路"倡议清洁低碳能源开发利用，建设和运营好"一带一路"倡议能源合作伙伴关系和国际能源变革论坛。落实鼓励外商投资产业目录，鼓励外资融入我国清洁低碳能源产业创新体系的激励机制。加强绿色电力认证国际合作，建立国际绿色电力证书体系，研究制订绿色电力证书核发、计量、交易等国际标准。

（7）完善能源绿色低碳发展相关治理机制。首先，健全能源法律和标准体系，深化能源领域"放管服"改革，破除制约市场竞争的各类障碍和隐性壁垒。其次，加强能源领域监管，创新对综合能源服务、新型储能、智慧能源等新产业新业态监管方式。最后，完善绿色低碳转型体制机制和政策体系，为科学有序推动如期实现"双碳"目标和建设现代化经济体系提供保障。

4.2　化石能源低碳发电技术

4.2.1　高效率燃煤发电

中国是世界上最大的煤炭生产国，同时也是世界上最大的煤炭消费国，2022 年煤炭消费占比约 56.2%。中国"富煤、贫油、少气"的资源赋存条件，决定了煤炭在中国能源结构中的主导地位，也决定了燃煤发电不可替代的重要作用。火力发电约占全国总发电量的 70%，是最主要的发电方式，主要包括燃煤发电、燃气发电、燃油发电、余热发电、垃圾焚烧发电和生物质发电等。在火力发电中，常规燃煤发电量比例最高，占 85% 以上。燃煤发电具有发电成本较低、建设周期短、发电量稳定可控等优点，特别是在煤炭产量高的地区建设"坑口电站"，更是具有资源丰富、燃料无须长距离运输等天然优势。

1. 燃煤发电基本原理

燃煤发电由燃烧过程、热力循环过程和电磁感应电压过程构成，实现将燃料的化学能转化为工质的热能，再将热能转化为汽轮机轴系的机械能，进而转化为电能的转换。能量转换过程和能量转换方式如图4-3所示，燃烧发电机组工作示意如图4-4所示。

图4-3　火力发电过程的能量转换

燃煤发电厂的生产过程包括以下几部分：

（1）燃料系统：利用给煤机等煤场设备把煤送上输煤皮带，经转运、碎煤等过程到原煤斗。

（2）制粉系统：将原煤磨成一定细度的煤粉，送入炉膛进行燃烧。

（3）燃烧系统：供给锅炉所需的燃料及空气，保证炉膛内燃烧充分，同时将燃料燃烧时放出的热量传递给锅炉各受热面。

（4）汽水系统：将锅炉的给水汽化，饱和蒸汽在过热器内继续吸热成为过热蒸汽。高压过热蒸汽经主蒸汽管道引到汽轮机，推动汽轮机转子，使汽轮机叶片高速旋转并通过轴系带动发电机发出电能。

（5）电气系统：主要包括发电机、主变压器、高压配电装置和输电线路等设备。电气系统中，一路是把发电机产生的电能经主变压器升高电压，再经高压配电设备和升压站将电能输出；另一路是经厂用变压器通过厂用配电装置由电缆送给电厂的各用电设备。

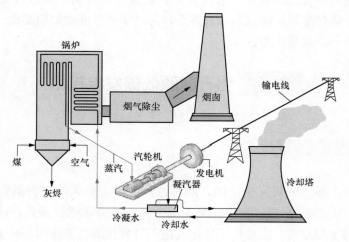

图4-4　燃煤发电机组工作示意

燃煤发电机组的功能是实现将燃料的化学能转化为电能，其三大主机设备包括锅炉、汽轮机和发电机。其中，锅炉的功能是使燃料通过燃烧将其化学能转化为热能，并以热能加热工质产生具有一定温度和压力的蒸汽；汽轮机是电站系统中以水蒸气为工质，将蒸汽的热能转化为机械能的一种高速旋转式原动机，其整体结构与转子分别如图

4-5 和图 4-6 所示；发电机是将机械能转变成电能的装置。当汽轮机主轴转动提供了旋转的动能之后，与汽轮机同轴安装的发电机将动能转化为电能。

图 4-5 汽轮机结构示意

图 4-6 汽轮机转子

2. 高效率燃煤发电的实现方式

当前，燃煤发电也在不断进行技术革新，正朝着安全高效、清洁低碳的方向发展，为我国经济社会发展提供绿色电力。

（1）热电联产。

热电联产是指发电站既生产电能，又对用户供热的生产方式。纯发电站一般采用凝汽式汽轮机组，将汽轮机做过功的乏汽直接冷凝，浪费了乏汽的余热。如图 4-7 所示，具有较高温度的乏汽可以用来给用户供暖，在生产电的同时将热量作为一种商品出售给用户，这就是热电联产，具有更高的经济性。

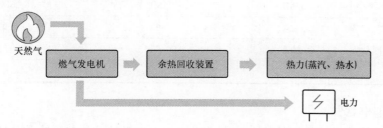
图 4-7 热电联产流程图

热电联产是实现能源高效利用的供热和发电过程一体化的多联产能源系统，充分体现了"梯级利用"的热能高效利用核心思想，主要包括"以热定电"和"以电定热"两种运行模式，具有提高能源利用效率、降低温室气体排放等优点。截至 2022 年，中国热电联产机组规模达到 5.6 亿千瓦，常规火力发电灵活性改造规模已超过 1 亿千瓦。《"十四五"现代能源体系规划》提出，"大力推动煤电节能降碳改造、灵活性改造、供热改造'三改联动'""持续推进北方地区冬季清洁取暖，推广热电联产改造和工业余热余压综合利用"。

（2）超超临界压力发电技术。

朗肯循环是指发电厂基本汽水系统的一种工作流程，是以水蒸气作为工质的一种热力循环过程，具体流程为给水泵→锅炉→汽轮机→凝汽器→给水泵完成循环。根据朗肯循环，蒸汽初参数越高，机组的热效率越高，燃料消耗和污染物排放也随之减少。根据主蒸汽压力及温度的不同，可以将发电机组分为亚临界、超临界压力及超超临界压力。其中，亚临界压力机组是指主蒸汽压力通常在 15.7～19.6 兆帕的机组；超临界压力机组是指主蒸汽压力在 22.12～24 兆帕的机组，主蒸汽温度可以达到 560℃；超超临界压力机组的蒸汽压力、温度还要高于超临界压力机组，主蒸汽和再热蒸汽温度可以达到 580℃以上。

超超临界压力发电技术的最大优势是节约资源、降低煤耗。当主蒸汽压力大于 31 兆帕，主蒸汽温度高于 600℃时，主蒸汽压力每提高 1 兆帕，机组热耗率降低 0.13％～0.15％；主蒸汽温度每提高 10℃，机组热耗率降低 0.15％～0.2％。若采用二次再热，热耗率将进一步降低 1.5％左右。

通过提高蒸汽参数提升机组效率、节约燃煤是超超临界压力机组发展的主要方向。蒸汽参数的提高对材料性能和加工手段一直是严峻考验，随着发电技术相关材料性能的提升，机组蒸汽初参数未来可达到"35MPa/630℃/650℃/650℃"和"35MPa/700℃/720℃/720℃"，这将进一步提高机组净效率，如表 4-1 所示。中国在建设火力发电项目的同时，60 万千瓦等级超超临界压力循环流化床锅炉技术、630℃超超临界压力二次再热发电技术、700℃超超临界压力发电技术等关键技术也正持续推进并取得阶段性成果，为机组的进一步升级改造奠定了坚实基础。

表 4-1 机组参数对发电效率的影响

参数	机组 1	机组 2	机组 3
蒸汽压力	35MPa	35MPa	35MPa
主蒸汽温度	620℃	630℃	700℃
再热蒸汽温度	630/630℃	650/650℃	720/720℃
机组效率	≥49％	≥50％	≥51.5％

（3）智能电站。

智能电站的建设就是把传统电站中无感知、无思想的设备与系统孕育成有感知、有思想的全新智能型电站。智能电站的关键在于智慧的"大脑"，即云计算、大数据、人工智能等技术的发展，"大脑"的突出作用在于控制，因此，智能电站发展的本质就是通过制造智能类的机械来代替人力劳动，从而提高运行效率和发电效率等。目前我国智能电站的研究主要包括燃料信息互动控制、锅炉燃烧控制等。

1）燃料信息互动智能化。电厂燃料作为电厂正常运行的必需品，其燃烧效率直接关系到电厂的运行效率及产生电能的效率，从而决定了电厂的经济效益。目前建设的智能电站，能够利用可视化技术以及图像识别技术，实现燃煤场所的 4D 管理模式，并且根据电厂的实际情况，对燃煤堆放场所进行优化调整，使得布局更加科学合理，燃煤场所与锅炉之间能够实现信息互动，提高电厂煤炭燃烧的效率，从而实现电厂的可持续发展。

2）锅炉燃烧控制智能化。在智能电站中，锅炉燃烧控制实现智能化，主要是将智能技术应用于锅炉中，对锅炉进行智能检测，根据检测结果对锅炉的参数进行科学合理的分配，例如，排放参数、煤粉分配参数以及炉内温度、含氧量、一氧化碳浓度等燃烧参数。即选择某一个或某几个检测和配置，将这些参数不断优化，实现锅炉燃烧的智能化控制，进而控制锅炉的燃烧效率，提高锅炉的运行水平。

（4）煤电机组耦合可再生能源发电方式。

随着燃煤发电机组参数的提高、容量的增大以及超低排放技术的推广应用，火电厂节能减排效果愈发明显。但受到高温材料的制约，燃煤机组参数很难大幅提高，煤电机组通过自身技术革新以实现节能降耗的潜力也逐渐减小。目前，国内主要采用燃煤耦合太阳能热发电、燃煤耦合多种生物质燃料发电等先进技术，实现电力行业快速减碳。

1）燃煤耦合太阳能热发电。燃煤耦合太阳能发电技术通过太阳能集热场吸收来自太阳能的热量，并将这部分热量传递给工质，如水或水蒸气，经过相应的设备进入锅炉，用以取代燃煤电厂部分高、低压抽汽或加热给水，使多余的回热抽气返回汽轮机做功，从而增加电站出力，降低煤耗和污染物排放。

2）燃煤耦合多种燃料掺烧发电。生物质、垃圾等与煤掺烧发电，利用燃煤机组高效、低污染的技术优势，得到更高的蒸汽参数和较高的燃烧效率，发电效率相比于生物质、垃圾等单独燃烧发电有显著提高。适用于燃煤电站的多燃料耦合技术方案见表4-2。

表 4-2　　　　　　　　　　　　燃煤耦合多种燃料掺烧方式

耦合方式	直接耦合燃烧	间接耦合燃烧	并联耦合燃烧
技术特点	预处理后的生物质与煤直接掺混燃烧	生物质气化产生的燃气送至锅炉，与煤粉混合燃烧	生物质锅炉产生的蒸汽并入煤粉炉蒸汽管网
建设成本	430~550元/千瓦	3000~4000元/千瓦	1600~2500元/千瓦

其中，直接耦合燃烧发电方式的工艺流程如图4-8所示。

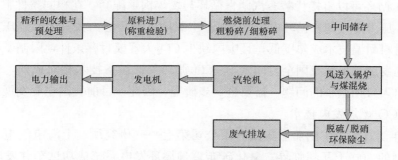

图 4-8　直接耦合燃烧发电方式流程图

根据国家资源储备和政策条件，不同电厂采用的耦合技术路线有所不同。2018年，中国通过84个技改试点项目。其中，58个为燃煤耦合生物质发电项目，2个为燃煤耦合垃圾发电项目，24个为燃煤耦合污泥发电项目。虽然，生物质、垃圾和污泥采用直接掺烧的方式参与燃煤机组耦合发电的投资较常规发电项目低。但是，由于发电量的计量问题尚不能精准区分，以及在电价补贴上无法获得政策的支持，因此，技改试点项目中大多采用间接耦合燃烧技术。

（5）超临界二氧化碳布雷顿循环发电。

超临界二氧化碳（supercritical carbon dioxide，$S-CO_2$）是指温度和压力均在临界值以上的二氧化碳流体，将其作为动力循环的工质，能在很小的体积内传递很大的能量。布雷顿循环是一种典型的热力学循环，以气体为工质，先后经过绝热压缩、等压吸热、绝热膨胀及等压冷却四个过程实现能量的高效转化。$S-CO_2$ 布雷顿循环，就是用超临界状态的二氧化碳作为工质的涡轮发动机热循环。和一般的燃气轮机不同的是，这种燃气轮机的燃烧室不燃烧燃料，而是用于外部热源对二氧化碳进行加热。最基础的$S-CO_2$循环是带有回热的布雷顿循环，如图 4-9 所示。

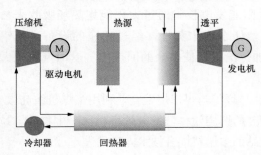

图 4-9 带有回热的布雷顿循环示意

$S-CO_2$循环一般有两种方式，分别是半封闭直接加热式和全封闭间接加热式。半封闭直接加热式循环系统主要由压缩机、透平、发电机、热交换器、回热器、预冷器等组成。其基本原理是：燃烧器直接用燃气燃烧将 $S-CO_2$ 加热至高温，后进入透平膨胀推动发动机工作。全封闭间接加热式循环系统主要由压缩机、泵、透平、发电机、燃烧器、回热器、冷却器、水分离器、预冷器、空气分离器等组成。其基本原理是：低温低压的 $S-CO_2$ 工质经压缩机升压，通过回热器和汽轮机排出的乏气从热源吸收热量，升温升压后进入透平做功，带动发电机发电；做完功的乏气由气缸排出，进入回热器与压缩机排出的低温高压工质换热，达到预冷的目的，冷却后的工质进入冷却器冷却，最后进入压缩机压缩完成整个循环。

$S-CO_2$循环可以直接代替蒸汽朗肯循环与燃煤锅炉配套，在相同条件下其发电效率比超超临界压力蒸汽朗肯循环电厂高 5%。半封闭式循环潜力大，但燃烧压力大，透平温度高，材料耐温技术成熟度低，且中国缺少 CO_2 大规模封存条件，限制了半封闭式循环在国内的发展。虽然我国全封闭式 $S-CO_2$ 循环关键设备技术相对成熟，但也存在中间换热器出入口相差小的问题，需要进一步研究。因此，目前我国主要发展的是全封闭间接式 $S-CO_2$ 燃煤发电技术。

2022 年 1 月，由中国船舶集团有限公司第七一一研究所、上海电气电站集团等单位共同研制的 300 千瓦超临界二氧化碳布雷顿循环发电系统成功试车并发电。$S-CO_2$循环发电具有环境友好、热效率高、经济性好等特点，是未来清洁高效发电技术和能源综合利用技术的研究热点。

（6）循环流化床锅炉燃烧技术。

循环流化床锅炉（CFB）燃烧技术是 20 世纪 70 年代发展起来的新一代高效、低污染、清洁的燃烧技术。流化床锅炉最为主要的结构是物料循环系统，由布风装置、燃烧室、气固分离器、回料装置、点火装置等设备构成。其中燃烧室、分离器及回料装置被称为循环流化床锅炉的三大核心部件，并构成了循环流化床锅炉的颗粒循环回路，是其结构上区别于其他锅炉的明显特征，是循环流化床的特有系统。图 4-10 为循环流化床锅炉结构示意。

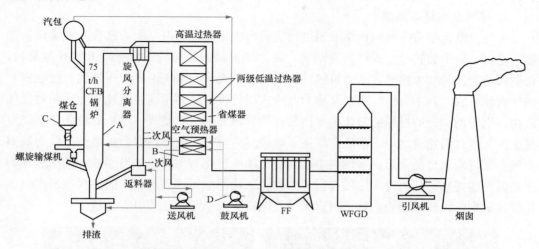

图 4-10　循环流化床锅炉结构示意

A—锅炉；B—二次风；C—煤仓；D—鼓风机；FF—布袋除尘器；WFGD—石灰石-石膏湿法脱硫塔

　　循环流化床的工作原理为：燃料经破碎机破碎至合适的粒度后，经给煤机从燃烧室布风板上部给入，与燃烧室炽热的沸腾物料混合，被迅速加热，燃料迅速着火燃烧，在较高的气流速度的作用下，充满炉膛，并有大量的固体颗粒被携带出燃烧室，经固体分离器分离后，分离下来的物料通过物料回送装置重新返回炉膛继续参与燃烧。经分离器导出的高温烟气，在尾部烟道与对流受热面换热后，通过除尘器，由烟囱排出。

　　循环流化床锅炉有着良好的着火和燃烧条件，基本上所有煤种都可以在循环流化床锅炉中燃烧，包括烟煤、褐煤以及低热值的煤泥、煤矸石等。在 CFB 锅炉中，可借助石灰石实现炉内脱硫，且在钙硫比约为 2 时，脱硫率能维持在较高水平。已有学者提出了超细石灰石炉内脱硫方案，可在较低钙硫比的条件下实现 SO_2 的超低排放。另外，鉴于 CFB 燃烧技术的燃烧温度低，床层内具有还原性，相较于常规煤粉炉具有低 NO_x 排放特性；并且，主循环回路内物料粒径降低、循环流率增大可以降低一次风量，抑制燃料中的氮向 NO_x 原始转化，可实现 NO_x 的超低排放。

　　CFB 锅炉进入超临界压力时代后，中国 CFB 锅炉设计技术处于世界领先地位。截至 2020 年底，中国共有 48 台在役的超临界压力 CFB 锅炉，其中有 3 台 600～660MW级和 45 台 350MW 级机组。CFB 的低热值燃料利用特性和低污染物排放特性决定了其在未来能源转型和实现碳中和过渡过程中的重要价值。

4.2.2　高效率燃气发电

　　燃气发电与传统的燃煤火力发电有很大区别，燃气发电通过燃烧气体燃料起到发电、供热、调峰的作用，具有效率高、造价低、建设周期短、快速启动、污染物排放低等优势。截至 2022 年 6 月底，燃气发电机组总装机已经超过 1.1 亿千瓦，约占全国总装机容量的 4.5%，排名世界第三。

1. 燃气发电基本原理

燃气发电是指将燃料的化学能通过燃烧后产生热能转变为电能的过程。关键设备是燃气轮机，属于旋转叶轮式热力发动机，以连续流动的气体为工质带动叶轮高速旋转，将燃料的能量转变为内燃式动力机械。如图 4-11 所示，燃气轮机由压气机、燃烧室和燃气涡轮组成。其中，压气机，又称为叶片式压气机，是利用高速旋转的动叶轮对气体做功，把转动轴上的机械能转化为气体的动能和压力能从而使气体增压的设备。燃烧室处于压气机和涡轮机之间，高压空气进入燃烧室后与喷入的燃料混合后燃烧，成为高温燃气。燃烧室通过化学反应将燃料中蕴含的化学能转化为工质的热力学能，具体表现为工质温度的提高，从而提高工质在涡轮中膨胀做功的能力。高温高压的燃气推动燃气涡轮旋转对外输出机械扭矩，从而可以带动发电机、大型泵、压缩机等负载。

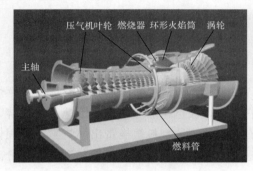

(a)燃气轮机结构　　　　　　　　　　(b)燃气轮机剖面图

图 4-11　燃气轮机示意

2. 高效率燃气发电的实现方式

（1）燃气-蒸汽联合循环发电。

一般，燃气轮机的排气温度高达 600℃左右。为了提高燃料的能源利用率，燃气-蒸汽联合循环机组的工作原理为利用余热对水进行加热，转换为蒸汽驱动汽轮机工作，从而驱动发电机转动实现发电。

燃气轮机排气余热的高效利用过程为：燃气轮机高温排气流过余热锅炉，在余热锅炉中加热管道内的水，并将水加热成一定压力和温度的蒸汽；蒸汽推动汽轮机叶轮旋转，输出机械功，进而驱动发电机发电。这种既有空气和燃气工质热力过程，又有汽水热力过程的热力循环，称为燃气-蒸汽联合循环。图 4-12 为燃气-

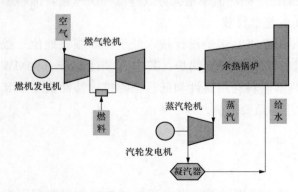

图 4-12　燃气-蒸汽联合循环机组示意

蒸汽联合循环机组示意。

在燃气 - 蒸汽联合循环过程中，燃气轮机和汽轮机都有机械功（扭矩）输出，具体系统设计分为两类：一种为燃气轮机和汽轮机一起驱动一台发电机运转；另一种为燃气轮机与汽轮机分别驱动一台发电机工作，如图 4 - 12 所示。

燃气 - 蒸汽联合循环在简单燃气轮机空气/燃气工质热力过程的基础上，增加了汽水工质的热力过程，并利用了汽轮机额外输出的机械功，燃料热能的利用效率可以获得显著提升，燃气轮机单循环的效率由 40％左右提升到约 60％。

（2）整体煤气化联合循环发电。

整体煤气化联合循环发电系统（integrated gasification combined cycle，IGCC）是将煤气化技术和高效的联合循环相结合的先进动力系统。IGCC 由两部分组成，即煤的气化与净化部分和燃气 - 蒸汽联合循环发电部分。第一部分的主要设备有气化炉、空分装置、煤气净化设备；第二部分的主要设备有燃气轮机发电系统、余热锅炉、蒸汽轮机发电系统。IGCC 的工艺过程如图 4 - 13 所示，煤经气化成为中低热值煤气，经过净化，除去煤气中的硫化物、氮化物、粉尘等污染物，变为清洁的气体燃料，然后送入燃气轮机的燃烧室燃烧，加热气体工质以驱动燃气透平做功，燃气轮机排气进入余热锅炉加热给水，产生过热蒸汽驱动蒸汽轮机做功。

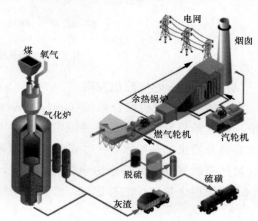

图 4 - 13　IGCC 工艺过程示意

IGCC 技术具有高发电效率、高环保性能的优点，是一种有发展前景的洁净煤发电技术。在目前技术水平下，IGCC 发电的净效率可达 43％～45％，污染物的排放量为常规燃煤电站的 1/10，脱硫效率可达 99％，二氧化硫排放为标准状态下 25 毫克/立方米左右，远低于排放标准的 1200 毫克/立方米，氮氧化物排放约为常规电站的 15％～20％，耗水约为常规电站的 1/2～1/3。

天津 IGCC 电厂为中国第一座自主设计和建造的 IGCC 电厂。该电厂系统由煤气化系统、煤气净化系统、动力岛系统组成。自 2013 年投入运行以来，解决了气化炉堵渣、堵灰、MDEA 劣化、燃机烧嘴烧损等难题。

（3）天然气冷热电三联供技术。

冷热电三联供技术的能源利用效率在 70％以上，并在负荷中心就近实现能源供应的现代能源供应，是天然气高效利用的重要方式，工作系统如图 4 - 14 所示。天然气冷热电三联供技术是一项先进的供能技术，它先利用天然气燃烧做功产生高品位电能，再将发电设备排放的低品位热能充分用于供热和制冷，实现了能量的梯级利用，是一种高效的城市能源利用系统，是城市中公共建筑冷热电联合供应的新途径。

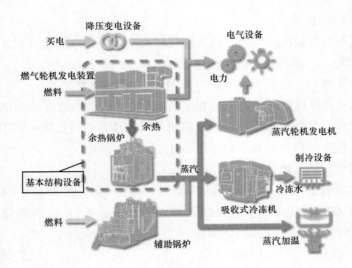

图 4 - 14　冷热电联产系统图

（4）太阳能-燃气轮机发电。

太阳能-燃气轮机联合系统（integrated solar combined cycle，ISCC）是把太阳能热发电与燃气轮机发电结合的一种发电方式，工作流程如图 4 - 15 所示。利用太阳能加热后的高温介质来加热给水，产生的微过热蒸汽与另一路由燃机尾气加热的蒸汽汇合后，一起被送至燃气联合循环余热锅炉的过热器，然后进入后续的朗肯循环，当太阳能不足时，可以调控余热锅炉的补燃气，维持系统稳定连续运行。

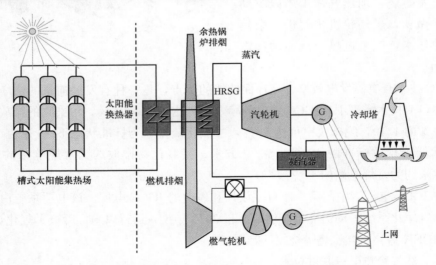

图 4 - 15　太阳能燃气轮机联合系统工作流程图

与传统太阳能光热发电系统相比，该系统具有高效、经济、稳定等优点；与传统燃气轮机发电系统相比，该系统燃料消耗量大幅减少，具有节能减排的效果。自2010 年以来，全球已先后建成 4 个 ISCC 电站投入运行，分别位于摩洛哥、阿尔及利亚、埃及和美国。

4.3　水　力　发　电

水力发电，简称水电，利用天然水资源的势能和动能生产电能，具有启停灵活、反应迅速等优势，尤其是其清洁无污染的特性，对于助力"双碳"目标的实现具有重要作用。由于水的能量与其流量和落差成正比，所以利用水能发电的关键就在于集中大量的水和造成大的水位落差。由于天然水能存在的状况不同，水力发电开发利用的方式也有所差异。

水电站可分为两类：一类是常规水电站，即利用天然河流、湖泊等水源发电；另一类是抽水蓄能电站，利用电网负荷低谷时多余的电力，将低处下水库的水抽到高处上水库进行存蓄，待电网负荷高峰时放水发电并收集于下水库。

4.3.1　常规水电站

世界上已建成的大多数水电站属于利用河川天然落差和流量修建的常规水电站。这类水电站借助地球引力加以坝式或引水式的开发技术实现发电，主要有提供电能、调频调相等作用。全球装机容量最大的水电站——三峡水电站即属于常规水电站。

4.3.1.1　常规水电站的原理与构成

常规水电站的发电原理如图 4-16 所示。从河流较高处或水库内引水，利用水的压力或流速冲击水轮机使之旋转，将水能转换为机械能，由水轮机带动发电机旋转，再将机械能转换为电能，发电后的水经下游尾水管排出。

能量转换过程为：利用水流从高位向低位流动所具有的势能作为水轮机的动力，即利用水力推动水轮机转动，将水能转变为机械能，通过主轴带动发电机转子转动，将旋转机械能转变为电能。水电站的构成包括水工建筑物、厂房、水轮发电机组以及变

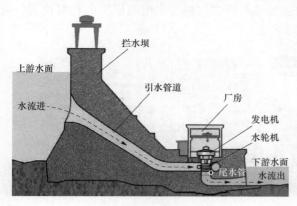

图 4-16　常规水电站发电原理

电站和送电设备。图 4-17 为水电站系统示意。

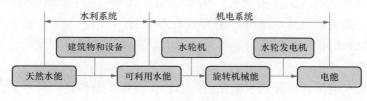

图 4-17　水电站系统示意

常规水电站具有三大核心设备：将水的势能转化为机械能的水轮机；将机械能转化为电能的水轮发电机；将水轮发电机发出的低电压、大电流变换为远距离传输所需的高电压、小电流的电力变压器，它们均位于水电站的厂房中。图4-18和图4-19分别为两台水轮机实例。

图4-18　向家坝电站立式水轮机　　　　图4-19　水电站水轮发电机示意

4.3.1.2　常规水电站的分类

按开发方式，常规水电站可分为坝式水电站、引水式水电站和坝-引水混合式水电站。

1. 坝式水电站

用筑坝的方式抬高水头，集中调节天然水流，用以生产电力的水电站称为坝式水电站。其主要特点是拦河坝和水电站厂房集中布置于很短的同一河段中，电站的水头基本上全部由坝抬高水位获得。按照水电站主要建筑物拦河坝与水电站厂房的相对位置，可分为坝后式和河床式两大类，如图4-20所示。

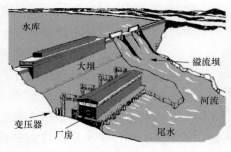
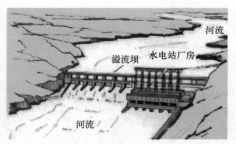

(a)坝后式水电站示意　　　　　　　　　(b)河流式水电站示意

图4-20　坝式水电站示意

（1）坝后式水电站，又称溢流式厂房水电站，其特点是在河流上拦河建坝形成水库，抬高水位，集中落差。水电站厂房布置在坝后床、坝内、坝头地下或下游近坝岸边。坝后式水电站的坝一般较高，库容可以很大。三峡水电站、刘家峡水电站、岩滩水电站等都属此类。

（2）河床式水电站。河床式水电站的厂房位于河床，兼作拦河挡水建筑物。其特点是坝一般不高，水头较低，库容不大，引水流量可以较大。葛洲坝水电站、大化水电站等都属此类。

2. 引水式水电站

引水式水电站如图 4-21 所示，其枢纽往往修建在河道坡降较大的河段，在首部建低坝或拦河闸挡水，用较长的引水道引水，在引水道末端和河道间形成集中落差，在该处建水电站厂房。其引水流量和库容一般都不算太大，中小型水电站经常采用这种形式，如鱼子溪一级水电站等。在水利水电工程中，较少采用无坝引水方式。

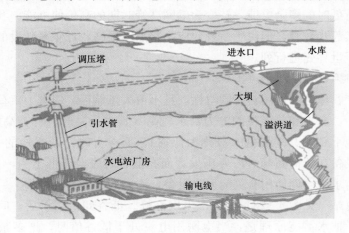

图 4-21 引水式水电站示意

3. 混合式水电站

混合式水电站是坝式和引水式两种方式的结合，如图 4-22 所示。在上游河道修建较高的拦河大坝，形成水库。厂房建在下游合适地形处，位置设计较为灵活。大中型水电站常采用这种形式，如古洞口水电站、天生桥二级水电站等。

图 4-22 混合式水电站示意

1—坝；2—进水口；3—沉砂池；4—引水渠道；5—日调节池；6—压力前池；
7—压力管道；8—厂房；9—尾水渠；10—配电所；11—泄水道

电力系统中，常规水电厂的主要作用包括提供电能、调峰、调频、调相以及作为事故备用。水电厂的快速投切能力决定了其在提高电力系统灵活性与调节能力上具有重大意义。

4.3.2 抽水蓄能电站

抽水蓄能发电是水能利用的另一种形式，通过采用水体作为能量储存和释放的介质，在电力有剩余时把能量储存起来，在电力不足时把能量释放出来，对电网的电能供给起重新分配和调节的作用。抽水蓄能水电站即能向上水库进行抽水和蓄能的水电站，它可将电网负荷低时的多余电能，转变为电网高峰时期的高价值电能。我国抽水蓄能水电站的建设虽然起步较晚，但由于后发效应，起点却很高，近年来建设的大型抽水蓄能电站技术已处于世界先进行列。

1. 抽水蓄能电站的原理与构成

电力的生产、输送和使用具有同时性，且不可大量储存。但电力负荷的需求却具有随机性。一天中，白天和前半夜的电力需求较高（其中最高时段称为高峰），下半夜电力需求大幅度地下跌（其中最低时段称为低谷），低谷有时只及高峰的一半甚至更少。鉴于此，发电设备在负荷高峰时段要满发，而在低谷时段要压低出力，甚至暂时关闭。为了按照电力需求来协调使用有关的发电设备，需采取一系列的措施。

抽水蓄能电站（见图 4-23）是解决电网高峰、低谷间供需矛盾，间接储存电能的一种有效方式。抽水蓄能原理是：当电网用电量处于低谷值时，把多余的电能用来抽水，即把下游调节池中的水重新提到上游位置，为后续发电提供充足的水资源。这个过程把电能转化为机械能，再转化为水的势能。放水发电原理是：在电力高峰时，放水放电，水的势能变成动能，推动水轮机转动，再转化成电能。

(a)抽水蓄能过程   (b)放水发电过程

图 4-23 抽水蓄能原理图

在整个运行过程中，虽然部分能量会在转换过程中流失，但相较于增建煤电发电设备来满足高峰用电而在低谷时压荷、停机这种方式，使用抽水蓄能电站仍然更经济，效益更佳。除此以外，抽水蓄能电站还能担负调频、调相和事故备用等动态功能，因而抽水蓄能电站既是电源点，又是电力用户，是参与电网运行管理的重要工具。抽水蓄能电站有发电和抽水两种主要运行方式，在两种运行方式之间又有多种从一个工况转到另一工况的运行转换方式，其能量转换过程如图 4-24 所示。

如图 4-25 所示，抽水蓄能水电站的建筑构成包括以下五个部分：

（1）上水库：抽水蓄能电站的上水库是蓄存水量的工程设施。电网负荷低谷时段可

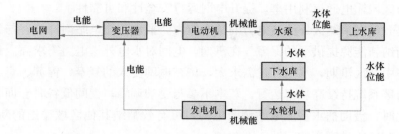

图 4 - 24　抽水蓄能电站能量转换过程

图 4 - 25　天荒坪抽水蓄能电站工程示意

将抽上来的水储存在库内，负荷高峰时段由上水库放水发电。

（2）输水系统：连接上下水库，是输送水量的工程设施。在水泵工况（抽水）时把下水库的水量输送到上水库，在水轮机工况（发电）时将上水库的水量通过厂房输送到下水库。

（3）厂房：是放置蓄能机组和电气设备等重要机电设备的场所，也是电厂生产的中心。抽水蓄能电站无论是完成抽水、发电等基本功能，还是发挥调频、调相、升荷爬坡和紧急事故备用等重要作用，都是通过厂房中的机电设备来完成的。

（4）开关站及出线场：有开关设备，通常还包括母线，但没有电力变压器的变电站，其作用是分配高、中压电能。

（5）下水库：抽水蓄能电站的下水库也是蓄存水量的工程设施。负荷低谷时段可满足抽水水源的需要，负荷高峰时段可储存发电放水的水量。

2. 抽水蓄能电站的作用

与常规水电站相同，抽水蓄能电站也可起到调峰、调频、调相的作用。但不同的是，抽水蓄能电站在电网负荷低谷时还可用于"填谷"。它既是发电厂，又是用户，具有双倍调峰功能。在现阶段，利用抽水蓄能电站是"削峰填谷"的最佳手段。

抽水蓄能电站对于新能源的发展具有重要推动作用，具体如下：

（1）提升新能源利用水平。抽水蓄能电站可通过"削峰填谷"解决夜间低谷时段风电消纳困难、午间平峰时段光伏消纳难度大的问题，较大程度上降低了弃风率和弃光率。特有的"电源＋储能"双重身份能够进一步提高新能源利用的水平，促进风光消纳，提高跨区域输电通道利用率，提升电网运行安全性和可靠性。

（2）提升电网消纳区外清洁电力的送电能力。抽水蓄能电站削峰填谷与顶峰发电的能力，为消纳新能源提供了的保障。在汛期，电网对水电外送电力需求高。每年三季度为西南、华中地区汛期，水电外送需求大，华东电网受入的复奉、锦苏、宾金及三峡送出直流等跨区系统持续高功率运行，基本不参与受端调峰，夜间低谷时会面临巨大的调峰压力。此时，借助抽水蓄能电站调节电力，可有效消纳其他区域输送的新能源电力，解决新能源跨区输送率高的问题。

（3）提升系统灵活调节能力。抽水蓄能电站机组启动迅速，运行灵活、可靠，调节便捷，随用随停，对负荷的急剧变化可以做出快速反应，可有效应对高比例新能源系统的有功波动性。

在实现"零碳"电力的过程中，作为可以人为调控的可再生能源，水电（包括抽水蓄能）的地位和作用十分特殊。未来，大力发展抽水蓄能是实现净零目标的必然选择。

4.4　核　能　发　电

核能发电，简称核电，是利用原子核发生裂变或者聚变时产生的能量，通过能量转换系统进行发电的形式。核电广泛运用于工业、军事等领域，是人类 20 世纪的伟大发现之一。1958 年，我国第一座重水反应堆和第一台回旋加速器（简称"一堆一器"）建成，中国进入了原子能时代。我国核电的发展始于 20 世纪 80 年代，1991 年我国自行设计、建造、运营和管理的第一座 300 兆瓦压水堆核电厂——秦山核电厂建成投运，标志着我国成为继美国、英国、法国等国家之后世界上第 7 个能够自行设计、建造核电厂的国家，实现了从无到有、从零到一的突破。2021 年，"华龙一号"全球首堆中核集团福建福清核电 5 号机组投入商业运行，中国核电技术已经从相对落后步入世界先进行列。如今，我国实现了百万千瓦级核电站的自主设计、制造、建设和运营，基本形成了完整的核电工业体系。《中国核能发展报告 2022》显示，截至 2022 年 8 月底，我国拥有商运核电机组 53 台，总装机容量 5559 万千瓦，在建核电机组 23 台，总装机容量 2419 万千瓦，在建核电机组规模继续保持全球第一。在"双碳"目标下，核电因其清洁、低碳、稳定以及高效和经济的特点，愈发成为我国电力基荷电源的最佳选择。

按照核能的来源，核电站可以分为裂变核电站和聚变核电站。核裂变反应和核聚变反应刚好相反，核裂变是重原子核分裂为轻原子核释放出能量，而核聚变则是让轻原子核结合成较重的原子核从而释放能量，可控核聚变的能量要比可控核裂变大得多，并且也不会产生核辐射。

4.4.1　裂变核电站

利用核能进行发电的电站称为核电站，当今世界上只能利用裂变的链式反应产生的能量来发电。

1. 裂变核电站的原理与构成

核电站通常由核系统及其设备（核岛）和常规核系统及其设备（常规岛）两大部分组成，它与火力发电极其相似。裂变核电站的工作原理是利用核燃料裂变反应产生热能，由载热剂（冷却剂）带出，进入蒸汽发生器，再按火电厂的发电方式，将热能转换为机械能，再转换为电能。

该能量转换过程的前提在于实现可控链式核裂变：当铀^{235}U 的原子核受到外来中子轰击时，一个原子核会吸收一个中子分裂成两个质量较小的原子核，同时放出 2～3 个中子。这次裂变产生的中子又去轰击另外的^{235}U 原子核，引起新的裂变，如此持续进行就是裂变的链式反应。链式裂变反应的基本原理如图 4 - 26 所示。

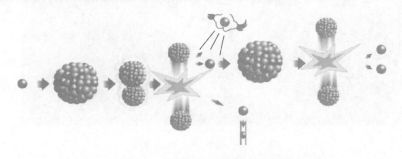

图 4 - 26　链式裂变反应基本原理图

裂变核电站产生动力的核心设备是反应堆，相当于火电厂的锅炉。核反应堆由核燃料、慢化剂、载热体、控制设施、防护装置以及安全设施等部分组成。其中，核反应堆最基本的组成是裂变原子核与载热体。因为链式反应产生大量热能，只有用循环水（或其他物质）带走热量才能避免反应堆因过热烧毁。导出的热量可以使循环水变成水蒸气，从而推动汽轮机发电。由于高速中子会大量飞散，需要使中子慢化以增加与原子核碰撞的机会，所以通过控制设施决定核反应堆的工作状态。铀及裂变产物都有强放射性，会对人造成伤害，因此必须有可靠的防护措施。核反应堆发生事故时，要防止各种事故工况下辐射泄漏，因此还需要配置各种安全系统。核电站结构如图4 -27 所示。

2. 裂变核电站的回路构成及关键设备

以压水堆核电站为例，压水堆核电站有两个回路，反应堆产生的热量由一回路冷却剂（水或重水）通过蒸汽发生器传递给二回路的水，二回路水汽化后生成蒸汽推动汽轮发电机组发电，做功后的乏气通过凝汽器凝结成水并送入加热器，重新加热后送回蒸汽发生器。凝汽器中利用抽来的海水作冷却剂，冷却后又排回到海中，如图 4 - 28 所示。

下面以二代压水堆中典型的大亚湾核电站 M310 型压水堆核电厂为例，对核电厂的关键系统和设备进行介绍。

（1）一回路系统。反应堆冷却剂系统即核电站的一回路的主回路如图 4 - 29 所示，其主要功能是使冷却剂循环流动，将堆芯中核裂变产生的热量通过蒸汽发生器传输给二回路，同时冷却堆芯，防止燃料元件烧毁或毁坏，包括反应堆、主泵、稳压器、蒸汽发生器和相应管道等。反应堆外壳是一个耐高压容器，通常称为压力容器或压力壳，其内

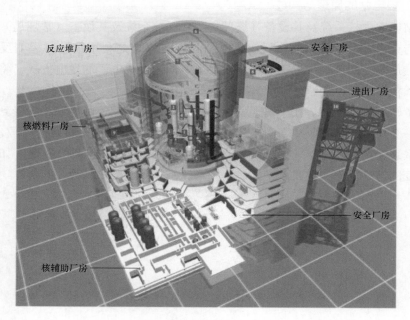

图 4 - 27 核电站结构示意

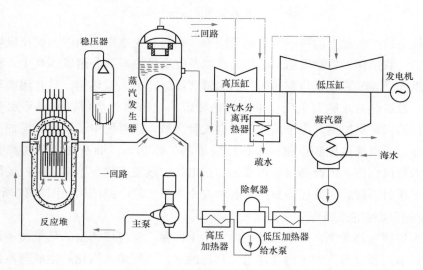

图 4 - 28 压水堆核电站回路构成

部安装着由许多核燃料组件构成的堆芯。

（2）堆本体。作为核电厂核心的核反应堆本体，主要由堆芯、控制棒驱动机构、上下支承结构和压力容器等构成。压力容器固定和包容堆芯及堆内构件，使核燃料的裂变反应限制在一个密封的空间内进行。上下支承结构在反应堆压力容器内支承和固定堆芯组件。控制棒驱动机构用来使控制棒组件在堆芯内提起、插入或保持在适当的位置，以实现反应性的控制。

（3）蒸汽发生器。蒸汽发生器是反应堆中的重要设备之一，其主要功能是作为热交换器设备将一回路产生的热量传输给二回路给水,使其产生饱和蒸汽供给二回路动力装置。同时作为连接一二回路的设备,蒸汽发生器也作为第二道防护屏障防止一回路放射性外泄。因为一回路冷却剂具有放射性,而二回路设备不应受到放射性的污染,此时蒸汽发生器的管板和倒 U 管就起到了防护屏障的作用,是第二道防护屏障的组成部分。

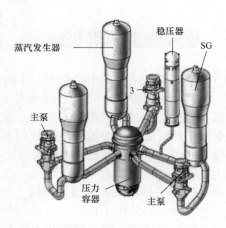

图 4 - 29　M310 回路系统组成

(4)主泵。反应堆冷却剂泵简称为主泵。主泵主要用来驱动冷却剂在反应堆冷却剂系统中的循环流动,连续不断将堆芯中产生的热量传输给蒸汽发生器的二次侧给水。主泵确保有适当流量的冷却剂流经堆芯。

(5)稳压器。稳压器是核电厂的重要设备之一,其主要功能是在各种情况下控制一回路系统的压力,同时也起到超压保护的作用。其主要功能包括压力控制、压力保护、液位控制、协助启堆和停堆。

3. 裂变核电站的分类

核反应堆(也称原子能反应堆)是能维持可控自持链式核裂变反应,以实现大规模可控制裂变链式反应利用的装置。根据反应堆所使用的慢化剂的不同,可将其分为轻水堆、重水堆和石墨堆。其中轻水堆根据冷却剂状态不同又分为压水堆、沸水堆和超临界水堆;重水堆根据冷却剂不同又分为重水慢化轻水冷却堆、重水慢化重水冷却堆(如秦山的加拿大 CANDU 型);石墨堆根据冷却剂不同又分为石墨轻水堆(如切尔诺贝利核电站)、石墨气冷堆(如石岛湾高温气冷堆)等。快中子堆不用慢化剂,根据其冷却剂不同分为钠冷快堆、铅冷快堆、气冷快堆等。

目前世界上核电站采用的反应堆有压水堆、沸水堆、快中子堆以及高温气冷堆等,其中,压水堆最为广泛,约占核电总装机容量的 70%。压水堆是以普通水作冷却剂和慢化剂,是从军用基础上发展起来的最成熟、最成功的动力堆模型。表 4 - 3 给出了截至 2020 年全球商业运行核反应堆主要类型统计。

表 4 - 3　　　　　　　　　　　　全球商业运行核反应堆主要类型

反应堆类型	主要国家	燃料	冷却剂	慢化剂
压水堆	美、法、俄	浓缩 UO_2	水	水
沸水堆	美、日、瑞典	浓缩 UO_2	水	水
重水堆	加拿大	天然 UO_2	重水	重水
轻水石墨堆	俄罗斯	浓缩 UO_2	水	石墨
气冷堆	英国	天然铀(金属)或 UO_2	CO_2 或惰性气体氦	石墨
快中子堆	日、法、俄	浓缩 UO_2、PuO_2 和 UO_2	液态钠	无

113

4.4.2　聚变核电站

聚变核电站是利用核聚变产生的巨大能量进行发电的电站，由于其燃料在自然界极为丰富，且聚变释放的能量远远大于核裂变，因此可控核聚变被认为是人类最后的能源。它的原理与太阳燃烧发热的原理相同，这类实验设备常被称为"人造太阳"。然而受限于核聚变对高温的极高要求与对充分约束的严苛条件，核聚变电站仍处于实验阶段，并未正式用于生产。实现受控热核反应，使人类掌握聚变能，仍是科学界的一个重大课题。

1. 聚变核电站的原理与构成

由两个轻的原子核聚合形成一个较重的原子核的过程，称为核聚变反应，所释放的能量称为聚变能。氢弹爆炸和太阳发光都是这个原理。

以图 4-30 所示核聚变反应的原理为例，氢弹将氢中的两个同位元素氘（$_1^2H$）和氚（$_1^3H$）相互融合形成氦，从而发生爆炸并释放出巨大的能量波动。氢原子的原子核里面仅存在一个质子，但是氚原子的原子核多出一个中子（n），所以一旦氘原子遇上氚原子并进行融合的时候，氦原子的能量便会小于氘原子和氚原子的能量之和。

核聚变公式：

$$_1^3H + c \rightarrow\ _2^4He +\ _0^1n + 1.76 \times 10^7 eV \qquad (注：1eV = 1.602 \times 10^{-19}J)$$

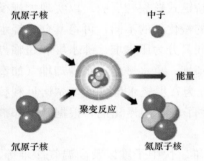

图 4-30　核聚变反应的原理图

"氘-氚（D-T）"核聚变可以说是最简单的核聚变之一，也是难度最低、释放能量最小的核聚变反应。根据质量亏损和质能方程式，同等质量的 D-T 核聚变所能释放出来的能量大约是汽油的 2500 万倍；而 ^{235}U 原子核裂变时产生的能量密度仅仅是 D-T 核聚变的百分之一。

产生核聚变需要上千万度的高温来实现，世界上没有任何化学物质能够承受这样的高温。所以通常有三种物理方式约束核聚变反应：重力场约束、磁力场约束和惯性约束。磁约束核聚变研究领域中的最有力竞争者——托卡马克，是一种利用磁约束来实现受控核聚变的环形容器。它是在 20 世纪 50 年代由位于苏联莫斯科的库尔恰托夫研究所的阿齐莫维奇等人设计建设的。托卡马克的中央是一个环形的真空室，外面缠绕着线圈。在装置的真空室内加入少量氢的同位素氘或氚，再通过物理方法使其变成高密度和高温条件下的等离子体，通电的时候托卡马克的内部会产生巨大的螺旋型磁场，将其中的等离子体加热到很高的温度，进而发生聚变反应产生强大的能量，其结构如图 4-31 所示。

2. 聚变核电站的前景展望

可控核聚变有两大无可比拟的优势：一是核聚变所需原料储量充足，二是核聚变是最清洁环保的能源，几乎没有任何污染。核聚变能将是未来清洁能源的重要发展方向。

目前，我国开展的多项核聚变研究主要针对全超导托卡马克核聚变实验装置（experimental advanced superconducting tokamak，EAST）以及核聚变实验反应堆的建设。

2006 年，中科院合肥物质科学研究院科学家建成了世界上第一个"人造太阳"EAST 实验装置，模拟太阳产生能量。2018 年 11 月，我国 EAST 装置实现了 1 亿摄氏度等离子体运行等多项重大突破。2021 年 12 月，我国 EAST 实现了 1056 秒的长脉冲高参数等离子体运行，是目前世界上托卡马克装置高等离子体运行的最长时间，全面验证了未来核聚变发电的等离子体控制技术，推动核聚变能源应用从基础研究向工程应用迈进了一大步。

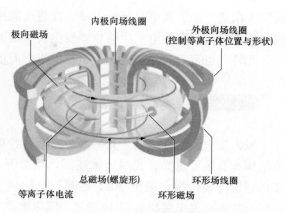

图 4 - 31　托卡马克装置内部结构图

2006 年，国际热核聚变实验反应堆计划（international thermonuclear experimental reactor，ITER）正式启动，包括修正了原 ITER 电源、超导馈线等重大系统和部件的不合理设计。我国的相关研究也不断取得突破：研制出世界最大电流的高温超导电流引线，实现了我国在高温超导大电流引线领域应用零的突破；研制的大电流超导铠装导体一次性通过严格苛刻的国际验证，性能居 ITER 各方之首，并率先交付 ITER 采购包首件产品，促使我国大型超导导体研制和工业化生产能力跨入国际领先水平；完成聚变特种电源所有关键技术的研发，研制出世界上首台一体化设计非同相逆并联四象限变流系统样机，建成国内最大功率的直流测试平台；解决了超导磁体、超导馈线、校正场线圈、内部线圈等多项重大工程技术瓶颈，承担了相关采购包的全部任务。科学家预计到 2050 年左右才能实现核聚变发电。ITER 的核心即是核聚变领域最大的托卡马克装置。按照最新 ITER 建造时间表，ITER 托卡马克聚变实验堆将于 2025 年建成运行。国际聚变界对 ITER 装置的预期目标在于第一阶段能否实现 400～500 兆瓦的聚变功率，并且能够使核聚变反应持续 500 秒，这是 ITER 的关键一步，也是关乎核聚变领域未来发展的关键一步。

我国核聚变实验反应堆发展的中期愿景是：在 2035 年前后，完成中国聚变工程实验堆（CFETR）的工程设计及工程建设。远期愿景是：设计建造中国第一个百万千瓦级聚变示范堆，在 2049 年前后启动建造商用聚变电站，实现聚变能源的商用化。

聚变堆设计的进展是世界上的全部托卡马克装置物理和工程实验所取得新成果的缩影。核聚变能比世界上现有能源更加丰富、更加清洁，也许在未来 20 年内，世界就可以看到核聚变发电的曙光，它将作为一种全新的能源造福人类。

4.5　新能源发电

新能源发电，指的是利用现有技术，采用新型能源实现发电的形式。新型能源包括风能、太阳能、生物质能以及地热能、潮汐能等。我国作为拥有世界第二大能源体系的能源大国，各种能源储量均处于世界前列，具有得天独厚的发展条件。截至 2021 年底，我国太阳能产业、风电总装机容量、在建核能机组装机容量均居世界首位。本节将围绕风力发电、太阳能发电、生物质能发电技术的原理、关键设备、未来发展等几个方面展开。此外，也将对其他新能源发电技术进行简单介绍。

4.5.1 风力发电

风力发电，简称风电，具有绿色、清洁、可持续、储量丰富等优势，对改善世界能源结构具有重要意义。我国地域辽阔，风力资源丰富。近几年来，我国风电迅速发展，装机规模持续扩大。截至 2021 年底，全国风力发电装机容量约 3 亿千瓦，同比增长 29%，约占总发电装机容量 12.9%。国家能源局有关负责人表示，"十四五"时期，风力发电、光伏发电将成为我国清洁能源增长的主力。

1. 风电场的原理与构成

风电场的作用在于捕获风能，然后将其转换为电能，再通过主变压器、输电线路等结构将电能传送给大电网。

风力发电的基本过程分为两个环节：第一个环节是将风能转化为风轮的旋转机械能。当风以一定速度和角度绕流叶片，根据伯努利方程，将在上下翼面产生压力差，进而使得叶片在流动的空气中获得动力。叶片在气流形成的空气动力作用下产生旋转力矩，驱动风轮转动。

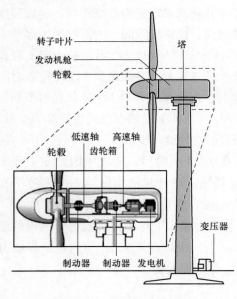

图 4-32 水平轴风力机结构示意

风力发电的第二个环节是将成机械能转换为电能。风电机组的传动系统主要包括主轴、增速齿轮箱等，风轮与发电机通过传动系统相连接。风轮轮毂与主轴相连，旋转的风轮通过轮毂将机械能传递给主轴，主轴再传递给齿轮箱，通过齿轮箱增速后，驱动发电机转子旋转发电，最终将风轮产生的旋转机械能转换成发电机产生的电能。图 4-32 所示为水平轴风力机结构图。

风力机发出来的电能不能直接进行输送，与水电站相似，还需要通过主变压器升压后输送。考虑到风力机的维护、风电的波动性，风电场的构成不仅包括风力发电机组，还包括用以检修的道路、用以传输的集成线路、用以监控和配送电能的变电站。

风力发电机组作为发电的核心，包括两大部分：①风力机，由它将风能转化为机械能；②发电机，由它将机械能转换为电能。从外观看，整个风力发电机组只有三个主要部分：风轮、机舱和塔架。但为了能够完成工作过程，还需要有发电机、传动系统、控制系统等。如图 4-33 所示，这些关键设备与系统均集成在机舱内。风力发电机组的总体构成包括机舱（主机）、叶轮、塔架、基础、控制系统。

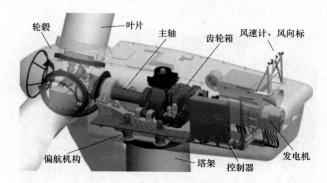

图 4 - 33　风力机主要结构示意

2. 风电场的关键设备

风电场承担风电机组电力汇聚、输送、信息采集与设备维护，是一个复杂的电气系统。其设备构成中不仅包含用于电力生产、传输、变换、分配的电气设备，同时包括对风电机组与气象信息进行测量、监视、控制和保护的设备与软件系统。

如图 4 - 34 所示，风电场的关键设备包括常规发电场站中的发电机组、场用变压器、断路器与互感器，同时还包括风电场特色的一次设备等，如无功补偿装置，它在补偿无功功率、抑制电网闪变和谐波、改善高压配电网的供电质量等方面具有重要作用。

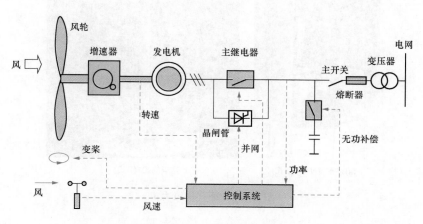

图 4 - 34　机组的一次设备结构图

3. 风力发电机的分类

依据风力机旋转主轴的方向（即主轴与地面相对位置）分类，风力机可分为水平轴式风力机与垂直轴式风力机。

（1）水平轴式风力机。转动轴与地面平行，叶轮需随风向变化而调整位置，故称为水平轴式风力机。相较垂直轴式，水平轴式风力机在市场上占据着主要地位。风力机多采用螺旋桨式叶片，叶片沿着风轮径向方向安装，正常运作时叶轮旋转面垂直于风向，虽然启动力矩较大，但风能利用系数较高。螺旋桨式水平轴风力机是目前技术最成熟、生产量最多的风力机，外观如图4-35所示。

图4-35　螺旋桨式水平轴风力机

　　（2）垂直轴式风力机。转动轴与地面垂直，设计较简单，叶轮不必随风向改变而调整方向，故称为垂直轴式风力机，外观如图4-36所示。垂直轴风力机的利用历史更长，我国古代就出现了利用垂直轴风力机提水、研磨等应用。虽然风能利用系数较低，但仍具有安装便利、易于维修、可以接收任意方向来风等优点。

(a)萨布纽斯式（S式）　　　　　(b)达里厄式（D式）

图4-36　垂直轴风力机

4.5.2　太阳能发电

　　太阳能以其清洁、安全、取之不尽、用之不竭等显著优势，成为发展最快的可再生能源。我国太阳能资源丰富，每年陆地接收的太阳辐射总量约为 1.9×10^{16} 千瓦时，相当于2.4万亿吨标准煤，太阳能资源开发利用的潜力非常广阔。太阳能发电可分为光伏发电、太阳能热发电两个方向，本节将分别进行简要介绍。

1. 光伏发电的原理与构成

光伏发电技术的核心是利用半导体的光电效应将光能直接转变为电能。其能量转换过程为：太阳光照射到半导体二极管（即太阳能电池板）后，具有足够能量的光子能够在二极管中激发产生电子 - 空穴对，使得正负电荷分别聚集，产生直流电压差，与直流负载连接后形成电流。图 4 - 37 为晶体硅光伏电池发电原理图。

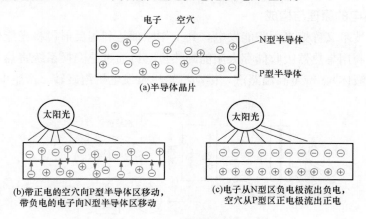

电子 空穴
N型半导体
P型半导体
(a)半导体晶片

太阳光　太阳光

(b)带正电的空穴向P型半导体区移动，
带负电的电子向N型半导体区移动

(c)电子从N型区负电极流出负电，
空穴从P型区正电极流出正电

图 4 - 37　晶体硅光伏电池发电原理

实现光电转换的最小单元是单体光伏电池，一个单体光伏电池为一个 PN 结，尺寸一般为 4～100 平方厘米，只能提供 0.45～0.50 伏的电压，20～25 毫安/平方厘米的电流，不能直接作为电源使用。实际应用中，根据使用要求将多个单体电池串联或并联起来，封装后组成一个可以单独作为电源使用的最小单元，即光伏电池组件。光伏电池组件一般由 36 个单体电池组成，可产生 12～16 伏的电压，功率从零点几瓦到几百瓦不等。光伏电池组件已经被广泛应用在各个领域，但其产生的功率仍然难以满足家庭或企业的需求。可以把多个电池组件再串、并联起来并装在支架上，组成光伏电池阵列，形成高电压、大电流、大功率的功率源，以满足负载需求。图 4 - 38 为光伏电池的单体、组件和阵列的示意。

太阳能电池是整个发电过程的能量转换核心部件，一般为硅电池，可分为单晶硅太阳能电池、多晶硅太阳能电池和非晶硅太阳能电池三种。

光伏电池阵列的面积可大可小。例如，设置一个 10 千瓦的方阵，需要 70～80 平方米的面积。光伏系统的容量，用标准光伏电池阵列功率（组件最大功率之和）表示。光伏系统的功率与太阳辐照度和光伏组件内的光伏电池单体的温度有很

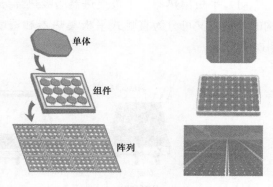

单体
组件
阵列

图 4 - 38　光伏电池的单体、组件和阵列的示意

大关系。标准光伏电池阵列功率，一般是指在太阳辐射强度为 1 千瓦/平方米、大气质

量为 AM1.5、单片温度为 25℃的标准条件下的最大功率。

光伏电池阵列可以摆成平板式，结构简单，适合固定安装的场合；也可以采用聚光式结构，通常采用平面反射镜、抛物面反射镜或菲涅尔透镜等装置来聚光。由于提高了入射光的辐照度，可以节省光伏电池的数量或增大输出功率，但通常需要装设向日跟踪装置和转动部件，可靠性降低。

2. 光热发电的原理与构成

光热发电技术又称聚光太阳能发电，其工作原理是利用反射镜将光能聚集到太阳能收集装置上，利用集热器吸收储存太阳能的热量，再通过热交换系统将热量传递给传热介质（气体或液体），产生高温蒸汽，推动汽轮机及发电机组旋转，产生电能。

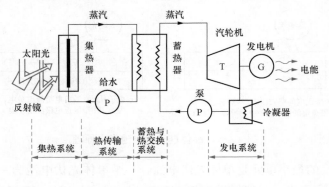

图 4-39　太阳能光热发电原理

如图 4-39 所示，为了完成太阳能转化为热能，再将热能转化为电能的过程，光热发电的系统构成分为集热系统、热传输系统、蓄热系统与热交换系统、发电系统四个部分。

理论上，根据传热工质类型、进入采光口的太阳辐射是否改变方向、是否跟踪太阳、是否有真空空间以及工作温度范围的不同，对集热器进行分类。下面主要介绍 3 种目前广泛使用的太阳集热器。

（1）平板集热器。平板集热器的吸热部分主体是涂有黑色吸收涂层的平板。按照结构的差别，又可分为直晒式平板集热器和透明盖板式集热器，分别如图 4-40（a）和（b）所示。

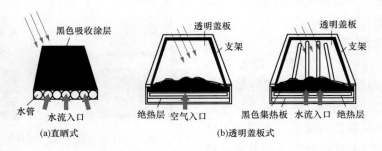

图 4-40　平板集热器示意

直晒式平板集热器，受热面是一个或多个平板，涂有高吸收、低发射的选择性涂层，直接让阳光照射到涂有吸收涂层的平板上，水管等传热结构放置在集热平板的背光一面，通过水循环将热量传递到水箱中。

透明盖板式集热器则是根据"热箱"原理设计的。热箱面向阳光的一面为透明的盖板，可用玻璃、玻璃钢或塑料薄膜制作；其他几面为不透气的保温层，并且内壁涂黑。太阳光透过透明的盖板进入箱内，被内壁涂层吸收，转换为热能。热箱内的集热介质可以是空气，也可以是水。

平板集热器的外观如图 4-41 所示。这类集热器接收太阳能辐射的面积和吸热体本身的面积相等。由于太阳能的能流密度较低，集热介质的工作温度一般也比较低，而且为了接收足够多的太阳能，往往需要很大的集热面积。

图 4-41　平板集热器外观

（2）真空管集热器。如果将透明盖板式集热器的集热板与透明盖板、侧壁之间抽成真空，同时在结构上做成圆管形状，就变成了真空管集热器，如图 4-42 和图 4-43 所示。其核心部件是真空管，按照材料来分，有全玻璃真空管和金属真空管两类。比较常见的是黑色镀膜的真空玻璃管。

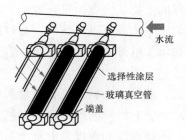

图 4-42　真空管集热器示意

图 4-43　真空管集热器外观

真空管集热器是一种比较新型的太阳能集热装置，利用真空隔热，并采用选择性吸收涂层，集热效率高，热损失小，集热器的温度也较高，一般可以常年使用。目前真空管集热器已获得大规模商业化应用。

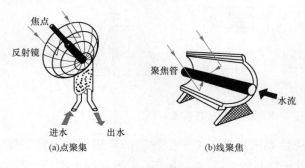

图 4-44　聚焦型集热器示意

（3）聚焦型集热器。聚焦型集热器采用特定的聚焦结构，将太阳辐射聚集到较小的集热面上，从而可以获得很高的能流密度和集热温度。这类集热器结构比较复杂，造价也较高。

常见的聚焦结构包括点聚焦和线聚焦，如图 4-44 所示。聚焦型集热器主要包括以下系统：

1）热传输系统：热传输系统主要是传输集热系统收集起来的热能。利用传热介质将热能输送给蓄热系统。

2）蓄热与热交换系统：储存太阳能，使得设备可以在夜间发电，也可以根据当地的用电负荷，适应电网调度发电。

3）发电系统：用于太阳能热发电系统的发电机有汽轮机、燃气轮机、低沸点工质汽轮机、斯特林发电机等。这些发电装置可根据汽轮机入口热能的温度等级及热量、蒸汽压力等情况进行选择。

4.5.3 生物质能发电

生物质能发电技术是以生物质及其加工转化成的固体、液体、气体为燃料的热力发电技术。生物质能是唯一一种可存储和运输的可再生能源，也是目前世界上应用最广泛的能源。我国的生物质能资源非常丰富，自从 2005 年山东菏泽单县第一个生物质发电项目建成以来，我国生物质发电行业迅速发展壮大，对社会经济环境产生了深远影响。生物质能发电可分为直接燃烧发电、沼气发电、生物质气化发电以及垃圾焚烧发电等类型，本节将对这四种发电方式的原理、构成以及发展进行简要介绍。

1. 生物质直接燃烧发电

生物质直接燃烧发电的原理是直接以经过处理的生物质为燃料进行发电。其工作过程可以类比火力发电：用燃烧所释放的热量在锅炉中生产高压过热蒸汽，通过推动汽轮机的涡轮做功，驱动发电机发电。与其他几类生物质发电方式的区别在于，直接燃烧发电过程中不需将生物质转化为其他形式。

生物质直接燃烧主要系统构成与火力发电类似，都是由上料系统、燃烧系统、发电系统、除尘系统构成的，如图 4-45 所示。然而，由于生物质的理化特性和燃烧特性与煤存在较大差异，生物质直燃发电中的上料系统、燃烧系统和燃煤发电机组具有较大区别，主要体现在以下方面：

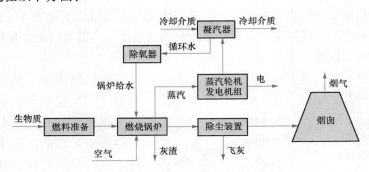

图 4-45　生物质直接燃烧发电系统

（1）上料系统体积更大，原料适应性要求更高：由于生物质的堆积密度远低于煤，因此，生物质需要更大的储存空间以及进料系统。其次，由于不同类型的生物质性质差别较大，对于进料系统的原料适应性要求较高。另外，由于生物质特殊的纤维结构，因此可磨性较差，研磨能耗较高，而且容易发生设备堵料和架桥现象。

（2）燃烧系统需进行特殊设计：由于生物质燃料具有高氯、高碱、挥发分高、灰熔点低等特点，燃烧时易腐蚀锅炉，并产生积灰、结渣等，因此对锅炉设计有特殊的技术要求。

2. 沼气发电

沼气发电就是以沼气为燃料实现的热动力发电。沼气发电系统如图 4 - 46 所示，工作过程为：消化池产生的沼气经气水分离器、脱硫塔（除去硫化氢及二氧化碳等）净化后，进入储气柜；再经稳压器（调节气流和气压）进入沼气发动机，驱动沼气发电机发电。发电机排出的废气和冷却水携带的废热经热交换器回收，作为消化池料液加温热源或其他热源再加以利用。发电机发出的电经控制设备送出。

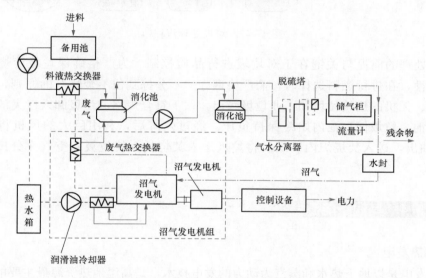

图 4 - 46　沼气发电系统

3. 生物质气化发电

生物质气化发电是指将生物质首先通过气化转化成气体燃料，再将净化后的气体燃料送入锅炉、内燃机、燃气机的燃烧室中燃烧发电的方式。生物质气化发电系统总体上可分为气化单元、燃气净化稳压处理单元和发电单元。

气化单元是将固体生物质转化为气体燃料的系统。生物质在较高温度及气化剂存在的条件下，通过干燥、热分解、还原以及氧化反应将生物质转化成固体焦炭、气体产物和焦油。其中，气体成分包括 CO、H_2、CH_4 等可燃成分，以及 CO_2、H_2O 等不可燃成分，发电过程中主要利用的是可燃成分燃烧产生的热能。常用气化剂包括 O_2、CO_2、H_2O 等，主要设备是生物质气化炉，包括固定床和流化床两类。燃气净化稳压单元主要是对气化后产生的气体做进一步处理，保证产气能够稳定连续地进入燃烧器。发电单元部分完成机械能向电能的转化。

4. 垃圾焚烧发电

垃圾焚烧发电的基本原理是利用有机废弃物燃烧中获取的热量进行发电，如图

4-47所示。这种发电方式是除沼气发电以外另一种有效处理和利用垃圾的重要方式。与沼气发电不同，垃圾焚烧发电的基本流程为对垃圾进行分类处理后直接在特制的焚烧炉内燃烧。

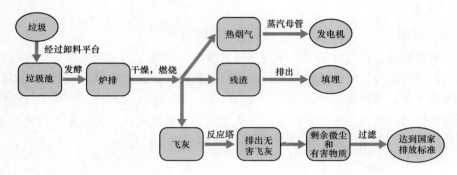

图 4-47 垃圾处理流程

垃圾处理的前提与关键在于对垃圾进行品质控制。为严格确保垃圾焚烧的安全性、环保性，在进行燃料选择时，需严格遵守"不分拣到位不焚烧"的原则，将有毒有害垃圾、无机的建筑垃圾和工业垃圾筛出，留下符合规格的垃圾卸入巨大的封闭式垃圾储存池。垃圾储存池内始终保持负压，经过发酵后，利用巨大的风机将池中的"臭气"抽出，送入焚烧炉内。最后将垃圾送入焚烧炉，使垃圾和空气充分接触，有效燃烧。

4.5.4 其他新能源发电

1. 地热发电

地热发电是以地下热水和蒸汽为动力的发电技术，是高温地热资源最主要的利用方式。它的基本原理与常规的火力发电相似，都是通过朗肯循环的方式进行发电：用高温高压的蒸汽驱动汽轮机，然后带动发电机发电，冷凝后的蒸汽再灌回地下。不同的是，火电厂是利用化石燃料燃烧时产生的热量，在锅炉中把水加热成高温高压蒸汽，地热发电则不需要消耗燃料，而是直接利用地热蒸汽或由地热能加热其他工作流体产生的蒸汽。

地热发电的过程，就是先把地热能转换为机械能，再把机械能转换为电能的过程。根据载热体类型、温度、压力等特性，地热发电的方式主要分为蒸汽型和热水型（含水汽混合的情况）地热发电两类。

蒸汽型地热发电直接利用地热蒸汽推动汽轮机进行工作，又可分为背压式和凝汽式，如图 4-48 所示。背压式汽轮机发电系统是最简单的地热干蒸汽发电方式，主要由净化分离器和汽轮机组成。其工作原理为：首先把干蒸汽从蒸汽井中引出，净化后经分离器分离出所含的固体杂质，然后把蒸汽通入汽轮机做功，驱动发电机发电。凝汽式汽轮机发电系统中，蒸汽在汽轮机中急剧膨胀，做功更多，且做功后的蒸汽排入混合式凝汽器，并在其中被循环水泵打入的冷却水冷却而凝结成水排走。相较于背压式汽轮机，机组出力和发电效率更高。

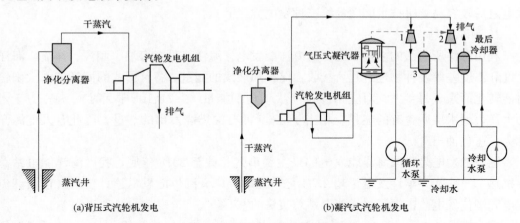

(a)背压式汽轮机发电　　　　　(b)凝汽式汽轮机发电

图 4 - 48　蒸汽型地热发电系统

1——级汽器；2—二级汽器；3—中间冷却器

蒸汽型地热发电系统原理简单，但弊端明显，干蒸汽地热资源十分有限，且多处于较深的地层，开采技术难度大，发展存在局限性。

热水型地热发电则是抽取地下热水或湿蒸汽后，通过一定手段，把热水变成蒸汽或利用其热量转化为别的蒸汽来推动汽轮机。热水型地热发电包括湿蒸汽和纯热水两种类型，如图 4 - 49 所示。两种形式的差别在于蒸汽的来源或形成方式。如果地热井出口的流体是湿蒸汽，则先进入汽水分离器，分离出的蒸汽送往汽轮机，分离下来的水再进入闪蒸器，得到蒸汽后送入汽轮机发电。

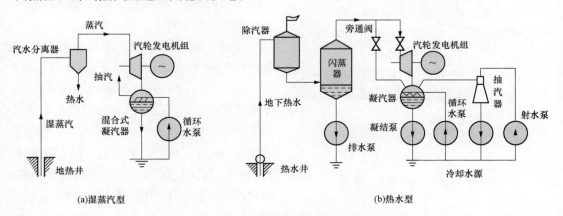

(a)湿蒸汽型　　　　　　　　　(b)热水型

图 4 - 49　热水型地热发电系统

热水型地热发电方式适用于分布最为广泛的中低温地热资源，也是目前使用最为广泛的地热发电方式。

我国地热能发展前景光明。"十三五"期间，我国地热能发展迅速，如北京副中心、大兴国际机场、雄安新区等典型地源热泵工程。其他新能源如风力发电、太阳能发电等的发展稳定性和商业价值的扩大目前受到发电经济成本的限制。反观地热发电则更有优势，只要在热显示区，就能准确勘测地热田内部结构情况。因此，地热发电是除火电、水电之后较容易解决技术问题的第三种发电方式。

2. 潮汐发电

利用海洋所蕴藏的能量发电即为海洋能发电。海洋能是指海浪、潮汐、洋流、海洋盐度和温度差等各种物理过程所接收、储存和散发的能量，各种形式的海洋能由太阳辐射能转化而来，每年大约对应37万亿千瓦时电的能量（$3.7×10^{13}$千瓦时）。每平方千米的大洋表面水层所含有的能量，相当于3800桶石油燃烧发出的热量，因此有人把海洋称为"蓝色油田"。

潮汐能发电是我国海洋能发电的最主要形式。截至2018年底，我国海洋能电站总装机达7.4兆瓦，累计发电量超2.34亿千瓦时，广义潮汐能发电累计装机（包括潮流发电和潮位发电）占据了海洋能电站总装机的97.4%。

潮汐能发电技术，是海洋能发电技术中占比最大、技术最成熟的一类。其本质是利用地球的海潮中蕴含的能量进行发电的技术。按照能量利用形式的不同，广义的潮汐能发电可以分为两大类：一类是利用潮汐时流动的海水所具有的动能进行能量转换的潮流发电；另一类是在河口、海湾处修筑堤坝形成水库，利用水库与海水之间的水位差所蓄积的势能来发电的潮位发电。目前，后者（潮位发电）因发电量更大、发电时间更稳定，成为潮汐发电的主流，也被称为狭义的潮汐发电。下面出现的潮汐发电都是指狭义的潮汐发电。

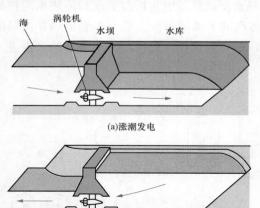
(a)涨潮发电

(b)落潮发电

图 4-50 潮汐发电的原理

潮汐发电的基本原理与普通水力发电类似：先把海水涨潮、落潮时因水位有差别而形成的势能通过水轮机转换为机械能，再带动发电机把机械能转换为电能。图4-50所示为潮汐发电原理。

潮汐能电站的结构也与水电站大体一致，均由拦水堤坝、水闸及引水道、发电厂房构成。与水电站不同的是，潮汐电站在发电时，水库的水位和海洋的水位都在变化，电站在变工况下工作，在进行电站设计时要考虑这些变化。此外，在进行潮汐电站的水轮发电机组系统设计时，还要考虑海水腐蚀等因素，这导致潮汐电站的设计更复杂，效率也更低。

不过，由于潮汐能蕴藏量的巨大以及潮汐发电的清洁性、生态友好特性等优势，潮汐发电在全球海洋能开发中技术最成熟、利用规模最大。潮汐电站的建设可以创造良好的经济效益、社会效益和环境效益，投资潜力巨大。

3. 波浪发电

波浪能是指海洋表面的波浪所具有的动能和势能。形成波浪的原动力主要来自风对海水的压力及其与海面的摩擦力，波浪能是海洋吸收了风能而形成的。波浪的能量与波浪的高度、波浪的运动周期及迎波面的宽度等多种因素有关。因此，波浪能是各种海洋

126

能源中能量最不稳定的一种。

波浪能的优点也很明显，除了可以循环再生以外，还是海洋能中品位最高、能流密度最大、分布最广的可再生能源。这意味着波浪能可通过较小的装置实现其利用，即波浪能可以提供可观的廉价能量。

波浪发电一般是通过波浪能转换装置，先把波浪能转换为机械能，再最终转换为电能。波浪上下起伏或左右摇摆，能够直接或间接带动水轮机或空气涡轮机转动，驱动发电机产生电力。波浪发电比其他的发电方式安全，而且不耗费燃料，清洁无污染。如果在沿海岸设置一系列波浪发电装置，还可起到防波堤的作用。此外，波浪能可以为边远海域的国防、海洋开发等活动提供能量。

波浪能利用的关键是波浪能转换装置。通常要经过三级转换：第一部分为波浪能采集系统（也称受波体），作用是捕获波浪的能量；第二部分为机械能转换系统（也称中间转换装置），作用是把捕获的波浪能转换为某种特定形式的机械能（一般是将其转换成某种工质如空气或水的压力能，或者水的重力势能）；第三部分为发电系统，与常规发电装置类似，用涡轮机（也称透平机，可以是空气涡轮机或水轮机）等设备将机械能传递给旋转的发电机转换为电能。目前国际上应用的各种波浪能发电装置都要经过多级转换。

图 4-51 所示为一般波浪能转换发电系统的主要构造。

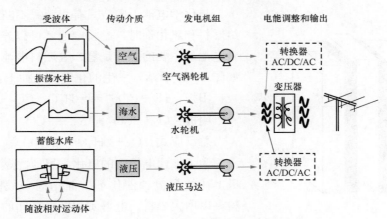

图 4-51　波浪能转换发电系统的主要构造

根据波浪能转换方式的不同，波浪发电大体上可分为以下 4 类。

（1）机械传动式：把海面浮体上下的往复运动转变为单向旋转运动，从而带动发电机发电。缺点是结构笨重，可靠性差。

（2）空气涡轮式：也称压缩空气式，指利用波浪起伏运动所产生的压力变化，在气袋等容气装置中挤压或抽吸气体，利用得到的气流驱动汽轮机，带动发电机发电。特点是结构简单，可靠性高，但效率较低。

（3）液压式：通过某种泵液装置将波浪能转换为液体（油或海水）的压力能或位能，再通过液压马达或水轮机驱动发电机发电的方式。特点是结构复杂，成本较高，效

127

率较高,但存在泄漏问题,对密封性要求高。

(4)蓄能水库式:借助上涨的海水制造水位差,实现水轮机发电,类似于潮汐发电。特点是结构简单,有水库储能,可实现较稳定和便于调控的电能输出,是迄今最成功的波浪能发电装置之一;但效率不高,对地形条件依赖性强。

4. 氢能发电

氢能发电技术主要有燃氢轮机技术和氢燃料电池技术。燃氢轮机技术的核心原理与普通燃气轮机类似,但由于氢气具有低热值、高火焰流速等特点,在设计燃机时需要进行一定的升级,目前改进设计是其技术研究的主流。氢燃料电池技术的发电原理则较为特殊,它的能量转换过程不经过燃烧,而是通过电化学反应将燃料的化学能直接转变为电能。由于氢燃料电池的作用不仅在于发电,其储能特性更是使其在新能源消纳方面具有重要意义,接下来只对该发电技术展开介绍。

氢燃料电池由阳极、阴极和夹在这两个电极中间的电解质及外接电路组成。一般在工作时,向燃料电池的阳极供给燃料(氢或其他燃料),向阴极供给氧化剂(空气或氧气)。氢在阳极分解成氢离子(H^+)和电子(e^-)。氢离子进入电解质中,而电子则沿外部电路移向正极。在阴极上,氧同电解质中的氢离子吸收抵达阴极上的电子形成水。电子在外部电路从阳极向阴极移动的过程中形成电流,接在外部电路中的用电负载即可因此获得电能。

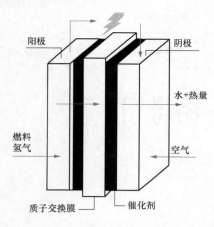

图 4-52 氢燃料电池的基本结构

与化学电池不同,只有当源源不断地从外部供给燃料和氧化剂时,燃料电池才可以连续发电。燃料电池最主要的燃料是氢。氢燃料电池的基本结构如图 4-52 所示,发生的化学反应如下:

阳极:$H_2 + CO_3^{2-} \Longrightarrow H_2O + CO_2 + 2e^-$

阴极:$O_2 + 2CO_2 + 4e^- \Longrightarrow CO_3^{2-}$

总反应式:$O_2 + 2H_2 \Longrightarrow 2H_2O$

为了加速电极上的电化学反应,燃料电池的电极上往往都包含催化剂。催化剂一般做成多孔材料,以增大燃料、电解质和电极之间的接触面。这种包含催化剂的多孔电极也称为气体扩散电极,是燃料电池的关键部位。

对于液态电解质,需要有电解质保持材料,即电解质膜。电解质膜的作用是分隔氧化剂和还原剂,并同时传导离子。固态电解质直接以电解质膜的形式出现。

外电路包括集电器(双极板)和负载。双极板具有收集电流、疏导反应气体的作用。

燃料电池中的电解质有5种主要类型:碱性型(A型)、磷酸型(PA型)、固体氧化物型(SO型)、熔融碳酸盐型(MC型)和质子交换膜型(PEM型)。

由一个阳极(燃料极)、一个阴极(空气极)和相关的电解质、燃料、空气通路组成的最小电池单元称为单体电池。一个单体电池,从理论上讲,在标准状态下可以得到

1.23 伏电压，但其实际工作电压通常仅为 0.6～0.8 伏。为满足用户的需要，需将多节单体电池组合起来，构成一个电池组，也称电堆。实用的燃料电池均由电堆组成，根据功率要求可以对其进行灵活组合。

　　氢能发电具备能源来源简单、丰富、存储时间长、转化效率高、几乎无污染排放等优点，可以解决电网削峰填谷、新能源稳定并网问题，为大范围、长周期的电力电量平衡问题提供了新的解决方案。作为灵活性资源、长周期储能和外送新载体，氢能发电能够缓解新型电力系统高效消纳与稳定外送的压力，具有广阔的应用前景。

思　考　题

　1　核电站的安全设计体现在哪些方面？在运行过程中有哪些具体的安全规定？发生核事故后的正确处理方式是什么？

　2　试比较水平轴式风力机与垂直轴式风力机的特点和适用场合。思考海上风力发电对风力机有哪些特殊要求？

　3　你认为生物质燃料发电在我国的发展前景如何？开发哪种生物质燃料的投资成本最低？请说明你的理由。

　4　海洋中蕴藏的能量还可以有哪些发电形式？不同发电技术有哪些特点？哪种发电技术最具有发展潜力？

参 考 文 献

[1] 吴磊，詹红兵. 国际能源转型与中国能源革命 [J]. 云南大学学报（社会科学版），2018，17（03）：116 - 127.

[2] 李俊江，王宁. 中国能源转型及路径选择 [J]. 行政管理改革，2019（05）：65 - 73.

[3] 国家发展改革委. 国家能源局关于完善能源绿色低碳转型体制机制和政策措施的意见 [EB/OL]. （2022 - 01 - 30）[2022 - 04 - 30]. https：//www. ndrc. gov. cn/xxgk/zcfb/tz/202202/t20220210_1314511. html? code=&state=123.

[4] 吴宗鑫，腾飞. 第三次工业革命与中国能源向绿色低碳转型 [M]. 北京：清华大学出版社，2015.

[5] 赵洪滨. 热力涡轮机械装置 [M]. 北京：清华大学出版社，2014.

[6] 朱永强，吴茜. 能源互联网 [M]. 北京：机械工业出版社，2021.

[7] 徐飞，闵勇，陈磊，等. 包含大容量储热的电 - 热联合系统 [J]. 中国电机工程学报，2014，34（29）：5063 - 5072.

[8] 康艳兵，张建国，张扬. 我国热电联产集中供热的发展现状、问题与建议 [J]. 中国能源，2008（10）：8 - 13.

[9] 林宗虎. 中国燃煤锅炉节能减排技术近况及展望 [J]. 西安交通大学学报，2016（12），DOI：10. 7652.

[10] 谢国威,辛胜伟,杜佳军,等.循环流化床锅炉碳减排燃烧关键技术探讨 [J].神华科技,2017,15 (8):88-92.

[11] 王倩,王卫良,刘敏,等.超(超)临界燃煤发电技术发展与展望 [J].热力发电,2021,50 (2):1-9.

[12] 尹峰,陈波,苏烨,等.智慧电厂与智能发电典型研究方向及关键技术综述 [J].浙江电力,2017,36 (10):1-6+26.

[13] 周文新.智慧电厂与智能发电研究方向及关键技术 [J].新型工业化,2020,10 (08):107-108+113.

[14] 张文建,梁庚,李庚达,等.智慧化全数字技术及其在电厂中的应用 [J].中国电力,2020,53 (11):202-211.

[15] 帅永,赵斌,蒋东方,等.中国燃煤高效清洁发电技术现状与展望 [J].热力发电,2022,51 (01):1-10.

[16] 赵春生,杨君君,王婧,等.燃煤发电行业低碳发展路径研究 [J].发电技术,2021,42 (05):547-553.

[17] 骆仲泱,何宏舟,王勤辉,等.循环流化床锅炉技术的现状及发展前景 [J].动力工程,2004 (06):761-767.

[18] 胡南,谭雪梅,刘世杰,等.循环流化床生物质直燃发电技术研究进展 [J].洁净煤技术,2022,28 (03):32-40.

[19] 陈宗法."双碳"目标下,"十四五"燃气发电如何发展? [J].能源,2021 (06):38-41.

[20] 闫伟华,彭恒.燃气轮机发电技术发展动态与趋势 [J].电站系统工程,2020,36 (04):21-24.

[21] 任永强,车得福,许世森,等.国内外 IGCC 技术典型分析 [J].中国电力,2019,52 (02):7-13+184.

[22] 靳普.微型燃气轮机发电技术研究 [J].科技资讯,2021,19 (12):65-68.

[23] 崔海庆.燃气轮机发电技术分析 [J].内燃机与配件,2019,(23):89-91.

[24] 樊慧,段兆芳,单卫国.我国天然气发电发展现状及前景展望 [J].中国能源,2015,37 (02):37-42.

[25] 华贲.天然气发电与分布式供能系统 [J].中国电业(技术版),2011,(10):1-6.

[26] 刘石,杨毅,胡亚轩,等.典型储电方式的结构特点及碳中和愿景下的发展分析 [J].能源与环保,2022,44 (01):215-221+229.

[27] 王严龙,徐迎春.抽水蓄能电站消纳新能源的作用分析 [J].现代工业经济和信息化,2021,11 (11):99-100.

[28] 张博庭.发展抽水蓄能对实现净零目标至关重要 [J].电器工业,2022 (02):75-78.

[29] 朱永强.新能源与分布式发电技术.3 版 [M].北京:北京大学出版社,2022.

[30] 田慧芳.全球核能发展的现状与趋势 [J].世界知识,2022 (04):48-50.

[31] 钱伯章.氢能和核能技术与应用 [M].北京:科学出版社.2010.

[32] 陈云程,陈孝耀,朱成名.风力机设计与应用 [M].上海:上海科学技术出版社,1990.

[33] 刘时彬.地热资源及其开发利用和保护 [M].北京:化学工业出版社,2005.

[34] 李书恒,郭伟,朱大奎.潮汐发电技术的现状与前景 [J].海洋科学,2006 (12):82-86.

[35] 邹志刚.碳中和愿景下氢储能的发展机遇与挑战 [J].中华环境,2022 (04):33-39.

[36] 施涛,马海艳,高山.燃料电池发电技术介绍 [J].江苏电机工程,2006 (04):82-84.

［37］王金全，王春明，张永，等 . 氢能发电及其应用前景［J］. 解放军理工大学学报（自然科学版），2002（06）：50 - 56.

［38］王燕，刘邦凡，赵天航 . 论我国海洋能的研究与发展［J］. 生态经济，2017，33（04）：102 - 106.

第 5 章
电能替代技术及主要应用领域

在"双碳"目标推进背景下，电能替代是提升终端用能清洁化、低碳化的有效手段。终端能源电气化比例的逐步提升，将给新型电力系统的建设提供丰富的需求侧资源，进而与电网友好互动，促进高比例新能源高效消纳。本章主要介绍电能替代技术与新型电力系统，共分为四个部分：电能替代技术及应用，新型电力系统，需求侧资源聚合技术及需求侧资源互动技术。

5.1　电能替代技术及应用

电能替代是在终端能源消费环节使用电能来替代散烧煤和燃油的能源消费方式，如电采暖、地源热泵、工业电锅炉（窑炉）、农业电排灌、电动汽车、靠港船舶使用岸电、机场桥载设备、电蓄能调峰等。当前，我国电煤比重与电气化水平偏低，大量的散烧煤与燃油消费是造成环境问题的主要因素之一。电能具有清洁、安全、便捷等优势，采用电能替代技术对于推动能源消费革命、落实国家能源战略、促进能源清洁化发展意义重大，是提高电煤比重、控制煤炭消费总量、减少大气污染的重要举措。

电能替代方式多样，涉及工业生产、交通运输、建筑建设等众多领域，以分布式应用为主。电能替代应综合考虑地区潜力空间、节能环保效益、财政支持能力、电力体制改革和电力市场交易等因素，根据替代方式的技术经济特点，因地制宜，分类推进。本节将依次对工业、交通、建筑领域的典型电能替代技术进行介绍。

5.1.1　工业领域电能替代技术

工业是中国能源消耗和二氧化碳排放的主要领域。工业领域涉及的行业广、耗能大，包括能源工业、钢铁工业、机械工业及高新工业。2012—2021 年中国工业领域能源消耗量在总能源消耗量中的占比均超过 60%，工业领域是电能替代的核心。

1. 电能替代相关政策

近年来，国家为推动工业领域电能替代技术的发展及应用颁布了相应的政策，见表5-1。

表 5-1　　　　　　　　　国家层面工业领域电能替代技术相关政策

发布时间	颁布单位	政策名称	工业领域电能替代相关内容
2016.05	国家发展改革委、国家能源局等八部委	《关于推进电能替代的指导意见》（发改能源〔2016〕1054 号）	在生产工艺需要热水（蒸汽）的各类生产制造工业，逐步推进蓄热式与直热式工业电锅炉应用。①重点在上海、江苏、浙江、福建等地区的服装纺织、木材加工、水产养殖与加工等行业，试点蓄热式工业电锅炉替代集中供热管网覆盖范围以外的燃煤锅炉。②在金属加工、铸造、陶瓷、岩棉、微晶玻璃等行业，在有条件地区推广电窑炉。③在采矿、食品加工等企业生产过程中的物料运输环节，推广电驱动皮带传输。④在浙江、福建、安徽、湖南、海南等地区，推广电制茶、电烤烟、电烤槟榔等。⑤在黑龙江、吉林、山东、河南等农业大省，结合高标准农田建设和推广农业节水灌溉等工作，加快推进机井通电。⑥在可再生能源装机比重较大的电网，推广应用储能装置，提高系统调峰调频能力，更多消纳可再生能源

发布时间	颁布单位	政策名称	工业领域电能替代相关内容
2021.10	国务院	《2030年前碳达峰行动方案》（国发〔2021〕23号）	促进工业能源消费低碳化，推动化石能源清洁高效利用，提高可再生能源应用比重，加强电力需求侧管理，提升工业电气化水平
2022.01	国务院	《"十四五"节能减排综合工作方案》（国发〔2021〕33号）	立足以煤为主的基本国情，坚持先立后破，严格合理控制煤炭消费增长，抓好煤炭清洁高效利用，推进存量煤电机组节煤降耗改造、供热改造、灵活性改造"三改联动"，持续推动煤电机组超低排放改造。①稳妥有序推进大气污染防治重点区域燃料类煤气发生炉、燃煤热风炉、加热炉、热处理炉、干燥炉（窑）以及建材行业煤炭减量，实施清洁电力和天然气替代。②推广大型燃煤电厂热电联产改造，充分挖掘供热潜力，推动淘汰供热管网覆盖范围内的燃煤锅炉和散煤。③加大落后燃煤锅炉和燃煤小热电退出力度，推动以工业余热、电厂余热、清洁能源等替代煤炭供热（蒸汽）
2022.01	国家发展改革委、国家能源局	《关于完善能源绿色低碳转型体制机制和政策措施的意见》（发改能源〔2022〕206号）	完善工业领域绿色能源消费支持政策。①引导工业企业开展清洁能源替代，降低单位产品碳排放，鼓励具备条件的企业率先形成低碳、零碳能源消费模式。②鼓励建设绿色用能产业园区和企业，发展工业绿色微电网，支持在自有场所开发利用清洁低碳能源，建设分布式清洁能源和智慧能源系统，对余热余压余气等综合利用发电减免交叉补贴和系统备用费，完善支持自发自用分布式清洁能源发电的价格政策。③在符合电力规划布局和电网安全运行条件的前提下，鼓励通过创新电力输送及运行方式实现可再生能源电力项目就近向产业园区或企业供电，鼓励产业园区或企业通过电力市场购买绿色电力。④鼓励新兴重点用能领域以绿色能源为主满足用能需求并对余热余压余气等进行充分利用
2022.03	国家发展改革委、国家能源局等十部门	《关于进一步推进电能替代的指导意见》（发改能源〔2022〕353号）	①在钢铁、建材、有色、石化化工等重点行业及其他行业铸造、加热、烘干、蒸汽供应等环节，加快淘汰不达标的燃煤锅炉和以煤、石油焦、渣油、重油等为燃料的工业窑炉，推广电炉钢、电锅炉、电窑炉、电加热等技术，开展高温热泵、大功率电热储能锅炉等电能替代，扩大电气化终端用能设备使用比例。②加快工业绿色微电网建设，引导企业和园区加快厂房光伏、分布式风电、多元储能、热泵、余热余压利用、智慧能源管控等一体化系统开发运行，推进多能高效互补利用。③推广电动皮带廊替代燃油车辆运输，减少物料转运环节大气污染物和二氧化碳排放。推广电钻井等电动装置，提升采掘业电气化水平

2. 工业领域典型电能替代技术

　　根据2022年3月国家发展改革委、国家能源局等十部门联合发布的《关于进一步推进电能替代的指导意见》，对工业领域的关键电能替代技术展开介绍。

（1）电炉钢。电炉钢是以电为能源的炼钢炉生产的钢，与转炉炼钢相比，电炉钢具有投资少、建设周期短、见效快及生产流程短、生产调度灵活、优特钢冶炼比例高等优点。图 5-1 所示为电炉炼钢现场。

（2）工业电锅炉。工业电锅炉也称电加热锅炉、电热锅炉，它是以电力为能源并将其转化成为热能，从而经过锅炉转换，向外输出具有一定热能的蒸汽、高温水或有机热载体的锅炉设备。与传统锅炉相比，电锅炉具有无污染、能量转换效率和自动化程度高、设备启停快、可实现无人值班等优点。电锅炉本体结构如图 5-2 所示。

图 5-1　电炉炼钢现场

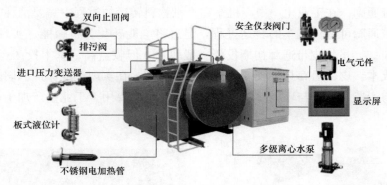

图 5-2　工业电锅炉

从技术发展的角度来看，工业电锅炉从电热转换方式上分为电阻式、电磁式和电极式。电阻式电热转换方式是以金属和非金属电阻元件通电产生热量；电磁式电热转换技术是利用感应线圈等电磁转换设备使电能转换为磁能，再转换为热能；电极式电热转换方式是直接利用电源进行加热。

从应用形式的角度来看，工业电锅炉可以分为直热式工业电锅炉与蓄热式工业电锅炉。直热式工业电锅炉是通过电加热方式直接将水加热至热水或蒸汽状态并利用，蓄热式工业电锅炉主要是在低谷电时段将电能储存为热能，并在用能时将储存的热能释放，减少运行费用。

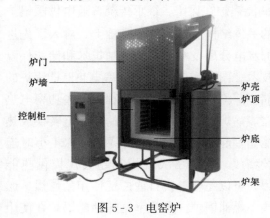

图 5-3　电窑炉

（3）电窑炉。电窑炉是目前广泛应用于工业技术领域的电加热设备，通过利用电力加热介质，根据不同介质的导电性，利用电磁感应或者焦耳效应，使得电能转化成热能，其结构如图 5-3 所示。电窑炉具有无污染、电热转换效率高、温控精度高、熔炼速度快、经济效果好等优点，主要用于水泥制造、煤炭开采、钢铁生产等领域。

（4）电加热。电加热是对金属材料加热效率最高、速度最快、低耗节能环保型的感应加热技术，电加热器的结构如图 5-4 所示。与一般燃料加热相比，电加热技术将电能转变成热能加热物体，可获得较高温度（如电弧加热温度可达 3000℃以上），易于实现温度的自动控制和远距离控制，可按需要使被加热物体保持一定的温度分布。电加热能在被加热物体内部直接生热，因而热效率高，升温速度快，并可根据加热的工艺要求，实现整体均匀加热或局部加热（包括表面加热），容易实现真空加热和控制气氛加热。在电加热过程中，产生的废气、残余物和烟尘少，可保持被加热物体的洁净，不污染环境。因此，电加热广泛用于工业生产、科研试验等领域中。特别是在单晶和晶体管的制造、机械零件和表面淬火、铁合金的熔炼、人造石墨的制造等方面，都采用电加热技术。

（5）皮带通廊。在工业生产中，机车在大批物料转运的过程中需要消耗大量的化石燃料，而皮带通廊可替代机车的转运过程，通过将电能转化为机械能，实现物料运输，其外观见图 5-5。虽然皮带通廊初期投资一般较大，但收益高，基本投产运行 3～5 年便可以收回成本。皮带通廊具备较强的连续运输能力，在实现环境保护的同时能提高物料转运效率与产能，经济与环境效益明显。皮带通廊主要用于工业生产加工、铸造行业等领域。

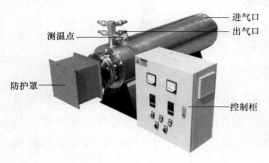

图 5-4　电加热器

图 5-5　皮带通廊

（6）大功率电热储能锅炉。大功率电热储能锅炉在保留、继承传统普通电供暖锅炉的主体结构及外观特征基础上，融入了先进的水电分离技术、高压控制技术和储能保温技术。图 5-6 所示为大功率电热储能锅炉的储能蒸汽机组。在使用过程中，大功率电热储能锅炉将夜晚电网闲置的低谷电转换成热能储存起来，通过交换装置全天 24 小时连续释放，实现了大规模和超大规模供热能力，可以完全替代目前广泛使用的燃煤、燃气、燃油锅炉。大功率电热储能锅炉在使用

图 5-6　大功率电热储能锅炉的储能蒸汽机组

中不会产生废气、废水、废渣，实现了二氧化碳零排放，是供暖领域环保升级换代品。

5.1.2　交通领域电能替代技术

根据《关于推进电能替代的指导意见》（发改能源〔2016〕1054 号）和《关于进一步推进电能替代的指导意见》（发改能源〔2022〕353 号），电能替代在交通领域的实现，主要体现在三个方面：①支持电动汽车充换电基础设施建设，大力推动电动汽车普及应用；②在沿海、沿江、沿河港口码头，推广靠港船舶使用岸电和电驱动货物装卸；③支持空港陆电等新兴项目推广，应用桥载设备，推动机场运行车辆和装备"油改电"工程。

1. 电动汽车及充放电基础设施

根据《国务院办公厅关于加快新能源汽车推广应用的指导意见》（国办发〔2014〕35 号）的精神，为贯彻落实发展新能源汽车的国家战略，以纯电驱动为新能源汽车发展的主要战略方向，重点发展纯电动汽车、插电式（含增程式）混合动力汽车和燃料电池汽车。电动汽车按驱动类型可分为纯电动汽车（battery electric vehicle，BEV）、混合动力汽车（hybrid electric vehicle，HEV）、燃料电池汽车（fuel cell electric vehicle，FCEV）等。

（1）纯电动汽车。纯电动汽车采用电能作为能量来源，由电动机驱动车辆行驶，电动机的驱动电源来源于车载可充电蓄电池。作为一种零污染或超低污染的车辆，纯电动汽车没有噪声和振动，是当前开发和研制取代内燃机汽车的首选车型。纯电动汽车优点为技术相对简单成熟，只要有电力供应就能充电；缺点为目前蓄电池能量密度小，续航里程短，且造价较高。

（2）混合动力汽车。混合动力汽车通常采用传统燃料，同时配以电动机或发动机来改善低速动力输出和燃油消耗。混合动力汽车根据动力系统结构，可分为串联式混合动力汽车（series hybrid electric vehicle，SHEV）、并联式混合动力汽车（parallel hybrid electric vehicle，PHEV）、混联式动力汽车（complex hybrid electric vehicle，CHEV）三类。

（3）燃料电池汽车。燃料电池汽车使用车载燃料电池装置产生电力作为动力，车载燃料电池能直接将燃料（如氢气）和氧化剂的化学能通过电极反应转化为电能。以燃料电池作为燃料汽车的动力电源，燃料电池的化学转化过程不会产生有害产物，其能量转化效率为内燃机的 3～4 倍。单个的燃料电池必须组合起来形成燃料电池组，以获得足够的动力，满足车辆使用的要求。

充电桩是为电动汽车充电的专用电力设备，由桩体、电气模块、计量模块等部分组成，一般具有电能计量、计费、通信、控制等功能。充电桩主要安装于公共建筑（公共楼宇、商场、公共停车场等）、居民小区停车场或者充电站内，输入端与交流电网直接连接，输出端装有充电插头用于电动汽车充电。图 5-7 所示为电动汽车入网充电示意。

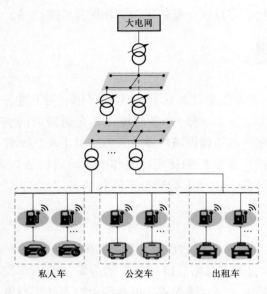

图 5-7 电动汽车入网充电示意

依据充电方式，充电桩可分为直流桩和交流桩两类，两种充电桩的外观如图 5-8 所示。

（1）直流桩。俗称快充桩，直接为电动汽车充电，功率大，充电速度快，但成本较高。通过与交流电网连接，输出可调直流电，直接为电动汽车的动力电池充电。直流充电桩采用三相四线制供电，功率高，输出的电压和电流调整范围大，可以实现快充要求。直流桩功率在 30 千瓦以上，电动汽车满充一次只需要 1~2 小时。

（2）交流桩。俗称慢充桩，成本低，结构简单，安装方便，但功率小，充电速度较慢，多用于小区充电桩。交流桩与交流电网连接，只提供电力输出，需连接车载充电机（即固定安装在电动汽车上的充电机）为电动汽车充电，相当于只是起了控制电源的作用。交充桩功率以 7 千瓦居多，由于车载充电机功率较小，充电速度较慢，电动汽车满充一次需要 8 小时左右。

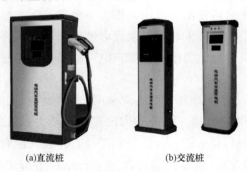

(a)直流桩   (b)交流桩

图 5-8 电动汽车充电桩

依据安装地点，充电桩可分为公共充电桩、私人充电桩和专用充电桩。

（1）公共充电桩。通常建设在公共停车场（库）的停车泊位，为社会车辆提供公共充电服务。建设方主要为各类充电桩运营商，通过收取电费、服务费赚取收益，慢充桩与快充桩兼有。

（2）私人充电桩。通常建设在个人自由车位（库），为车主提供充电，以慢充桩为主，主要用于日常充电，充电成本低。

（3）专用充电桩。通常建设在单位（企业）自由停车场（库），为单位（企业）内部人员使用，包括公交车、物流车等运营场景，慢充桩与快充桩兼有。

2. 港口岸电系统

港口岸电又叫船舶岸电，是指船舶靠港期间，停止使用船舶上的发电机，改用陆地电源供电。港口提供岸电的功率应能保证船舶停泊后所必需的全部电力设施用电需求，包括生产设备、生活设施、安全设备和其他辅助设备。岸电系统由安装在码头的供电系统和安装在船舶上的变电系统两大部分组成。码头供电系统由码头前沿港区变电所供电，经过变压、变频，将输入供电转化为满足船只需求的电源，利用电缆沟和输送栈桥等设施，将高压电缆敷设至码头前沿，码头前沿安装高压接线箱供船舶连接，通过船载变电站变压后为船舶供电。港口岸电技术有高压和低压两种形式。在船侧负荷较大情况下，使用高压岸电。高压岸电电压一般为 6 千伏或者 6.6 千伏；低压船舶一般为 440/380 伏。船舶港口岸电系统如图 5 - 9 所示。

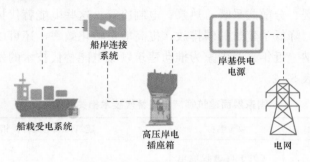

船岸连接系统

岸基供电电源

船载受电系统

高压岸电插座箱

电网

图 5 - 9　船舶港口岸电系统

港口实施岸电供电需进行部分改造工作，一是对港区码头进行电力增容扩建，新建码头功率裕量大，可满足岸电供电需求，但对于老码头需对降压变压器进行增容改造；二是需加装大功率变频电源，这是由于我国港区供电采用 50Hz 的交流电制，而靠港船舶来自世界各地，许多国家船舶采用 60Hz 的交流电制；三是需加强港口码头的合理规划布局，合理选择岸电供电连接点，合理设置高压变频系统和变压系统的位置，使得低压电缆接线最短，节约投资，提高经济效益。

3. 机场桥载设备及车辆装备 "油改电" 工程

桥载设备，即安装在机场廊桥上的静变电源和空调设备，通过它为停靠的飞机提供机上用电和空调系统运行，从而替代飞机辅助动力装置（auxiliary power unit，APU）的使用，其外观见图 5 - 10。传统情况下，飞机降落后，机组关闭发动机，开启辅助动力装置为飞机提供用电、空调运行所需电力。国内运营主力运输机的 APU 运行一小时平均消耗航空煤油 100～400 千克，排放二氧化碳 360～1500 千克。按照过站平均 60 分钟测算，一架年起降架次在 30 万左右的大型机场，如果所有飞机均采用桥载设备替代 APU，一年能节省燃油达 8 万吨，减少碳排放 20 万吨以上。

与此同时，大力调整场内车辆结构，稳步推进场内车辆 "油改电" 工作。对机场内用于巡场、行李保障、工作人员摆渡、场地清扫、

图 5 - 10　桥载设备

航空器牵引等车辆，采用新能源车辆进行更换替代，加快场内车辆结构升级，提升场内运行电动化水平，协同减少机场场内噪声和排放，改善机场场内空气质量和工作环境。

5.1.3　建筑领域电能替代技术

建筑作为人们日常生活的场所，其内部的能量转换过程及效率是降低碳排放需要重点关注的部分，建筑领域的电能替代技术为建设绿色建筑、实现建筑领域节能减排提供了有力支撑。目前，建筑领域的电能替代工作主要在建筑的供暖（冷）技术层面开展，如蓄热式电锅炉采暖、分散式采暖、热泵、电制冷等。这些电能替代技术响应国家"煤改电"的政策要求，降低了建筑的碳排放，提高能量转化效率，还可以帮助电网削峰填谷，促进新能源消纳。近年来，国家为推动建筑领域电能替代技术的发展及应用，颁布了相应的政策，见表 5 - 2。

表 5 - 2　　　　　　　　　国家层面建筑领域电能替代技术相关政策

发布时间	颁布单位	政策名称	建筑领域电能替代相关内容
2015.07	国家发展改革委、国家能源局	《关于促进智能电网发展的指导意见》（发改运行〔2015〕1518 号）	鼓励在新能源富集地区开展大型电采暖替代燃煤锅炉、大型蓄冷（热）、集中供冷（热）站示范工程；推广港口岸电、热泵、家庭电气化等电能替代项目
2016.05	国家发展改革委、国家能源局等八部委	《关于推进电能替代的指导意见》（发改能源〔2016〕1054号）	在北方地区和有采暖需求的长江沿线地区，重点对热负荷不连续的公共建筑，大力推广碳晶、石墨烯发热器件、发热电缆、电热膜等分散电采暖替代燃煤采暖；在燃气（热力）管网无法达到的老旧城区、城乡接合部或生态要求较高区域的居民住宅，推广蓄热式电锅炉、热泵、分散电采暖；在新能源富集地区，利用低谷富余电力，实施蓄能供暖
2017.09	国家发展改革委	《关于印发北方地区清洁供暖价格政策的意见》（发改价格〔2017〕1684 号）	制定了"煤改电""煤改气"的具体价格支持政策；对于具备资源条件，适合"煤改电"的地区，采取推行上网侧峰谷电价政策、完善销售侧峰谷时段划分、适当扩大峰谷时段价差等方式，完善峰谷电价制度
2018.11	国家能源局	《关于做好 2018—2019 年采暖季清洁供暖工作的通知》（国能发电力〔2018〕77号）	"煤改电"要以供电能力作为基础，先保障供电再实施改造；鼓励各类发电企业通过电力直接交易参与电供暖，研究探索新能源发电企业通过建设专用输配电设施清洁供暖；逐步扩大蓄热式、热泵型电供暖比重

续表

发布时间	颁布单位	政策名称	建筑领域电能替代相关内容
2019.06	国家能源局综合司	征求《关于解决"煤改气""煤改电"等清洁供暖推进过程中有关问题的通知》意见的函	在峰谷分时电价、阶梯电价、电力市场化交易等方面进一步加大工作力度；因地制宜拓展多种清洁供暖方式，各地坚持宜电则电、宜气则气、宜煤则煤、宜热则热
2021.10	国务院	《2030 年前碳达峰行动方案》（国发〔2021〕23 号）	实施城市节能降碳工程，开展建筑、交通、照明、供热等基础设施节能升级改造，推进先进绿色建筑技术示范应用，推动城市综合能效提升
2022.01	国务院	《"十四五"节能减排综合工作方案》（国发〔2021〕33 号）	推进城镇绿色节能改造工程，到 2025 年，城镇新建建筑全面执行绿色建筑标准，城镇清洁取暖比例和绿色高效制冷产品市场占有率大幅提升

本节根据 2022 年 3 月国家发展改革委、国家能源局等十部门联合发布的《关于进一步推进电能替代的指导意见》（发改能源〔2022〕353 号）对建筑领域的关键电能替代技术进行介绍，包括蓄热式电锅炉采暖、直热式电锅炉采暖、分散式电采暖、热泵及电制冷（空调）技术。

1. 电锅炉采暖

电锅炉是以电力为输入能源，利用电阻发热或电磁感应发热，通过锅炉的换热部位把热媒水或有机热载体（导热油）加热到一定参数（温度、压力）后，向外输出具有额定工质的热能机械设备。电锅炉能够将电能直接转化为热能，一般情况下电锅炉系统的制热能效比（COP）在 0.9 左右。

电锅炉采暖利用最新电热技术及控制系统自动生产热水，既保证生产环节低碳环保性又同时满足居民生活供热需求。考虑到传统供热机组"以热定电"的运行要求一定程度降低了机组的调峰能力，限制了风电、光伏等清洁能源的消纳，可以通过引入电锅炉，利用供热机组与电锅炉的互动提升供热机组运行灵活性，促进新能源消纳，优化电源结构。

根据使用功能和加热原理的不同，目前采暖电锅炉可以分为直热式电锅炉和蓄热式电锅炉两种。

（1）直热式电锅炉。直热式电锅炉将电能转化为热能，并通过锅炉换热部位进行加热，产生具有一定热能的水蒸气及有机热载体。直热式电锅炉可以满足建筑的供暖、供冷需求，还可提供生产及生活热水。在建筑采暖中，直热式电锅炉将电能转化为热能后，通过循环水经散热末端（暖气片）进行供暖。根据发热元件的不同，直热式电锅炉可以分为电热管（电阻）锅炉、半导体锅炉和电磁（涡流）锅炉三种类型。

直热式电锅炉具有以下优点：清洁高效，升温快；无需安装蓄热装置，占地面积相对较小，初始建设成本低，改造施工较为方便；维修成本较低，具有很长的使用寿命。其局限性表现如下：与蓄热式电锅炉相比，采暖费用较高，同时对电网的依赖程度高，面对停电等事故的抗风险能力差。直热式电锅炉适用于企业、机关、学校、商业餐饮等建筑场所。

（2）蓄热式电锅炉。蓄热式电锅炉由电加热装置和储热材料构成，是一种自动化程度较高的电锅炉。蓄热式电锅炉利用电价峰谷差，选在夜间用电低谷时对锅炉进行加热，将多余的热量以显热形式储存在储热设备中，并在白天用电高峰时段将电锅炉停运，通过储热设备进行放热供暖，从而实现"低谷蓄热，全天供暖"，工作原理及系统结构如图 5-11 所示。

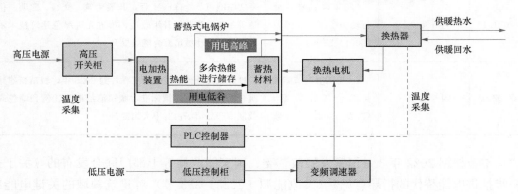

图 5-11　蓄热式电锅炉工作原理及系统结构

蓄热式电锅炉在节省采暖电费的同时，还实现了电能节约及碳排放量的降低，促进负荷的合理分配，帮助电网削峰填谷，提高电网的稳定性及运行经济性。与直供式电锅炉相比，蓄热式电锅炉的热效率更高，能量损失更小，运行效率一般达到 95% 以上。蓄热式电锅炉可供暖面积较大，适用于场地较大的场所，如写字楼、图书馆、学校、酒店、医院等大型公共建筑，或者有供暖需求，但燃气及市政供暖不能覆盖的区域。蓄热式电锅炉的发展也面临一些问题，如蓄热装置体积较大等。

2. 分散式电采暖

分散式电采暖是将电能转化为热能后，以辐射放热的形式进行供暖。目前最主要的三种技术为碳晶、发热电缆采暖及电热膜。分散式电采暖的发热设备可安装在建筑的墙面、地板或天棚位置，具有节水、节地、分室分时控制和实时行为节能的优点，适用于间歇式采暖的学校、食堂等公共建筑以及对供暖连续性要求不高的住宅建筑。

图 5-12　碳晶取暖器

（1）碳晶采暖。碳晶采暖使用的发热元件是碳晶电热板，碳晶电热板首先通过碳纤维改性进行球磨处理制成碳素颗粒，然后将碳素颗粒与高分子树脂材料以特殊工艺合成发热材料，其外观如图 5-12 所示。在电场的作用下，碳晶电热板发热体中的碳分子团进行布朗运动，通过碳分子间剧烈的摩擦和撞击产生热能，再利用远红外涂层将热能转化为辐射能，以远红外辐射（主要）和对流（次要）的形式对外传递。碳晶电热板适用于不连续供暖用户，即白天人离开时关闭，使用时再开启。碳晶电热板具有以下优点：制热均匀，安全性能较高；无建筑装修要求并且节约空间资源，适用于已装修的房屋；可以通过微机控制实现联网通信、集中管理、高效节能。

（2）发热电缆采暖。发热电缆采暖系统主要由发热电缆、温感器、温控器、绝热层等构成，利用高电阻电缆通电发热对室内进行供暖。发电电缆一般布置在地板下，通过热辐射的方式在建筑空间传递热量，供暖舒适度较高，发热电缆铺设方式如图 5-13 所示。发热电缆采暖热利用率较高，安全性能好，但安装需要考虑建筑装修问题。

图 5-13　发热电缆铺设方式

（3）电热膜采暖。电热膜采暖的发热装置由特制油墨及稀有元素组成的碳浆料印刷在基膜上形成，电热膜通电后即将电能转化为热能，并以热辐射的方式向外进行热能传递，为房间供暖。电热膜采暖具有以下优点：制热均匀，供热舒适度较高；占地空间小，节约建筑空间资源；智能化控制，具备较高的自主调节能力。

3. 热泵

作为一种新能源技术，热泵技术近年来得到了广泛关注并且发展迅速。泵是一种用于提高位能的机械装置，如水泵将水从低位抽到高位，与此类似，热泵消耗少量电能将热量从低温介质向高温介质进行输送，通过压缩机的升温升压处理，回收低温介质中的热量进行供热。根据热源不同，热泵可以分为地源热泵、水源热泵、污水源热泵和空气源热泵，其工作原理、优缺点及适用范围对比见表 5-3。其中，空气源热泵受客观条件的限制较少，安装方便且配置灵活，普及率更高，其工作原理如图 5-14 所示。

表 5-3　　　　　　　　不同类型热泵工作原理、优缺点及适用范围对比

技术名称	工作原理	优缺点	适用范围
地源热泵	以大地为热源对建筑进行空调作用，利用电能输入实现由低位热能到高位热能的转换，冬季将土壤中热能转移到室内，夏季将室内热量转移到土壤	能效较高，维护简单，寿命长，但是初始投资较高	全国范围可用，但需要占用一定区域进行埋管，适用于具有较大空地的新建建筑
水源热泵	以地表浅层水源（地下水、河流、湖泊等）为热源，利用电能实现由低位能到高位热能的转换，夏季利用温度较低水源带走建筑物热量，冬季从水源中提取热量送入建筑物	水的热容量大，能效较高，但对地下水资源要求较高	适用于地质条件较好、地下水比较丰富的建筑

技术名称	工作原理	优缺点	适用范围
污水源热泵	以污水为热源（工作原理与水源热泵一致），实现污水的二次利用	对城市环境友好，但是考虑到污水水质的特殊性，必须解决阻塞污染及流动换热问题	适用于接近城市污水排放管道的建筑物
空气源热泵	以空气为热源，根据逆卡诺循环原理，利用制冷剂"从室外低温气体吸收热量蒸发气化—在房间内凝结成液体释放热量—液态制冷剂流向室外"循环往复的过程对建筑进行供热	受客观条件的限制较少，安装方便且配置灵活，普及率更高，但是设备占用空间大，运行有噪声，且低温时工作效率低	适用于我国南方地区，不能在严寒地区使用

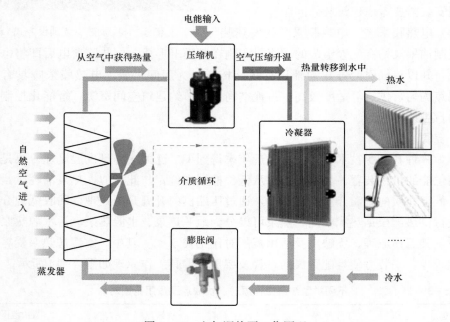

图 5-14　空气源热泵工作原理

4. 电蓄冷技术

电蓄冷（空调）系统的工作原理与蓄热式电锅炉类似，在新能源发电量较多无法消纳或者夜间电网低谷时间，制冷主机用电制冷并将冷量储存在蓄冷设备中，在白天电网用电高峰时期，制冷主机停运，蓄冷设备将储存的冷量释放满足高峰空调负荷的需要。根据蓄冷介质不同，电蓄冷空调系统主要包括水蓄冷和冰蓄冷两种。电蓄冷空调基于峰谷电价进行制冷安排，与传统的中央空调相比，大幅度降低了自身运行费用，同时帮助电网削峰填谷。但是，电蓄冷空调系统的设备初始投资较大，蓄水式的蓄冷空调占用空间大。

5.2　新型电力系统

5.2.1　新型电力系统的核心内涵

新型电力系统是以确保能源电力安全为基本前提，以满足经济社会发展电力需求为首要目标，以最大化消纳新能源为主要任务，以坚强智能电网为枢纽平台，以源网荷储互动与多能互补为支撑，具有清洁低碳、安全可控、灵活高效、智能友好、开放互动基本特征的电力系统。构建新型电力系统是实现"双碳"目标、立足新发展阶段、贯彻新发展理念、构建新发展格局、推动高质量发展的必要过程。

在安全性方面，新型电力系统中的各级电网协调发展，多种电网技术相互融合，广域资源优化配置能力显著提升；电网安全稳定水平可观可控，有效承载高比例的新能源、直流等电力电子设备接入，适应国家能源安全、电力可靠供应、电网安全运行的需求。在开放性方面，新型电力系统的电网具有高度多元、开放、包容的特征，兼容各类电力新技术，支持各种新设备便捷接入需求；支撑各类能源交互转化、新型负荷双向互动，成为各类能源网络有机互联的枢纽。在适应性方面，新型电力系统的源网荷储各环节紧密衔接、协调互动，通过先进技术应用和控制资源池扩展，实现较强的灵活调节能力、高度智能的运行控制能力，适应海量异构资源广泛接入并密集交互的应用场景。

5.2.2　新型电力系统的特征

新型电力系统的核心特征是新能源替代传统火电成为电力系统主体电源，基本发展定位是清洁低碳、安全高效。与传统电力系统相比，新型电力系统的特征主要有以下几点：

（1）电源结构逐步调整。当前电源结构仍以火电为主，未来煤电占比将逐步下降并转变为调节性和保障性电源。截至 2021 年年底，我国火电新增发电装机容量 4628 万千瓦，同比下降 17.9%，占全国发电新增装机容量的 26.25%。同时，可再生能源发电装机规模突破 10 亿千瓦，新增发电装机容量 1.34 亿千瓦，占全国新增发电装机容量的 76.1%，新能源逐步成为提供电量支撑的主体电源。图 5 - 15 所示为新型电力系统中新能源发电的形式。

(a)集中式光伏　　(b)集中式风电　　(c)屋顶光伏　　(d)海上风电

图 5 - 15　新型电力系统中新能源发电的形式

（2）需求侧资源多元化发展。除传统电力负荷外，电动汽车、储能等新型负荷快速发展，电力负荷逐步呈现"产消者"特性，即同时具备负荷特性与电源特性。调度模式也逐步向"源荷互动"的新模式转变，网荷互动能力和需求侧响应能力不断提升。

（3）多种形态电网相融并存。从电网侧看，电网从交直流混联大电网向微电网、柔直电网等多种形态电网并存转变。交直流混联大电网是能源资源优化配置的主导力量，配电网成为有源网，微电网、分布式能源系统等将快速发展，与大电网互通互济、协调运行，有效支撑各种新能源开发利用和高比例并网。

（4）电力系统特性复杂，电网平衡模式变化。随着新能源发电大量替代常规电源，以及储能等可调节负荷广泛应用，电力系统的技术基础、控制基础和运行机理将发生深刻变化，同时，新型电力系统供需双侧均具有较强的不确定性，电力系统从确定性系统演变为强不确定性系统，电网平衡模式由发/用电平衡转向源网荷储协调互动的非完全实时平衡。

5.2.3 新型电力系统面对的挑战

新型电力系统主要面临以下挑战：

（1）系统调频能力不足。由同步发电机主导的传统电力系统在遭遇扰动时具有强惯性支撑能力，而通过电力电子设备接入电网的新能源发电机组基本不具备转动惯量。随着大容量直流馈入挤占受端电网常规同步电源开机容量，多直流异步联网使系统同步规模减小，分布式发电、微电网、直流配电网和负荷侧大量电力电子设备接入，使得电力系统呈现高比例新能源、高比例电力电子设备的双高特征，系统转动惯量持续下降，系统的调频能力和资源不足问题将日趋明显。

（2）系统调节能力不足。在运行时间尺度上，可再生能源带来的一系列挑战源自其固有波动性与随机性，可再生能源电源出力上限通常不可调度，且其变化规律往往与负荷曲线变化不匹配，甚至呈现反调峰特性。净负荷的波动需要灵活性资源，比如可调常规电源、储能电站和区外来电等调整出力以保证平衡。随着波动程度的增加，电力系统对调峰与爬坡速率等资源总量的需求进一步增大。

（3）系统调压困难。在可再生能源机组的局部并网点，电力电子装置功率开关元件的高频开断动作将产生高频谐波并注入电网，使并网点产生电压畸变与闪变，影响并网点的电能质量。在并网点电压较低、结构薄弱且可再生能源渗透率较高的电网，电压波动与闪变严重程度将会加剧，但通常超出并网标准情况较少。当机端发生故障时，由于无法像常规机组一样维持并网点电压，风电和光伏电源在电网产生故障时往往更加倾向于尽快脱离电网。随着可再生能源渗透率的逐步提升，传统电力系统中以机电暂态为主导的各种参数的稳定性，包括功角、电压和频率稳定性均会发生改变。

（4）电力市场机制不完善。新型电力系统转型要求下，灵活性与经济性的矛盾越发突出。除新能源场站本体成本以外，新能源利用成本还包括灵活性电源投资、系统调节运行成本、大电网扩展与补强投资及配网投资等系统成本。随着新能源发电量渗透率的逐步提高，系统成本显著增加且疏导困难，必然影响全社会供电成本。目前我国电力市场机制仍不完善，投入与收益不匹配、价格分摊不合理等问题严重影响各方主体提供灵活调节服务的积极性。2022 年 1 月，国家发展改革委、国家能源局发布的《关于加快建设全国统一电力市场体系的指导意见》指出，到 2030 年，全国统一电力市场体系基本建成，适应新型电力系统要求，国家市场与省（区、市）/区域市场联合运行，新能源全面参与市场交易，市场主体平等竞争、自主选择，电力资源在全国范围内得到进一步优化配置。

5.2.4　构建新型电力系统的重点举措

1. 保障电力供应与新能源消纳

在电源侧，一是提升电力供应能力。推进西部、北部地区大型新能源基地建设，因地制宜发展东中部地区的分布式新能源；推动海上风电逐步向远海拓展，加快开发水电，重点推进西南地区的优质水电建设；安全有序开展沿海地区的核电建设，适时推动内陆核电建设。二是提升有功调节能力。加快在运煤电机组灵活性改造进程，提升机组调节速率与深度调峰能力，而新建煤电应具备深度调峰能力；有序发展天然气调峰电源，充分发挥其启停耗时短、功率调节快的优势，重点在新能源发电渗透率较高、电网灵活性较低的区域开展建设；鼓励或要求新能源按照一定比例配置储能；研究水电站增设大泵，具备一定的抽水调节能力。

在电网侧，转型期新能源大规模集中开发并远距离外送的格局将进一步加强，亟需加强跨省、跨区输电通道建设，打造大范围资源优化配置平台；同步加强送端、受端交流电网，扩大联网规模，可靠地承载跨区域、大规模的输电需求；推动建设适应分布式、微网发展的智能配电网，促进电、冷、热、气等多能互补与协调控制，满足分布式清洁能源并网、多元负荷用电的需要，促进终端能源消费节能提效；积极开展分布式微电网建设，在内部自治的同时与大电网协调互动。拓展灵活柔性输电等技术应用，适应送端新能源大规模集中接入、受端多落点直流组网等应用场景。

在储能侧，抽水蓄能技术相对成熟，单位投资成本低、寿命长，有利于大规模能量储存；鉴于抽水蓄能规划建设周期较长，而电力系统已面临调节能力不足的现状，应优先发展、尽早启动。因抽水蓄能可开发资源有限，压缩空气储能、飞轮储能、电化学储能、电磁储能、储热、化学储能（以氢储能为主）等新型储能技术将成为构建新型电力系统的重要基础，有望在长周期平衡调节、安全支撑等方面发挥关键作用。

在需求侧，全面拓展电力消费新模式，发展"互联网＋"智慧能源系统，发挥电网负荷的灵活调节能力，增强源荷互动活力。着力开发需求响应资源，在供需紧张地区配置削峰需求响应，在新能源高占比地区配置填谷需求响应。

2. 保障电网安全稳定运行

转型期的电力系统仍然是交流电力系统，必须遵循交流电力系统的基本原理和技术规律，寻求新的手段、加快措施布局，保障足够的系统惯量、调节能力、支撑能力，筑

147

牢电网安全稳定基础。

系统惯量是系统安全运行的关键特征量。一是保持适度规模的同步电源，通过技术创新来调整常规电源的功能定位，在政策层面保障燃煤机组从装机控制转向排放控制。二是扩大交流电网规模，提高同步电网整体惯量水平，增强抵御故障能力，更好促进清洁能源消纳的互联互通。三是开发新型惯量支撑资源，发展新能源、储能等方面的新型控制技术，提高电力电子类电源对系统惯量的支撑能力。

调节能力是电力系统适应不断加大的波动性、有功/无功冲击的重要保证。关于调峰，在提升电源侧调节能力的同时，推进电动汽车、分布式储能、可中断负荷参与调峰，扎实提高电网资源配置能力，共享全网调节资源。关于调频，推动新能源、储能、电动汽车等参与系统调频，发挥直流输电设备的频率调制能力。关于调压，发挥常规机组的主力调压作用，利用柔性直流、柔性交流输电系统（FACTS）设备参与调压，研究电力电子类电源场站级的灵活调压，探索分布式电源、分布式储能参与低压侧电压调节。

支撑能力是电力系统承载高比例电力电子设备、确保高比例受电地区安全稳定运行的关键。提高支撑能力的方法有：一是开展火电、水电机组调相功能改造，鼓励退役火电改调相机运行，提高资产利用效率；二是在新能源场站、汇集站配置分布式调相机，在高比例受电、直流送受端、新能源基地等地区配置大型调相机，保障系统的动态无功支撑能力，确保新能源多场站短路比水平满足运行要求；三是要求新能源作为主体电源承担主体安全责任，通过技术进步来增强主动支撑能力。

5.3　需求侧资源聚合技术

5.3.1　典型需求侧资源及聚合技术

5.3.1.1　典型需求侧资源

需求侧资源（demand‐side resources）包括大量的储能、电动汽车和温控负荷等灵活性资源，这些资源具有一定的调节和响应系统的能力，通过合理地协调需求侧资源参与电网互动，能极大地释放电力容量潜能，提升电力系统的经济效益和环保效益，符合"双碳"目标和新型电力系统的发展要求。

需求侧资源按行业性质可分为工业负荷、商业负荷和住宅负荷。不同行业的负荷特性不同，所受的约束条件也不一致：工业负荷具有容量大、负荷稳定、负载率高的特点，以可中断、可平移负荷为主，同商业负荷和居民家用负荷相比，具有受外界环境影响小、自动化水平高、稳定可靠的特点。商业负荷主要集中在白天时段，负荷峰谷差较大，具有明显的时间性特征，相比于住宅家用负荷，其负荷容量较大，因此负荷调节潜力也较大。目前，商业负荷参与响应主要集中在中央空调等大型温控负荷，商业负荷调节具有大规模推广的技术条件。住宅家用负荷普遍容量较小，且用户主观因素对用电行为影响较大，具有很强的随机性。住宅负荷中的需求响应资源主要包括温控负荷（例如冰箱、空调、热水器等）和时间柔性设备（洗衣机等），这两部分负荷的用电量约占居民用电总量的 50%。本节将对储能、电动汽车及温控负荷三类需求侧资源进行介绍。

1. 储能资源

常用的储能装置主要有抽水蓄能、化学电池储能、压缩空气储能等。其中，抽水蓄能技术相对成熟，作为一种传统的调控性电源，它具有存储容量大、响应时间长、使用寿命长、投资效益高等优点，但容易受到自然资源的限制。化学电池对能量储存反应迅速，但容量小，使用周期短。空气压缩储能响应速度快，可实现大容量储能。同时，其生命周期较长，投资效益较高。储能是最灵活的电力需求侧资源之一，因为它具有供电和负荷的双重特性，既可作为柔性发电资源，又可作为柔性电力负荷。同时，可根据电网需求提供多时间尺度调整，响应速度快，调整准确。目前，储能技术发展迅速，取得了良好的效益。将储能与可再生能源相结合，可以有效降低可再生能源发电的波动性和不确定性，为可再生能源并网运行提供坚实的支撑。储能的作用可以贯穿电力系统的各个环节。在发电方面，峰值负荷下的供电需求大大缓解；在电网方面，可以提高电网运行效率，有效处理电网故障的发生，从而提高电能质量和供电可靠性。在用户方面，能够满足经济发展对绿色、低碳、节能、高效用电的要求。随着储能装置的大规模应用，将有效延缓和减少供电和电网的投资，改变现有电力系统的建设模式，促进我国能源结构和能源消费革命的深化。

2. 电动汽车

当前全球电动汽车发展已进入"快车道"，从保有量看，2021 年全球电动汽车累计销量已超过 1400 万辆，其中中国电动汽车保有量已达到 630 万辆，约占全球电动汽车保有量的 45%，在需求侧负荷占比日益增高。电动汽车可迅速切换充、放电状态，提供瞬时需求响应，是一种潜在的、优质的需求侧资源。早在 1997 年，美国的 Kempton 教授便提出了电动汽车与电网双向互动 V2G（vehicle-to-grid）的概念。电动汽车作为可移动的储能单元，兼备电源和负荷的双重属性，通过有序的组织和管理能够与电网运行形成良好互补，实现削峰填谷、跟踪可再生能源出力、提供辅助服务等。

电动汽车充放电模型约束主要包含充放电功率约束、剩余电量 SOC（state of charge）约束、车主使用需求约束。

（1）电动汽车充放电需满足功率约束：

$$\begin{cases} 0 \leqslant P_i^{cha}(t) \leqslant P_{i,max}^{cha} \\ 0 \leqslant P_i^{dis}(t) \leqslant P_{i,max}^{dis} \end{cases} \tag{5-1}$$

电动汽车的充放电不能同时进行，故电动汽车的充、放电功率应满足：

$$P_i^{cha}(t) \cdot P_i^{dis}(t) = 0 \tag{5-2}$$

式中：$P_i^{cha}(t)$、$P_i^{dis}(t)$ 分别为电动汽车 i 在 t 时刻的充、放电功率；$P_{i,max}^{cha}$、$P_{i,min}^{dis}$ 分别为电动汽车充电桩的最大充、放电功率。

（2）为避免过充或过放损害电池的寿命，电池的 SOC 需满足在一定的范围内：

$$SOC_{min} \leqslant SOC_i(t) \leqslant SOC_{max} \tag{5-3}$$

由于调度时间间隔较短，锂电池自放电率很低，因此在研究电动汽车充放电模型时，可以忽略自放电损耗，电动汽车的荷电状态模型如下：

$$\mathrm{SOC}_i(t) = \mathrm{SOC}_i(t-1) + \left[\eta^{\mathrm{cha}} \cdot P_i^{\mathrm{cha}}(t) + \frac{P_i^{\mathrm{dis}}(t)}{\eta^{\mathrm{dis}}}\right] \cdot \frac{\Delta t}{E_i^{\mathrm{cap}}} \qquad (5\text{-}4)$$

式中：$\mathrm{SOC}_i(t)$ 为电动汽车 i 在 t 时刻的 SOC；$P_i^{\mathrm{cha}}(t)$、$P_i^{\mathrm{dis}}(t)$ 分别为电动汽车 i 在 t 时刻的充、放电功率；η^{cha}、η^{dis} 分别为电动汽车 i 在 t 时刻的充、放电效率；Δt 为调度时间间隔；E_i^{cap} 为电动汽车 i 的电池容量。

（3）电动汽车充放电模型的建立，还需要满足用户的用能需求：

$$\mathrm{SOC}_i(t) \geqslant \mathrm{SOC}_i^{\mathrm{des}}, t = t^{\mathrm{dep}} \qquad (5\text{-}5)$$

式中：$\mathrm{SOC}_i(t)$ 为电动汽车 i 在 t 时刻的 SOC；$\mathrm{SOC}_i^{\mathrm{des}}$ 为电动汽车 i 驶离时期望的电量状态。

3. 温控负荷

温控负荷（temperature control load）是指将一定空间内的某种介质温度维持在一定范围内的电气设备。它有运行和待机两种工作状态。当介质温度不满足要求时，从待机模式进入运行模式。恒温控制负荷具有响应快、可控性高、储能能力强等特点，是负荷控制的重要研究对象。它是应用最广泛、最灵活的负荷之一，在电力消耗中占有很大的份额。据统计，住宅温控负荷用电量约占大城市夏季用电高峰的三分之一。从"广义储能"的角度来看，温控负荷可以扮演两种不同的角色，既可以是电能的消费者，也可以是需求侧响应的参与者。但在实践中，它并没有得到充分的利用，而仅仅被看作是电能消耗元件。如果能合理利用并应用于电力系统的控制和调度优化，将对电力系统的市场化和智能化具有非常重要的现实意义。温控负荷作为需求响应资源没有得到充分利用的关键原因，是单个温控负荷容量相对较小。与大型电网相比，温控负荷对电网的影响几乎可以忽略不计。因此，它的潜力一直没有得到重视。然而，随着社会的进一步发展和人们生活质量的提高，需求侧温控负荷的数量大大增加，总容量也逐渐增加。

温控负荷作为响应调度资源参与系统，功耗相对稳定。空调、热水器的用电量随季节变化比较明显。空调能耗的高峰和低谷先后出现在夏季和冬季，而电热水器能耗的高峰和低谷先后出现在冬季和夏季，适当的降低能耗不会对日常生活造成不利影响。这意味着空调和电热水器负荷在电力系统需求响应中具有较大削峰填谷潜力，可以大大提高电力系统运行的稳定性。冰箱的能耗全年比较稳定，但没有明显的能耗高峰和低谷。降低冰箱的功耗会缩短冰箱内物品的保质期，对日常生活有一定的影响。因此，冰箱负荷很少作为需求侧资源参与电力系统的需求响应。

5.3.1.2 需求侧资源聚合主体

单体需求侧资源具有调控潜力非常小、随机性强的特征，如果电网调度中心直接对分散的需求侧资源进行调度，不仅会造成调度困难、效率低等问题，还可能出现维数灾难的情况。因此，需要引入聚合主体对单体需求侧资源进行聚合。根据聚合主体资源种类及运行特点不同，需求侧资源聚合主体可分为虚拟电厂、负荷聚合商、产消者三类。

1. 虚拟电厂

虚拟电厂（virtual power plant）是通过先进的控制、计量、通信等技术将电网中分布式电源、可控负荷和储能装置等聚合成一个虚拟的可控集合体，并通过更高层面的软件构架实现多个分布式能源的协调优化运行，从而协调智能电网与分布式电源间的矛盾。虚拟电厂核心可总结为"通信"和"聚合"两大方面。虚拟电厂利用先进信息通信技术和软件系统对电网内部分布式电源、储能系统、可控负荷、电动汽车等柔性资源的进行聚合和远距离的调控，实现了电网智能化、即时化、快捷化。

虚拟电厂的典型结构如图 5-16 所示。虚拟电厂的组合单元包括分布式发电类型能源、负荷、储能等，把这些组成一个可控集合体，加入电力系统进行优化调度运行。分布式能源中主要有光伏单元、风电单元、水电单元，负荷侧主要包括负荷、可控负荷设备，储能部分包括电动汽车、蓄电池等。

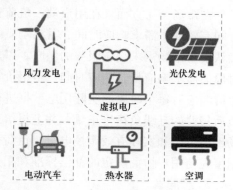

图 5-16　虚拟电厂的典型结构

与传统电厂相比，虚拟电厂的最大特征在于结合了先进的通信与控制技术，在不改变原有电网的能源框架基础上，实现分布式能源的聚合、调控，完成对系统内各个单元的模型建立，从而制订电源机组、储能各个时刻的出力计划，并对柔性资源下达调控指令任务，来实现虚拟电厂经济稳定运行。

2. 负荷聚合商

目前，需求侧资源的参与者多为大型工商用户。随着电力市场化改革的推进，以及先进的测量技术和智能控制设备在中小用户（特别是住宅用户）中的普及，越来越多的中小用户有机会参与到需求侧资源管理中。因此，如何高效、经济地利用潜在的中小用户，使其参与到需求侧资源项目和市场交易中，是大规模开发需求侧资源的关键问题。

为了充分挖掘大量中小用户潜在的需求侧资源，负荷聚合商（load aggregator，LA）应运而生，成为电力市场的新主体。如图 5-17 所示，负荷聚合商的本质功能体现在"聚合"两个字上，能够通过聚合小容量的中小用户，形成大规模的需求侧资源，从而达到市场准入门槛，参与电力市场。负荷聚合商主要向独立系统运营商提供需求响应服务，主要业务和功能包括基础信息预测、市场交易等。

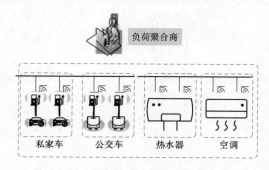

图 5-17　负荷聚合商进行资源聚合

基础信息预测是聚合商各项业务的前提和基础，其包括负荷预测、电价预测与可调节容量预测。负荷预测是指在满足一定精度要求的条件下，对未来某一特定时间或时期的负荷进行预测。根据不同的时间尺度，负荷预测可分为超短期、短期、中期和长期四种类型。电价作为电力市场的核心要素，决定着市场中各主体的利润分配。准确的电价预测对于市场中的各个主体都具有重要意义。对于聚合商来说，准确的电价预测有助于准确把握市场方向和市场机会,根据实际需要制订合理的竞价策略,以获得最大的利润,降低自身的购电成本,同时还能起到削峰的作用。可调节容量是指在需要的时间范围内灵活调整资源的能力。可调节容量预测是聚合商通过科学的理论、方法和模型,合理预测和分析需求侧资源推广和实施所产生的潜力的基础工作,其目的是为项目实施方案的制订和效益的评价提供决策依据。

在市场交易方面,在用户端,负荷聚合商与用户签订需求响应合同,包括但不限于合同有效期、需求响应时间、需求响应能力、补偿规则等。市场方面,负荷聚合商登记确认参与市场需求响应服务的供应,以及参与次日需求响应投标的负荷聚合商,包括各时段的需求响应量、响应时间、申报价格等信息。调节完成后,负荷聚合商对柔性用户集群响应后每个时段的实际用电数据进行采集和计算,根据历史预测偏差率计算出柔性负荷集群的基线负荷修正量,并上报给系统运营商。在此基础上,系统运营商将根据市场出清价格和实际有效调控电量对负荷聚合商进行补偿。调用完成后,负荷聚合商将根据事先与用户协商确定的补偿标准和用户实际响应量,与用户进行补偿结算。

3. 产消者

随着光伏发电、微型风机、电动汽车等分布式资源接入配电网运行,使得传统的电力用户从纯粹的电力消费者转变为产消者。产消者作为拥有发电能力的消费者,既能提供电力,又可接受电力,兼具电能生产和消费能力。如图 5 - 18 所示,产消者典型资源包括不易控单元和可控单元。不易控单元主要包括光伏发电、风力发电、不可控负荷等;可控单元主要包括电动汽车、温控负荷等可控用电单元和燃气轮机等可控发电单元。产消者同外部进行能量互动方式包括电能共享和电网交互。在信息互动的过程中,产消者能量管理系统(energy management system,EMS)协调电能生产和消费行为,并将自身同外部的功率交互计划上报。

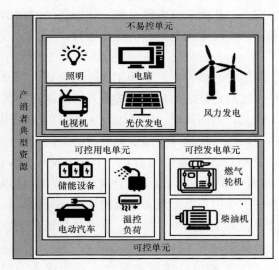

图 5 - 18 产消者能量管理通用模型

虚拟电厂、负荷聚合商、产消者群都是典型的需求侧资源聚合主体,三者既有相似之处也有差异,表 5 - 4 从资源主体和聚合特征两方面进行了对比分析。

表 5 - 4 　　　　　　　　　　　　不同聚合主体对比

聚合主体	资源主体	聚合特征
虚拟电厂	电动汽车、温控负荷、光伏发电、风力发电、微型燃气轮机、储能电站等	聚合分布式资源既包括发电设备,又包括用电设备

聚合主体	资源主体	聚合特征
负荷聚合商	电动汽车、温控负荷等需求侧资源	主要对用电设备进行聚合
产消者	电动汽车、温控负荷、光伏发电等	资源包括发电设备和用电设备，主要用于自产自销

5.3.2　海量需求侧资源聚合技术

海量需求侧资源的聚合技术可分为聚合技术架构与聚合量化技术两部分。聚合技术架构为海量需求侧资源的聚合控制与通信提供了平台技术支撑，聚合量化技术通过具体的数学方法对需求侧资源进行量化与整合。

5.3.2.1　聚合技术架构

面向新型电力系统的聚合架构技术可以为海量、规模小、需求多元、多能异质、位置分散的需求侧灵活资源提供智能互联、灵活聚类和柔性调控，推动电网向能源互联网的技术升级，满足新型电力系统的基本特征与技术需求。

典型的需求侧资源聚合技术架构主要包括三类：云 - 管 - 边 - 端聚合技术架构、云 - 群 - 端聚合技术架构和单元级 - 系统级 - 复杂系统（system of systems，SoS）聚合技术架构。以下依次对这三类架构的技术特征进行分析。

1. 云 - 管 - 边 - 端聚合技术架构

云 - 管 - 边 - 端聚合技术架构自上而下共包含 4 个层级，分别为云端平台（云）、传输管道（管）、边缘节点（边）和终端设备（端），如图 5 - 19 所示。该框架的执行过程可概括为终端设备采集信息并将信息传递给边缘节点。边缘服务器在靠近终端信息来源的网络边缘执行数据处理，聚合分散资源，再通过多种加密传输技术由传输管道将信息传递到云端平台。云端平台与电力系统调度机构发布的调度信息和电力交易机构发布的市场信息互动，借助云计算实现虚拟电厂、聚合商和产消者等聚合主体灵活性资源参与电力系统运行及电力市场交易，并将指令信息传递至边缘服务器，再以解聚合的方式反馈至设备终端，实现信息的双向互动。

云端管控平台：该平台是整个技术架构的决策中心，通过对数据清洗、

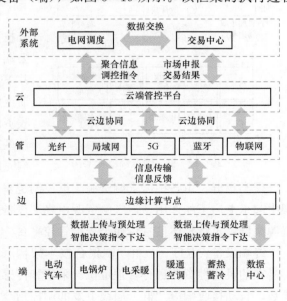

图 5 - 19　云 - 管 - 边 - 端聚合技术架构

分类、建模、存储等，生成云端动态聚合模型，然后与电力系统调度机构发布的调度信息和电力交易机构发布的市场信息互动，实现需求侧灵活性资源参与电力系统运行与电力市场交易。

传输管道：传输管道包括光纤通道、局域网、物联网、蓝牙等，为信息从终端和云端传输提供了通信技术的支撑。

边缘节点：通过在云端和终端之间设置一层边缘计算节点，可以将从终端接收到的海量信息分割为更小与更容易管理的单元分别处理。通过边缘计算、数据预处理，将信息通过多种加密传输方式传递到云平台。边缘节点可以加快信息处理速度，降低延迟与带宽成本。目前，机器学习与边缘计算实现了很好的融合，进一步提高了边缘节点数据处理的效率。

终端设备：对电动汽车、电采暖、储能、燃气轮机等需求侧资源采集运行特性参数、负荷需求等实时信息，然后传递给边缘节点，接收边缘服务器下达的调度指令。

云 - 管 - 边 - 端需求侧资源聚合技术形成了生态融合、安全通信、智慧边缘、终端感知 4 个横向维度的功能架构分层，并通过先进的安全通信技术将多层功能纵向交互打通，进行互感、互通、互知，实现技术架构横向和纵向的融合。

2. 云 - 群 - 端聚合技术架构

云 - 群 - 端聚合技术架构自上而下可分为 3 个层级，分别为云端管控平台（云）、聚类集群（群）和终端设备（端）。云 - 群 - 端协同的聚合技术架构作为一个整体，采用"对内分层、对外一致"的调控模式，与电网调度中心或交易中心进行交互，其技术架构如图 5 - 20 所示。

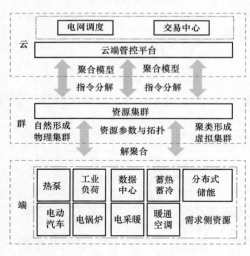

图 5 - 20　云 - 群 - 端聚合技术架构

云端管控平台：该平台是云 - 群 - 端聚合技术架构的决策中心。云端管控平台通过云端指令分解，将电网下发的调度指令分解并下发至各资源集群，再以解聚合的方式反馈至资源端，实现信息的双向互动。同时接收资源集群的在线动态聚类，形成资源聚合模型。最后结合电力系统调度机构和交易机构完成对虚拟电厂等聚合商平台的控制。

聚类集群：由各种需求侧资源集群控制逻辑层构成"群"层级，在整个聚合技术框架中起承上启下的作用。需求侧资源由终端设备通过自然形成和聚类形成的方式聚集成资源集群，再将整体信息传递至云端管控平台。

终端设备：位于云 - 群 - 端聚合技术架构底层，识别需求侧可调控的分布式资源，对潜在的灵活性资源进行合理定位，采集和传感设备运行信息，向上级上报资源状态和参数，自动接收响应"群"层级下发的调控指令。

云 - 群 - 端聚合技术架构通过"群"层级的引入，适配了云边协同的信息架构，可以保证应用稳定性和数据安全性，提升运算效率，与云端管控平台协同，实现云端计算的降维，提升云端运算的效率。该聚合技术架构同云 - 管 - 边 - 端需求侧资源聚合技术架构同样采用纵、横双维度方案，但侧重于聚焦海量分散的需求侧灵活性资源云边协同互动与集群动态构建。云 - 群 - 端聚合技术架构中边缘计算能力的挖掘与拓延是突破动态聚类与快速解聚合能力的关键技术之一。

3. 单元级 - 系统级 - SoS 融合技术架构

单元级 - 系统级 - SoS 融合技术架构通过信息物理系统（communication physical system，CPS）技术将需求侧资源聚合技术架构按照交互范围由小到大分为单元智慧感知、系统优化协同、系统开放运营 3 个层级，如图 5 - 21 所示。

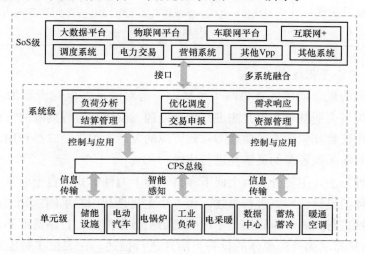

图 5 - 21　单元级 - 系统级 - SoS 融合技术架构

单元级：各类需求侧资源配置智能终端组建为单元级，负责状态感知、信息采集和通信。单元级设备之间通过工业网络集成构成系统级子架构，实现资源间的互联互通、协同优化与市场策略。

系统级：单元级设备通过 CPS 总线与系统级建立控制与应用联系，具有负荷分析、优化调度、资源管理、需求响应、交易申报与清算等职能。系统级子架构间构建交互接口，实现系统、交易与聚合平台的信息智慧识别和数据自动驱动，形成异构闭环赋能体系。

SoS 级：SoS 级由外部电力系统和多生态系统融合组成。外部电力系统具有调度、营销、电力交易等功能，大数据平台、物联网平台、车联网平台、共享生态等多种平台交互促成了生态系统的友好互动融合。

单元级 - 系统级 - SoS 需求侧资源聚合技术架构侧重于采用新型电力系统聚合技术的交叉互动解决多层级调控问题，并将技术架构分解成不同组建范围的模块，便于海量分散需求侧灵活资源的多层级组建和交互，形成组态灵活、拓展便捷的技术架构体系。

此外，不同需求侧资源聚合技术架构并不会对需求侧资源聚合参与电力系统运行产生性能上的差异化影响，但是对于面向新型电力系统聚合技术应用的可持续性贡献则有不同，需要根据具体应用场景选择适合发展规划需求的聚合技术，见表 5-5。

表 5-5 不同聚合技术架构区别

聚合架构名称	技术区分	区别
云-管-边-端	多层级	适用于广域资源的代理聚合，强调通信方式的先进性，需要聚焦通信成本对于系统运行经济性的影响评估
云-群-端	多层级	适用于资源集群的代理聚合，强调资源的局域聚合与解聚合，需要聚焦海量需求侧资源的分层分区构建
单元级-系统级-SoS级	模块化	适用于资源动态拓展的模块化接入和不同系统间的生态融合，将虚拟电厂等聚合主体的商业模式架构内部化，强调信息与物理的融合贯通

5.3.2.2 聚合量化技术

需求侧资源的聚合量化可分为两个步骤，一是对海量需求侧资源的灵活性进行刻画，二是利用闵可夫斯基求和等方法进行聚合处理。灵活性边界刻画的方法大致可分为两类，一是采用代数几何的方法构建需求侧资源的灵活性边界，二是利用多层或者多阶段优化的方法对需求侧资源的灵活性进行建模。

对于第一种方法，主要分为自上而下和自下而上两种形式。自上而下（top-down）就是直接对整体的灵活性特点进行描述。该方法主要是利用需求侧单元的概率特性对系统的整体灵活性进行刻画，难以用于不成熟的历史数据信息，且精确度不高。自下而上（bottom-up）从需求侧资源单体的设备灵活性进行描述，在表征多种需求侧资源的灵活性时更具有优势。考虑到需求侧资源种类繁多，资源结构的复杂性及物理特性的差异导致聚合过程难以简单累加，需要对设备级灵活性资源的外边界进行近似处理，建立统一的外边界表征形式。

虚拟储能模型是一种表征设备级需求侧资源物理特性的标准参数通用模型。相比于传统的基于多面体集合的半平面表征形式，采用虚拟储能或通用电池模型的方法对电动汽车、暖通空调等需求侧资源进行灵活性建模，之后再进行资源聚合。虚拟储能将功率和电能进行耦合，以电池模型参与优化调度，体现了其物理机制。从调度层级而言，相比于对单元级设备的功率可行域直接采用闵可夫斯基求和，VB模型通过一个整合的功率可行域表征集群的资源灵活性，可以大大减少优化求解过程中决策变量、等式、不等式约束个数，解决多个决策变量之间的耦合关系给计算带来的复杂性，有效简化了优化求解大规模设备的计算负担，同时其整合形式可以在合理的运行框架下降低用户用电信息暴露的风险。此外，其简明、通用的外表征特性也可应用于评估事前对电网提供辅助服务的收益及其灵活性的可视化展示。

构建需求侧资源的聚合模型首先将各种时间耦合的灵活性资源表征为 VB 模型，然后对 VB 模型的边界参数进行松弛的闵可夫斯基求和。下面对该方法进行说明。

单个设备的 VB 模型形式如下：

$$P_{i,t}^{\text{EVmin}} \leqslant P_{i,t}^{\text{EV}} \leqslant P_{i,t}^{\text{EVmax}}$$
$$E_{i,t}^{\text{EVmin}} \leqslant E_{i,t}^{\text{EV}} \leqslant E_{i,t}^{\text{EVmax}} \qquad (5-6)$$
$$E_{i,t+1}^{\text{EV}} = E_{i,t}^{\text{EV}} + P_{i,t}^{\text{EV}} \Delta t$$

式中：$P_{i,t}^{\text{EVmin}}$ 和 $P_{i,t}^{\text{EVmax}}$ 分别为 VB 模型功率时移的上、下限；$E_{i,t}^{\text{EVmin}}$ 和 $E_{i,t}^{\text{EVmax}}$ 分别为 VB 模型电能时移的上、下限。

对于温控负荷等类储能设备，其机理模型本身并不是电池模型，然而其物理特性与电池模型具有相似性，因此二者的数学模型本质上相同，可以等效转化为通用模型。

以 HVAC 作为典型温控负荷作为说明。考虑室内温度范围、室外温度变化以及 HVAC 物理特性、楼宇建筑属性等因素，将 HVAC 等效成 VB 模型，HVAC 的 VB 建模原理如图 5-22 所示。一方面，把室内温度上、下限与电池容量的下、上限等效；另一方面，把室内温度到达用户舒适度上限与电池电能耗尽等效；把室内温度到达用户舒适度下限与电池电能充满等效。举个例子，以环境温度高于室内温度为前提，当 HVAC 制冷量做功，使室内温度降低，即相当于 VB 电能上升；当环境温度高于室内温度，根据热力学第二定律，物体两端的温度差使热量从高温流向低温，室内温度上升，即减少 VB 的电能。为了进一步更好地比拟电池，将考虑占空比的 HVAC 混合模型中求解得到的平均功率作为在 VB 模型中衡量电池充放电的功率基准值，当大于基准值时，则代表充电，反之为放电。

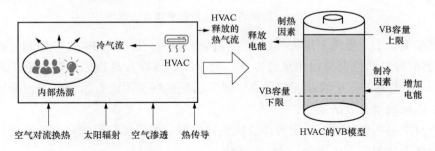

图 5-22　HVAC 的 VB 建模原理

将各类具有时耦特性需求侧资源表示为 VB 模型后，通过松弛的闵可夫斯基求和方法进行聚合。松弛的闵可夫斯基求和方法对于调度层面而言是精确的，下面以含两个具有时耦特性的灵活性资源两时段（k，$k+1$）调度问题为例说明其准确性，其原理如图 5-23 所示。

采用上述方法聚合后的通用 VB 模型如下：

$$P_t^{\min} \leqslant P_t \leqslant P_t^{\max}$$
$$E_t^{\min} \leqslant E_t \leqslant E_t^{\max} \qquad (5-7)$$
$$E_{t+1} = E_t + P_t \Delta t$$

对于第二种方法，主要是先对下层资源进行聚合，刻画出灵活性的运行边界模型；然后通过求解相应的优化问题来确定灵活性边界模型的参数，从而得到下层资源聚合后

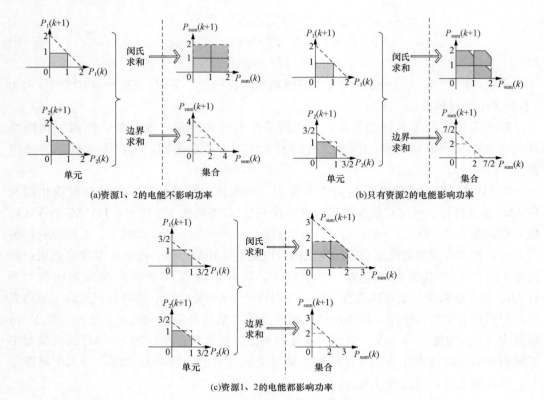

(a)资源1、2的电能不影响功率　　　　　　　　(b)只有资源2的电能影响功率

(c)资源1、2的电能都影响功率

图 5-23　松弛的闵可夫斯基求和方法原理

的可行域模型；最后考虑下层资源以聚合整体的身份接受上层的调度和控制，形成一种多层级/多阶段灵活性资源量化聚合方案。由于受到规模和处理难度的影响，通常需要在配电网-输电网的双层协调调控研究中对下层配电网资源进行聚合。下面介绍几种常见的基于优化的聚合方法案例。

（1）对配电网各种可响应资源建立线性化模型，然后加和得到一个带有上、下限约束的有功和无功的多面体集合。

$$F = \{x = (P \quad Q)^{\mathrm{T}} \in R^2 : Ax \leqslant b\} \tag{5-8}$$

式中：F 为一个多面体集合在 R^2 上的映射；P、Q 分别为配电系统整体的有功和无功功率；$Ax \leqslant b$ 为与配网中各个资源出力相关的约束。

然而，为了得到配电网整体的灵活性区间模型，一般考虑把单个设备的复杂约束消去，通过一个时移的椭球模型来近似逼近式（5-8）。不同于一般情况下的多面体，采用椭球模型刻画边界可以由五个特征常数参数得到整个灵活性资源聚合边界。为了近似逼近并确定模型中的常数参数，需要求解一类半定规划问题。该优化问题通常以椭球的总体积最大为优化目标，见式（5-9），最后得到的常系数椭球模型描述了配电网资源整体的聚合域。

$$f = \overset{\max}{B_k, d_k, \Delta B_p, \Delta B_q, \Delta B_{\mathrm{par}}^-, \Delta B_{\mathrm{par}}^+} \left\{ \sum_{k=1}^{N} \mathrm{Det}(B^k) \right\} \tag{5-9}$$

式中：B_k 和 d_k 分别为一个正半无限矩阵和一个向量，该向量定义了一个可行的

PQ 椭圆体；ΔB_p、ΔB_q、ΔB_{par}^-、ΔB_{par}^+ 为随时间变化的椭圆体集合模型的调整矩阵。

（2）同时考虑配电网的潮流约束和用户愿意支付的参与需求响应最大成本，通过一个优化问题确定不同最大成本下配电网节点的 PQ 灵活性成本图，如图 5-24 所示。该方法可以估计灵活性区域的整个边界，并且可视化了需求侧资源聚合后的灵活性对实际运行点的影响。

灵活性区域不仅仅通过配电网中灵活性资源提供的灵活性来定义，如图 5-24 中所示较大的矩形。配电网的潮流与拓扑也会影响灵活性区域，如图 5-24 中所示较小的矩形。此外，有功功率和无功功率之间的耦合作用会导致一个形状完全不同的不规则灵活性区域，如图 5-24 中所示最深色区域。

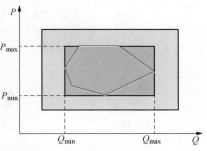

图 5-24　PQ 灵活性成本图构造原理

5.4　需求侧资源互动技术

相对于改造比例逐步降低的常规机组灵活性，电动汽车（electric vehicle，EV）、温控负荷等需求侧资源呈现出快速精准的动态响应能力及可观的集群容量，需求侧资源与大电网友好互动成为解决大规模新能源发电并网下系统调峰、调频问题的新思路。

本节考虑新型电力系统调峰、调频的实际需求，构建需求侧资源参与大电网互动的框架，提出需求侧资源与大电网互动的基本策略，研究调峰、调频辅助服务市场规则，构建需求侧资源支撑新型电力系统调峰、调频辅助服务模型，提出需求侧资源参与调频辅助服务的控制策略。

5.4.1.1　互动框架与基本策略

随着国内辅助服务市场规则的日渐完善，聚合主体提供的备用能力符合市场准入规则后，可以参与辅助服务市场，提高自身收益。由于需求侧资源单体的容量有限，且参与辅助服务市场的主体可调节容量需达到市场准入门槛，因此，负荷聚合商、虚拟电厂等主体聚合代理区域内需求侧资源，作为代理商参与能量市场和辅助服务市场。在此场景下，需求侧资源参与大电网互动的框架如图 5-25 所示，基本策略如图 5-26 所示。日前，聚合主体向调度中心申报次日参与能量市场的基准功率与参与备用市场的可调节容量。日前制订的基准功率曲线反映聚合主体次日的用电需求，可调节容量反映需求侧资源的备用能力。基于需求侧资源的时间分布特性，以及对市场价格、调控信号等信息的预测，聚合主体以最大化收益为目标制订申报计划。市场运营机构根据市场参与主体的申报计划出清，电网调度中心根据市场出清结果下发调度指令。实时运行时，聚合主体根据电网调度中心发送的调度指令以及需求侧资源的运行状态,对调度功率进行动态分解。

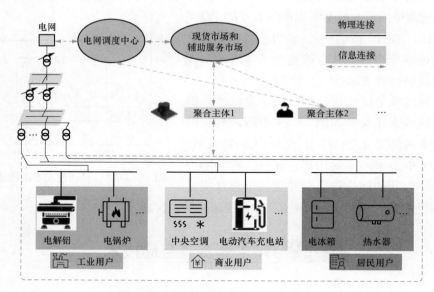

图 5-25　需求侧资源参与大电网互动的框架

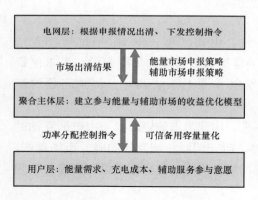

图 5-26　需求侧资源参与大电网
互动的基本策略

5.4.1.2　调峰辅助服务

1. 需求侧资源参与调峰辅助服务市场政策

在我国,传统的调峰辅助服务主要由水电与火电机组提供,由省级及以上电力调度机构调管的并网发电厂提供。在当今的能源形势下,传统的并网发电厂已难以满足体量不断增大的电网需求。随着分布式新能源数量的不断增加,包括风电场、光伏电站和生物质发电厂等也逐渐进入市场化管理,电力系统面临更大的供需不平衡问题。为了解决以上困境,考虑需求侧资源潜力,通过激励手段鼓励需求侧资源主动参与调峰辅助服务,进而提高新能源消纳水平,保障电网安全稳定运行。

国网华东分部、西北分部、华中分部、华北分部等以市场机制引导,围绕源网荷储资源参与电网运行调节开展了深入研究,完成了相关市场机制研究设计及市场规则起草,开展了储能电站、电动汽车充电桩运行数据信息接入调度端工作,修订并印发了引导新型主体参与调峰辅助服务市场的运营规则。例如,2020 年 11 月,华北能源监管局印发了《第三方独立主体参与华北电力调峰辅助服务市场规则(试行,2020 版)》,进一步深化华北电力调峰辅助服务市场建设,运用市场机制激励第三方独立主体提供调峰资源,充分挖掘包括分布式储能、电动汽车、电采暖、虚拟电厂等负荷侧调节资源以及发电侧储能在内的第三方独立主体的调峰潜力。2021 年 12 月,华中电力调峰辅助服务市场建立储能装置、电动汽车充电桩及负荷侧各类可调节资源参与电网运行调节和提供电力辅助服务的长效机制，明确了新型市场主体可结合自身实际情况参与华中电力调峰辅助服务市场的日前、日内省间调峰辅助服务交易。

2. 需求侧资源参与调峰辅助服务市场建模

聚合主体参与调峰市场可以获得收益，也需要承担从电网购电的成本，对于聚合主体而言，通常在给定基准功率和调峰补偿价格下，以最小化净运行成本为目标，构建需求侧资源参与调峰辅助服务市场决策模型，目标函数可表示如下：

$$F = \min \sum_{t=1}^{T} \left[\pi_t P_t - \pi_t^{\text{plr}} (P_t - P_t^{\text{base}}) \right] \Delta t \tag{5-10}$$

式中：π_t 为聚合主体向电网购电的电价；π_t^{plr} 为调峰补偿价格；P_t 为聚合主体功率；P_t^{base} 为给定基准功率。

不同市场制订规则可能不同，在华北市场中，第三方主体基准功率曲线需基于该资源的历史运行功率数据、历史用电量数据，以及同类型资源的普遍运行规律，采用数学拟合方法确定，例如电采暖资源可以按初冬、深冬、供热末期等时间周期对应的运行特性制订多个基准功率。

5.4.1.3　调频辅助服务

电力系统频率调整是指为了使电力系统频率的变动保持在允许偏差范围内而对发电机组有功出力进行的调整，是保证供电质量的一项重要措施。按照分类可以分为一次调频和二次调频。一次调频是指由发电机组调速系统的频率特性所固有的能力，其特点是频率调整速度快，但调整量随发电机组不同而不同，调整量有限，值班调度员难以控制。二次调频是指当电力系统负荷或发电出力发生较大变化时，一次调频不能恢复频率至规定范围时采用的调频方式，可分为手动调频和自动调频。

需要说明的是，调频辅助服务是指调频响应资源在一次调频以外，通过自动发电控制（AGC）功能在规定的出力调整范围内，跟踪电力调度指令，按照一定调节速率实时调整发电出力，以满足电力系统频率和联络线功率控制要求的服务，即为系统提供二次调频，也可简称 AGC 调频。

1. 需求侧资源参与调频辅助服务市场政策

随着我国电力市场建设的快速推进，以中长期市场、电力现货市场和辅助服务市场为构架的电力市场体系逐步形成，江苏、广东等多地先后出台了调频辅助服务市场交易实施细则，允许聚合商汇集总量达到一定规模的需求侧响应资源参与调频市场交易。2018 年，山西调频辅助服务市场进入正式运行；山东、福建、广东调频辅助服务市场启动试运行。2019 年，甘肃、四川调频辅助服务市场进入试运行。2020 年，福建调频辅助服务市场于 4 月转入正式运行，江苏调频辅助服务市场于 7 月启动试运行，蒙西完成现货电能量市场与调频辅助服务市场联合调电试运行，云南调频辅助服务市场于 10 月启动模拟试运行。2021 年 1 月，全国首个区域调频辅助服务市场——南方区域调频辅助服务市场正式启动试运行。我国部分可参与 AGC 调频的需求侧资源见表 5-6。

表 5-6 部分可参与 AGC 调频的需求侧资源

工业用户	商业用户	居民用户
水泵	中央空调	空调
电解铝	供暖设备	冰箱
电锅炉	冷库	烘干机
通风设备	通风设备	热水器
污水处理	电动汽车充电站	电动汽车充电桩

2. 需求侧资源参与调频辅助服务市场方法研究

(1) 新型调频资源特性。新型调频资源主要有储能系统、可再生能源及需求侧资源。储能系统跟踪指令能力强，但单向调节持续时间受能量限制。可再生能源调节容量大、调节性能随工况变化，调节成本相对低，但参与调频辅助服务会导致能量市场收益受损，主要问题是其调节能力具有不确定性。电网中的需求侧资源广泛分布在工业用户、商业用户和居民用户中，部分可参与 AGC 调频的需求侧资源见表 5-6。由于不同类型需求侧资源具有不同的规模和调节特性，其调频潜力与经济性差异较大。工业负荷调节容量大、调节速率与负荷类型相关，调节成本与负荷特性相关，控制中心可直接发送指令至工业负荷。商业、居民负荷调节性能取决于负荷类型和控制模式，调节成本一般，控制中心发送指令至聚合主体，聚合主体分配指令至单个负荷。

(2) 需求侧资源参与电能量与调频辅助服务市场建模。在参与调频时，聚合主体需在日前上报其分时段可调节容量，每时段聚合主体可上调/下调的功率不超过该可调节容量。聚合主体考虑需求侧资源用电需求，联合优化能量市场用电量与辅助服务市场的可调节容量，以日前优化调度费用和日前调频辅助服务市场获得经济收益之差最小为优化目标，具体表达形式如下：

$$F = \min \sum_{t=1}^{T} \left[\pi_t^{\text{eng}} P_t^{\text{eng}} \Delta t - (\pi_t^{\text{reg,cap}} R_t \eta_t + \pi_t^{\text{reg,mil}} M_t \eta_t) \right] \qquad (5-11)$$

式中：T 为一天总时段数；π_t^{eng} 表示日前能量市场出清价格；$\pi_t^{\text{reg,cap}}$、$\pi_t^{\text{reg,mil}}$ 分别表示调频市场容量价格、里程价格；P_t^{eng} 为第 t 个时段聚合主体的功率；R_t 为第 t 个时段上报的调频容量；M_t 为第 t 个时段调频里程；η_t 表示时段 t 内的运行准确度。

在不同调频辅助市场中，调频里程、运行准确度计算方法不同。

聚合主体可将需求侧资源分成灵活性资源与非灵活性资源两类。对于聚合主体整合的灵活性资源进行日前调度优化时，需要考虑灵活性资源的可调节容量约束。申报的调频容量应满足提供调频备用时规定的容量需求，同时，小于其可提供的最大可调节容量。

3. 需求侧资源参与调频辅助服务控制策略

(1) 调频信号分解。由于发电机转动惯量大，面向需求侧负荷的快速随机扰动，其不能及时响应并维持系统频率稳定，反而会造成调速器电动机和汽轮机阀门的不必要磨损。通常的方法是以降低响应速度为代价，用低阶滤波器来减小噪声，并用平滑的区域控制偏差（area control error，ACE）控制发电出力。

当需求侧快速调频资源参与调频时，AGC 系统根据其充放电功率快速调节特性，充分发挥其作用。

如图 5-27 所示，通过巴特沃斯低通滤波器对经过 PI 控制器产生的调频信号在频域上进行分解。设巴特沃斯低通滤波器的传递函数为 $H(\omega)$，巴特沃斯低通滤波器可用频率振幅的平方表示：

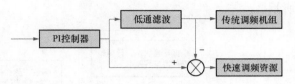

图 5-27　快速调频侧资源参与 AGC 调频示意

$$|H(\omega)|^2 = \frac{1}{1+(\omega/\omega_c)^{2n}} \tag{5-12}$$

式中：ω 为信号频率；ω_c 为截止频率；n 为滤波器阶数，阶数越高，在阻频带振幅衰减速度越快。

调频信号经过滤波器可分解成低频信号与高频信号，低频信号由传统调频机组实施，高频调频信号则由快速调频资源完成调频需求。

（2）需求侧资源参与 AGC 调频的控制策略。需求侧资源在参与 AGC 调频时，需要先考虑用户需求，再考虑其辅助调频。首先对需求侧资源进行特性分析，可根据需求侧资源用户的负荷特性、用户意愿等进行调控集群划分。然后，针对不同调控集群，分别进行可调节容量计算。最后，根据可调节容量进行调频功率分配实现需求侧资源参与 AGC 调频控制，并进行检查校验。

以电动汽车为例，可根据电动汽车的 SOC 水平，设定阈值 SOC_b，将电动汽车分为两类：第一类 EV 的 SOC 水平低于阈值，以单向充电状态参与系统调频；第二类 EV 的 SOC 水平高于阈值，以 V2G 状态参与电网调频。

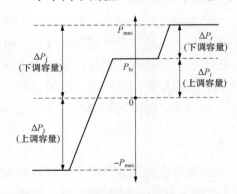

图 5-28　单辆电动汽车可调节容量

电动汽车在两种状态下可参与 AGC 调频控制的容量是不同的，需要分别计算其可调节容量，单辆电动汽车的可调节容量如图 5-28 所示。图中，设处于单向充电状态下的 EV 群为 EVs_1，每辆车单体可调节容量为 ΔP_i，P_{max} 为充电桩充放电功率限制，P_{bi} 为 EVs_1 中第 i 辆电动汽车的充电基准功率，即不参与调频时的充电功率，集群可调度容量为 C_{ap1}；处于 V2G 状态下的 EV 群为 EVs_2，数目为 n_2，每辆车单体可调节容量为 ΔP_j，集群可调度容量为 C_{ap2}。

在上述所得可调节容量的基础上，根据两个电动汽车集群的调频能力，按照容量比例分配调频信号。在聚合主体计算两个 EV 集群的总调频功率后，分别在 EVs_1 与 EVs_2 中根据各电动汽车的 SOC 高低确定单个电动汽车承担的调频功率，并通过充电桩向电动汽车发送信号。各电动汽车根据接收到的信号，在充电基准功率上进行功率调整。当系统频率上调时，EV_{S_1} 降低充电功率且 EV_{S_2} 放电，SOC 越高的车辆优先级越高，承担的调频任务越重；当系统频率下调时，EV_{S_1} 增大充电功率且 EV_{S_2} 充电，SOC 越高的车辆优先级越低，承担的调频任务越小。电动汽车参与 AGC 调频控制策略流程如图 5-29 所示。

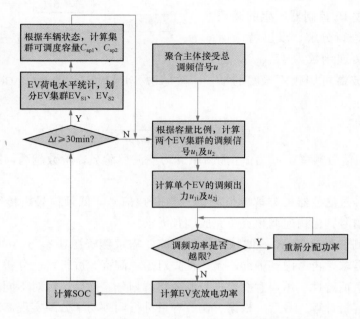

图 5-29　电动汽车参与 AGC 调频控制策略流程图

5.4.2　需求侧资源与配电网友好互动

近年来，可再生能源发电装机容量迅速增长，包括电动汽车、蓄热式电锅炉等大量新型负荷涌入电力系统，配电网的安全与稳定运行面临巨大挑战，供电可靠性降低、电压失稳、重过载与网损增大等配网问题日益严重。配网扩容可以在一定程度上解决上述问题，然而这又将面临扩建周期长、成本高且系统闲置率明显提高等问题，亟需寻找新的应对方法与措施。下面将分析配电网存在的问题，提出主动配电网的理念，并介绍一种需求侧资源与配电网友好互动方式。

5.4.2.1　配电网发展现状与问题

配电网是指从输电网或地区发电厂接受电能，通过配电设施就地分配或按电压逐级分配给各类用户的电力网。配电网是由架空线路、电缆、杆塔、配电变压器、隔离开关、无功补偿器及附属设施等组成的起分配电能作用的网络。分布式电源是一种位于需求侧的电源，靠近用户需求，可以实现即发即用，避免远距离的网络传输，从而减少传输过程中的成本与损失。配电网与分布式电源的结合在一定程度上可以缓解供需不平衡，提高电力供应的可靠性与配电网优化调度的灵活性，减轻输电网的压力，从而降低电力网络建设的投资。然而，快速增长的分布式电源对配电网也存在着负面影响，具体表现在以下三个方面。

（1）电能质量。分布式电源涌入配电网系统后对配电网的电能质量影响主要体现在谐波污染、电压波动等方面。分布式电源多为直流电，其并入配电网必须通过电力电子设备。电力电子设备可以实现直流电与交流电设备之间的连接，例如逆变器基于 PWM 技术可以将直流电调制成交流电，但在高频交流电的调制过程中容易产生谐波，并网后谐波难以消除与治理，这将会影响配网的运行参数，对电力系统与电力用户造成难以估计的损失。另外，分布式电源的并网也会造成配网电压的波动，不同电压节点的负荷需求与分布式电源的空间分布不同，并且分布式电源的输出功率随机性较强，波动较大，从而造成配电网节点电压的波动，影响配电网的电压质量。

（2）运行控制。在光照强度、温度等不确定因素的影响下，并入配电网的大量分布式电源实时输出功率将出现大幅波动；而目前针对分布式电源出力的预测技术还不够成熟，难以精准预测其出力情况，影响配电网对分布式电源的有效利用。电力系统的运行调度计划需要考虑分布式电源的影响，传统发电计划与无功调度控制策略不再适用，运行控制的难度随之提高。

（3）孤岛效应。分布式电源并入配电网后，可在配电网发生故障时支撑局部地区的正常供电。但当配电网发生短路故障导致解列时，分布式电源装置目前没有较好的检测方法，其在配电网解列后仍然向配电网供电，导致孤岛效应。孤岛中的电压和频率无法控制，可能会对用户的设备造成损坏，孤岛中的线路仍然带电会对维修人员造成人身危险等。此外，局部区域供电造成的孤岛电网与配电网主网非同步重合闸将造成操作过电压，对设备及电网的安全运行造成威胁。

为了适应分布式电源的发展，促进需求侧资源与配电网的友好互动，提出了主动配电网的概念。主动配电网是采用主动管理分布式电源、储能设备和客户双向负荷的模式，具有灵活拓扑结构的公用配电网。对比传统配电网，主动配电网是可控的，在实时获取全网运行状态的情况下，综合利用可控的分布式电源、灵活的网络结构（如各类开关）及电压调节设备（如无功补偿装置），通过主站管理系统的调控实现配电网安全稳定经济运行和故障情况下的有效恢复。同时主动配电网能结合用户侧需求，综合优化计算最好的运行方式。需求侧资源参与调节对提高可再生能源的利用率起到积极作用。主动配电网若能充分利用和调度需求侧资源，就能协调供电侧与需求侧响应并建成灵活运行的主动配电网。

5.4.2.2　交互能源的概念与典型属性

交互能源的概念，目前较为认可的定义来自智能电网架构委员会（grid wise architecture council，GWAC），其认为，交互能源是通过融合经济手段和电网控制手段，利用"价值"作为协调手段，以达到系统平衡的一种机制。从基本概念可观察到，交互能源机制不是一个新的概念。交互能源是一个不断发展和完善的机制，且已有部分国家或区域电力系统的能源交易与管理初步采用了交互能源方法，如北欧电力市场的日前能源交易。该机制为解决配电网所面临的问题提供了一种新思路。

交互能源机制的典型属性包括以下几项：

（1）交互能源机制支撑下的系统（简称为交互能源系统）交易主体（transacting parties）要明确。电力系统中的交易主体一般包括传输系统操作者、配电系统操作者、售电商、集群管理员等，交易主体的确立方可保证相关的交易行为与附带服务的顺利实现。

（2）交易的商品（transacted commodities）和交易行为（transaction）。在交互能源系统中，必须清晰地定义交易的商品和交易行为，例如，交易的商品可以是电力能源，或是相关的辅助服务、需求侧的灵活性等，而交易行为则要清晰地定义需要交换的信息、达成一致性的机制等。

（3）交易主体间对于信息理解的互操作性（interoperability），也就是对于交易行为中的交互信息，交易主体双方或多方应理解其内容。

（4）价格发现机制（value discovery mechanism）。交易主体间对交易的商品价值应达成一致，其可通过价格、满意程度或者其他形式体现，但总体目标是形成一致的价值认知。

交互能源机制的工作原则包括以下内容：

（1）交互能源系统需协调若干自主交易主体所负责的子系统实现运行功能。

（2）交互能源系统在实现分布式能源优化接入时，应保证系统的可靠性。

（3）交互能源系统应无差别对待符合条件的参与主体。

（4）交互能源系统中，各交互主体交互接口的信息应是可观测和可审计的。

（5）交互能源系统的设计和运行应具有易扩展性与可适应性，也就是便于大规模分布式能源的随时接入。

（6）交互主体有责任以及能力保证其承诺的交易行为可实现。

5.4.2.3　交互能源机制下配电网运行框架

交互能源机制支撑的配电网系统参与方一般包括配电系统管理员（distribution system operator，DSO）、集群管理员、需求侧用电用户等，而按照交易平台参与主体类型分类，可将其分为平台管理员与系统管理员（如配电系统管理员）、传输服务方（配电网络所有者）、中间商主体（如售电商、集群管理员），以及需求侧产用能主体（一般用电用户与产消者）。交互能源系统的交易平台需要为不同类型的参与主体提供功能与服务。

当大量分布式电源接入配电网，传统的调度方式将难以适应，而交互能源机制因其实现方式具有分布式控制特点具有较高的应用价值。具体来说，交互能源机制具有以下优势：①支持分布式控制，可用于协调大规模分布式能源在配电网的接入；②分布式控制同时考虑了经济因素，可保证参与个体获得较高且公平的经济效益；③可使电网公司全权负责电网安全运行，降低电网公司运行难度的同时提高了用户产用能的自主性。

如图 5-30 所示，需求侧资源与配电网的友好互动分为三层框架。下层为需求侧资源的终端设备，其中包括储能设备、智能楼宇、分布式光伏与电动汽车充电桩等。中间层为需求侧资源的聚合主体，主要包括虚拟电厂、电动汽车聚合商与负荷聚合商等，聚合主体提供能源服务并与 DSO 以及价格管理员协调服务价格。聚合主体从用户收集信息，制订最佳的充电计划，初始充电计划将与 DSO 共享以形成基线（基线通常定义为在没有需求响应事件的情况下客户本来会消耗的电力估计值）。如果没有潜在的电网运行安全问题，DSO 将接受聚合主体的初始计划；否则，此基线将用于功率调整时的成本函数。上层是 DSO 和价格协调员，DSO 需要与聚合主体和价格协调员进行交互，与聚合主体和价格协调员交换配电网节点信息，并响应价格协调员设定的价格。此外，DSO 会被告知聚合主体的初始充电计划，因为其在响应价格协调员设定的价格时继续跟踪充电计划，负责对多主体的资源进行统一调控，保证配电网整体的安全运行。价格协调员是确定影子价格的授权实体，并促进 DSO 和聚合主体之间的交互，以在配电网的每个节点上达到平衡。

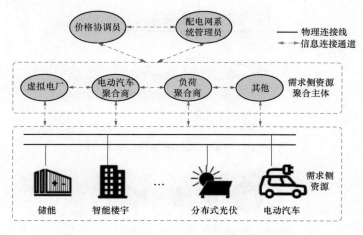

图 5-30　交互能源机制下的配电网运行框架

5.4.2.4　交互能源机制下的需求侧资源与配电网互动模型

本节将以电动汽车为例，详细介绍交互能源机制下需求侧资源与配电网互动过程。

首先，从聚合商的角度出发，以充电成本最小为目标优化电动汽车充电计划。聚合商得到所有电动汽车全时间段的充电计划，与 DSO 交互时，聚合商上报不同配网节点消耗的功率。DSO 负责检查聚合商的充电计划是否会导致网络拥塞。如果不存在，则聚合商的充电计划将被接受；如果存在拥塞，DSO 将生成拥塞价格，DSO 与聚合商通过信息交互与反馈实现功率计划的修正，具体流程如图 5-31 所示。

交互能源机制的实现方式一般为分布式，因此，需通过次梯度等分布式算法实现，考虑到算法的复杂度，本章节不再进一步介绍。本节所提交互能源机制在最大限度降低聚合商成本、减少功率损耗的同时，减轻了对配电系统运营商的影响，为实现需求侧资源与配电网友好互动提供新方法。

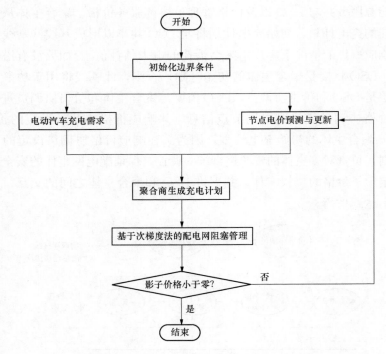

图 5-31 电动汽车与配电网互动流程图

思 考 题

1 试阐述新型电力系统的特征和面临的挑战有哪些。

2 请列举典型的需求响应资源，并简要分析其特性。

3 请分析为什么需要对需求响应资源进行聚合？并给出相关聚合技术。

4 请列出电动汽车充电成本最小的基本数学模型。

参 考 文 献

[1] 王宣元，高洪超，张浩，等．面向新型电力系统的灵活资源聚合技术应用场景分析及建设启示 [J]．电力需求侧管理，2022，24（01）：73-80.

[2] 卫璇，潘昭光，王彬，等．云管边端架构下虚拟电厂资源集群与协同调控研究综述及展望 [J]．全球能源互联网，2020，3（06）：539-551.

[3] 赵昊天，王彬，潘昭光，等．支撑云-群-端协同调度的多能园区虚拟电厂：研发与应用 [J]．电力系统自动化，2021，45（05）：111-121.

[4] 仪忠凯，许银亮，吴文传．考虑虚拟电厂多类电力产品的配电侧市场出清策略 [J]．电力系统自动化，2020，44（22）：143-151.

[5] 吴界辰，艾欣，胡俊杰．需求侧资源灵活性刻画及其在日前优化调度中的应用 [J]．电工技

术学报，2020，35（09）：1973 - 1984.

［6］吴界辰，艾欣，胡俊杰，等 . 计及不确定因素的需求侧灵活性资源优化调度［J］. 电力系统自动化，2019，43（14）：73 - 80＋89.

［7］本报评论员 . 准确把握新型电力系统的内涵特征［N］. 国家电网报，2021 - 07 - 20（001）.

［8］舒印彪，陈国平，贺静波，等 . 构建以新能源为主体的新型电力系统框架研究［J］. 中国工程科学，2021，23（06）：61 - 69.

［9］胡泽春，罗浩成 . 大规模可再生能源接入背景下自动发电控制研究现状与展望［J］. 电力系统自动化，2018，42（08）：2 - 15.

［10］李家壮，艾欣，胡俊杰 . 电动汽车参与电网二次调频建模与控制策略［J］. 电网技术，2019，43（02）：495 - 503.

［11］TAHERI S，KEKATOS V，VEERAMACHANENI H，et al. Data - driven modeling of aggregate flexibility under uncertain and non - convex load models［J］. arXiv preprint arXiv：2201.11952，2022.

［12］KOCH S，MATHIEU J L，CALLAWAY D S. Power systems computation conference，August 2011［C］. California：Engineering，2011.

［13］ZHAO L，HAO H，ZHANG W. 2016 IEEE 55th Conference on Decision and Control（CDC），December 12 - 14，2016［C］. Las Vegas，NV，USA：IEEE，2016.

［14］MÜULLER F L，SUNDSTRÖM O，SZABÓ J，et al. 2015 54th IEEE Conference on Decision and Control（CDC），December 15 - 18，2015［C］. Osaka，Japan：IEEE，2015.

［15］MÜLLER F L，SZABÓ J，SUNDSTRÖM O，et al. Aggregation and disaggregation of energetic flexibility from distributed energy resources［J］. IEEE Transactions on Smart Grid，2017，10（2）：1205 - 1214.

［16］HAO H，WU D，LIAN J，et al. Optimal coordination of building loads and energy storage for power grid and end user services［J］. IEEE Transactions on Smart Grid，2017，9（5）：4335 - 4345.

［17］HU J，YANG G，BINDNER H W，et al. Application of network - constrained transactive control to electric vehicle charging for secure grid operation［J］. IEEE Transactions on Sustainable Energy，2016，8（2）：505 - 515.

第 6 章

CCUS技术及其在
电力行业的应用

6.1　CCUS 基本问题

6.1.1　CCUS 概述

二氧化碳捕集、利用与封存（CO_2 capture，utilization and storage，CCUS）技术是一项具有大规模减排潜力的关键性技术，对推进国内绿色低碳发展和全球中长期应对气候变化都具有重要意义。

CCUS 是指将 CO_2 从工业过程、能源利用等排放源或大气中分离出来，经过捕集和压缩，运输到特定地点加以利用或注入储层封存，以实现将 CO_2 与大气长期分离的技术。该技术不仅可以通过实现化石能源低碳利用，促进钢铁、水泥等难减排行业的深度减排，还可在满足碳约束条件下保持燃煤发电系统的灵活性，保障电力安全稳定供应，是我国实现碳达峰碳中和目标不可或缺的重要技术。CCUS 技术按流程分为 CO_2 捕集、输送、利用和封存等环节。

CO_2 捕集是指从工业生产、能源利用或大气中分离、收集 CO_2 的过程。根据碳捕集与燃烧过程的先后顺序，主要分为燃烧前捕集、燃烧后捕集和富氧燃烧捕集技术。其中，以燃烧后捕集方式应用最广、技术最为成熟。

CO_2 输送是指将捕集的 CO_2 运送到利用或封存地的过程，是捕集、封存和利用阶段间的必要连接。根据运输方式可分为罐车运输、船舶运输和管道运输。当前主要通过管道运输压缩的 CO_2，但是在海运便利的地方，液态 CO_2 也可以通过船舶输送。

CO_2 利用是指通过工程技术手段将捕集的 CO_2 实现资源化利用的过程。在减少 CO_2 排放的同时实现能源增产增效、矿产资源增采、化学品转化合成、生物农产品增产利用和消费品生产利用等，具有一定的经济效益，有助于降低 CCUS 技术的总体成本。

CO_2 封存是指通过工程技术手段将捕集的 CO_2 注入深部地质储层，实现 CO_2 与大气长期隔绝的过程。地质封存是目前应用最广泛的碳封存技术，适宜 CO_2 地质封存的结构一般包括海底盐沼池、衰竭油气藏、煤层和盐水层等地质体。

此外，还可以通过化学反应将 CO_2 转化成无机矿物和碳酸盐，从而达到几乎永久性的储存，但这项技术的长期安全性和可靠性目前仍有待进一步探索。

6.1.2　全球 CCUS 技术应用现状

近年来，全球范围内 CCUS 商业项目数目逐步增多、规模逐步扩大，发展势头良好。根据全球碳捕集与封存研究院统计，截至 2020 年底，全球大规模商业 CCUS 设施共 65 个，其中 26 个正在运行。在运的商业 CCUS 设施平均运行年限为 12 年，每年可以捕集 CO_2 约 4000 万吨。在建与规划的 CCUS 商业项目正在由天然气处理和化工产业扩展到更多的领域，其中发电领域将成为 CCUS 应用的最主要行业，每年可捕集 CO_2 共

4292 万吨，占全部项目的 66%。

在大规模碳捕集工业示范项目上，加拿大、美国和欧洲等发达国家和地区走在世界前列。加拿大边界大坝（Boundary Dam）电站烟气 CO_2 捕集工程是全球首个燃煤电站每年百万吨 CO_2 捕集项目，于 2014 年 10 月正式投入运营，每年可捕集约 100 万吨 CO_2，通过管道输送至萨斯喀彻温省 Weyburn 油田，用于提高石油采收率。美国的佩特拉诺瓦（Petra Nova）项目是目前世界上最大的燃烧后碳捕集系统，于 2017 年投运，装机容量 240 兆瓦，每年捕集 140 万吨 CO_2 并用于提高石油采收率。澳大利亚 Gorgon 项目是目前世界上最大的地质封存项目，于 2019 年 8 月开始运行，每年捕集并封存 340 万～400 万吨 CO_2。日本 Osaki CoolGen 碳捕集示范项目于 2019 年 12 月开始测试，从 166 MW 的整体煤气化联合循环电厂中捕集 CO_2。英国的 Drax BECCS 试点项目是全球首个用于 100% 生物质能发电的碳捕集示范项目，2019 年投产，每天可捕获 1 吨 CO_2，如果能够扩大规模，可能实现负碳排放。

6.1.3 国内 CCUS 技术现状

1. 国内 CCUS 技术政策现状

2011 年以来，我国出台了一系列 CCUS 技术发展支持政策。国务院于 2011 年 12 月发布了《"十二五"控制温室气体排放工作方案》，明确提出在火电行业开展碳捕集试验项目，建设 CO_2 捕集、驱油、封存一体化示范工程；2012 年 3 月，国家发展和改革委出台《煤炭工业发展"十二五"规划》，明确指出支持开展 CO_2 捕集、利用和封存技术研究和示范。2013 年 2 月，为统筹协调、全面推进我国 CO_2 捕集、利用与封存技术的研发与示范工作，科学技术部印发了《"十二五"国家碳捕集利用与封存科技发展专项规划》；2016 年 8 月，国务院印发的《"十三五"国家科技创新规划》指明了 CCUS 技术进一步研发的方向；2016 年 11 月，国务院正式印发《"十三五"控制温室气体排放工作方案》，全面部署 2020 年之前我国控制温室气体排放的各项工作任务，提出开展碳捕集、利用和封存的试点示范；2019 年 5 月，"第五届中国 CCUS 技术国际论坛"上正式发布了《中国 CCUS 技术发展路线图（2019 版）》；2021 年 10 月，《中共中央 国务院关于完整准确全面贯彻新发展理念做好碳达峰碳中和工作的意见》和《2030 年前碳达峰行动方案》中明确指出：推进规模化碳捕集利用与封存技术研发、示范和产业化应用，集中力量开展低成本 CO_2 捕集利用与封存技术的创新。2022 年 1 月，国家发展改革委与国家能源局印发了《"十四五"现代能源体系规划》，指出要瞄准 CO_2 捕集利用与封存等前沿领域，实施一批具有前瞻性、战略性的国家重大科技示范项目，并在国家能源局与科学技术部联合发布的《"十四五"能源领域科技创新规划》中对其集中攻关和示范试验做出了具体部署。这一系列相关政策的制定与出台为 CCUS 技术创新和示范应用提供了重要支持与指导。

2. 国内 CCUS 技术应用现状

相比国外，我国 CCUS 项目起步较晚，已投运或建设中的 CCUS 示范项目多以石油、煤化工、电力行业小规模的捕集驱油示范为主。目前我国已建成数套 10 万吨级以上的 CO_2 捕集示范装置，覆盖了燃烧前、富氧燃烧以及燃烧后捕集三种方式。截至"十二五"末，我国碳捕集技术已经具备了大规模示范的条件，在"十三五"期间开展了一大批碳捕集利用工程示范。2019 年 4 月，国家能源投资集团鄂尔多斯 CCUS 示范项目已累计注入 CO_2 30 万吨，并完成一系列研究、试验；2019 年 5 月江苏华电句容发电有限公司 1 万吨碳捕集工程投运；2020 年 9 月由华能集团清洁能源技术研究院有限公司研发的国内首套 1000 吨/年的相变型 CO_2 捕集中试装置在华能吉林发电有限公司长春热电厂实现稳定运行；2021 年 6 月陕西国华锦界能源有限责任公司 15 万吨/年碳捕集和封存示范工程稳定运行，CO_2 捕集率达到 90％以上，纯度达到 99.5％以上；2022 年 3 月，国家能源集团江苏泰州发电有限公司年捕集量 50 万吨的 CO_2 捕集与资源化能源化利用技术研究及示范项目启动；2022 年 1 月 29 日，齐鲁石化 - 胜利油田百万吨级 CCUS 项目建成，成为我国首个百万吨级 CCUS 项目。

CCUS 作为新兴技术项目虽然投资主体更多元化，但目前技术及产业发展仍处于研发和示范阶段，在大规模示范、普及、应用方面存在许多问题，技术成熟度低、经济性不高、商业模式缺失制约着 CCUS 产业化进程，主要是为未来投资主体自身的碳中和转型进行技术探索或结合 CO_2 的下游应用做技术试点与研究。如海螺集团芜湖白马山水泥厂 5 万吨/年的 CCUS 项目生产出来的 CO_2 产品目前可广泛应用于焊接、食品保鲜、干冰生产、激光、医药等领域。

6.1.4　电力行业的 CCUS 特色

目前，电力行业的 CO_2 排放量占全球 CO_2 总排放量的 1/3，因此对电力行业进行脱碳是实现全球净零排放的关键。作为全球第二大能源来源，也是碳强度最高的化石燃料，煤炭燃烧产生的 CO_2 占 2021 年全球总排放量的 40％以上，达到 153 亿吨的历史新高。我国 CO_2 排放总量中电力行业贡献占比超过 40％，煤电作为我国当前主导能源，提供了中国 2/3 以上的一次能源和近 70％的电力，其 CO_2 排放在整个电力行业中占比超过 90％。

由于近 20 年来我国发电能力和工业生产水平的空前增长，CO_2 排放量逐年增加，2019 年达到 111 亿吨，接近世界总排放量的 1/3。现阶段我国约 50％的火力发电装机容量是在过去 10 年内建成的，85％是在过去 20 年内建成的，平均使用年限远低于发达国家，平均剩余经济寿命长达数十年，直接淘汰现有发电厂搁置成本较高。同时我国燃煤电厂技术成熟，世界领先，且调峰调频性能优异，是电力系统重要的灵活性资源。考虑到我国以煤炭为主体的资源禀赋，尽管未来可再生能源发电量会持续增加，但煤炭仍然在我国经济体系中占有重要地位，燃煤发电也将在我国电力系统发挥重要调节和安全保障作用，CCUS 改造是实现化石燃料清洁低碳利用的重要途径。

总体来看，我国 CCUS 项目的捕集技术已较为成熟，地质利用和封存部分的核心技术也取得了突破，CO_2 - 提高原油采收率（CO_2 - EOR）技术也进入了商业化应用初期阶段。在"双碳"目标和新的政策激励措施的支持下，新建CCUS项目一直在增加，技术成本也呈现下降趋势。但受制于经济性，许多计划中的项目没有取得明显进展，如果这些投资计划得以实现，将有望推动该技术继续沿着学习曲线发展，进一步降低技术成本。

实现"双碳"目标需要相关部门进行彻底的技术转型。然而考虑到煤炭对中国能源供应安全的支柱性作用，预计煤炭仍将在能源结构中长期占据较大份额。因此，CCUS作为化石能源绿色低碳转型的支柱之一，必须发挥核心作用。

综合经济合作与发展组织、国际能源机构和亚洲开发银行ADB提出的CCUS相关推广方案，并结合我国国情，可将我国火电行业CCUS早期发展目标拆分为四个方向（见图6-1）。

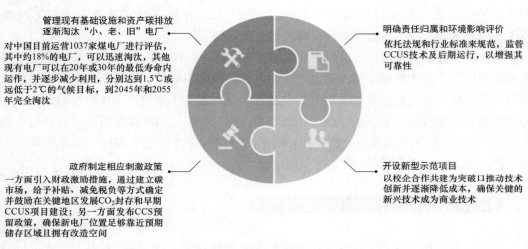

管理现有基础设施和资产碳排放
逐渐淘汰"小、老、旧"电厂
对中国目前运营1037家煤电厂进行评估，其中约18%的电厂，可以迅速淘汰，其他现有电厂可以在20年或30年的最低寿命内运作，并逐步减少利用，分别达到1.5℃或远低于2℃的气候目标，到2045年和2055年完全淘汰

明确责任归属和环境影响评价
依托法规和行业标准来规范，监管CCUS技术及后期运行，以增强其可靠性

政府制定相应刺激政策
一方面引入财政激励措施，通过建立碳市场，给予补贴、减免税负等方式确定并鼓励在关键地区发展CO_2封存和早期CCUS项目建设；另一方面发布CCS预留政策，确保新电厂位置足够靠近预期储存区域且拥有改造空间

开设新型示范项目
以校企合作共建为突破口推动技术创新并逐渐降低成本，确保关键的新兴技术成为商业技术

图6-1　中国火电行业CCUS早期发展目标

电力部门脱碳是实现2060年前达到碳中和目标的重点，若短期内迅速提升新能源电力占比，必将为电力系统的平衡、调节和支撑能力带来巨大压力。充分考虑到我国以煤为主的能源结构的现实情况和电力系统实现清洁低碳、安全可靠、经济高效的多重需求，CCUS作为化石能源低碳利用的"战略储备技术"，是碳中和背景下保持电力系统灵活性的重要技术手段，也是未来火电厂得以生存的重要技术路线。通过"煤电＋CCUS""气电＋CCUS"组合，不仅能够保留电力系统安全稳定运行不可缺少的顶峰能力和灵活调节能力，还可以实现电力领域的低碳、零碳排放，对我国中长期应对气候变化、推进低碳发展、保障能源电力安全具有重要意义。

6.2　CO_2捕集技术

目前，CO_2捕集技术主要有三种：燃烧前捕集技术（Pre-combustion）、富氧燃烧技术（Oxy-fuel combustion）和燃烧后捕集技术（Post-combustion）。其中，以燃烧后捕集方式应用最广、技术最为成熟。

　　燃烧前捕集技术是指燃料在燃烧前将其中的含碳组分分离出来，其主要用于整体煤气化联合循环系统中。具体过程为：在燃料燃烧前将其在高压条件下通过富氧气化变为煤气，再经过水煤气变换后将 CO 转变为 CO_2 和 H_2，随后对 CO_2 分离回收，剩下的 H_2 则作为燃料用于发电。该技术的捕集系统较小，且在效率和对污染物的控制方面有很大的潜力，是非常具有发展前景的碳捕集路线之一。

　　富氧燃烧技术是基于传统燃煤电厂的技术流程，通过对燃料燃烧过程的条件进行优化的 CO_2 捕集技术。在该技术中，首先将空气中的 N_2 分离以得到高浓度的 O_2，随后将富氧通入燃烧系统和燃料混合、燃烧，燃烧后的部分烟气再循环至燃烧系统代替空气作为氧化剂，最终得到含有高浓度 CO_2 的烟气。采用富氧燃烧技术得到的烟气 CO_2 浓度可高达 95％，因而可不必对 CO_2 进行分离，只需将水蒸气脱除便可直接进行压缩处理和封存。与以空气作为氧化剂的传统燃烧系统相比，富氧燃烧系统产生的烟气量小、CO_2 浓度高且锅炉的排烟热损失小、效率高。该技术的关键在于高纯氧的制备，制备氧气需要对传统工艺进行改造，这将大幅增加设备成本，同时制备氧气也需要消耗大量的电能，使得电厂的发电效率降低。因此，目前富氧燃烧技术在经济上不具有优势，还处于试验阶段，距离实际应用还需要大量的研究支持。

　　燃烧后捕集技术即从燃煤电厂排放的烟气中直接将 CO_2 分离出来并富集。该技术的特点是将 CO_2 捕集系统置于燃烧系统后，且在除尘、脱硫脱硝的下游，因此不需要对已有的电厂设备及系统进行大规模改造，成本较低，且适用性较强，理论上可用于任何一种燃煤电厂。由于燃煤烟气的 CO_2 分压较低、组分构成复杂，且排放量很大，因此所需要的捕集系统庞大，运行能耗较高。不过，相比于前述两种 CO_2 捕集技术而言，燃烧后捕集技术具有设备改造简单、操作灵活等优点，且经历了较长时间的发展，技术成熟度较高。燃烧后捕集技术在工业上已经得到一定的应用，而且在今后相当长一段时间内，也是大规模 CO_2 减排的主要手段。

　　目前，可供选择的燃烧后捕集技术通常有吸收技术、吸附技术、膜分离技术、低温蒸馏技术等。

6.2.1　CO_2 吸收技术

　　CO_2 吸收技术按照吸收 CO_2 的原理不同，主要分为物理吸收法和化学吸收法，目前应用最多的是化学吸收法。

　　物理吸收法是指 CO_2 不与吸收剂反应，仅仅通过 CO_2 在吸收剂中有一定的物理溶解性而被吸收。该方法 CO_2 的吸收效果好并且吸收剂再生时无需进行加热，因此能耗较低。因为 CO_2 在吸收剂中服从亨利定律，所以物理吸收法只适用于分压较高的烟道气。

　　传统的物理吸收法在吸收 CO_2 时采用高压低温，解吸时需要高温或降低压力。常用的吸收剂有水、甲醇、碳酸丙烯酯、聚二乙二醇二甲醚以及 N—甲基吡咯烷酮等。物理吸收法具有能耗低、CO_2 解吸条件温和等优点，但其选择性往往较低，对 CO_2 的分离效果不理想，仅适用于 CO_2 浓度较大的烟气。加压水洗法是应用最早的物理吸收法工艺，工艺流程简单，但运行成本高，产品纯度低，一般应用较少。

化学吸收法是目前应用最为广泛的 CO_2 捕集技术，能够较好地处理低浓度 CO_2 气体，化学吸收法是利用碱性吸收剂与烟气中的酸性气体 CO_2 发生反应，生成不稳定的盐类（如碳酸盐、氨基甲酸盐等），所生成的盐类在一定的条件下可以逆向分解，实现 CO_2 的分离回收及吸收剂的再生。化学吸收法一般分为热钾碱法、本菲尔法和有机胺溶液吸收法三种。热钾碱法是利用碳酸钾水溶液与 CO_2 气体的可逆反应对 CO_2 气体进行分离。本菲尔法是对热钾碱法的改进，在碳酸钾溶液中加入活化剂二乙醇胺对 CO_2 气体进行分离。有机胺溶液吸收法则是利用不同有机胺溶剂的不同性质，对 CO_2 气体进行吸收分离，该方法是实现工业化 CO_2 气体分离的主要方法之一。

化学吸收法和物理吸收法存在本质上的不同，化学吸收法脱除烟气中 CO_2 的实质是利用吸收剂与 CO_2 之间发生可逆的化学反应。因此对于化学吸收法，选择合格的吸收剂尤为重要。化学吸收法的特征是吸收剂在较低温度下从烟气中吸收 CO_2 形成 CO_2 富液，CO_2 富液在较高温度下将 CO_2 释放出来（这个过程称为 CO_2 的解吸过程），从而完成 CO_2 分离。由于化学反应的发生，化学吸收法脱除 CO_2 的速率快、效率高，且受 CO_2 分压的影响较小。然而，对于 CO_2 的解吸，需要破坏 CO_2 与吸收剂分子间的化学键，因此解吸过程需要消耗较多能量。

化学吸收法捕集烟气中的 CO_2 主要包含吸收过程和解吸过程两个过程，如图 6-2 所示。化学吸收法吸收 CO_2 的工艺一般由吸收塔和解吸塔、换热器、再沸器和贫富液泵等部分组成。经过除尘、脱硫处理后的烟气进入 CO_2 吸收塔，烟气自下往上流动，吸收剂则由塔顶喷淋而下，两者逆向接触。CO_2 与吸收剂在吸收塔中发生反应被吸收，净化后的烟气从塔顶排出。反应后，吸收剂变成 CO_2 富液流至塔底，由泵抽离吸收塔，随后流经贫富换热器被送至解吸塔。在解吸塔中，CO_2 富液被加热至一定温度后释放出 CO_2，本身则变回 CO_2 贫液。解吸出的 CO_2 由塔顶排出，在气液分离器经过干燥脱水处理后进行压缩，可用于后续的利用和储存，而再生得到的 CO_2 贫液经过贫富换热器冷却后重新送回吸收塔，进行 CO_2 循环吸收。

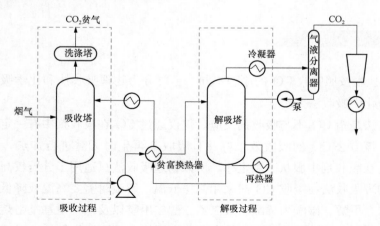

图 6-2　化学吸收法捕集 CO_2 示意

目前，用于 CO_2 捕集的化学吸收剂已经有了广泛的研究，吸收剂一般采用有机胺溶液、氨水、离子液体等。

按照氮原子上的活泼氢原子的个数可将有机胺吸收剂分为一级胺、二级胺和三级胺三类，又可称为伯胺、仲胺和叔胺。

（1）一/二级胺吸收 CO_2 反应机理。

当使用一级/二级胺作为吸收剂时，胺与 CO_2 反应首先形成两性离子，然后此两性离子进一步和胺反应生成氨基甲酸根离子，总反应如式（6-1）所示（其中 R 和 R' 为 H 原子或链烷醇基）：

$$2RR'NH + CO_2 \rightleftharpoons RR'NCOO^- + RR'NH_2^+ \qquad (6-1)$$

从总反应式可以看出，理论上一级胺和二级胺溶液的 CO_2 吸收负荷只有 0.5 摩尔（CO_2）/摩尔（氨基）。但有些胺与 CO_2 反应生成的氨基甲酸盐在高 CO_2 负荷下可能会发生水解，生成自由胺和碳酸氢盐（HCO_3^-），反应如式（6-2）所示。因此，伯胺和仲胺的 CO_2 吸收负荷有时可能会略高于 0.5 摩尔（CO_2）/摩尔（氨基）。

$$RR'NCOO^- + H_2O \rightleftharpoons RR'NH + HCO_3^- \qquad (6-2)$$

（2）三级胺吸收 CO_2 反应机理。

由于三级胺的氮原子上没有活泼的氢原子，其在吸收 CO_2 的过程中不能直接与 CO_2 反应生成两性离子，而是作为碱性催化剂，促进 CO_2 的水合反应，理论上 CO_2 吸收负荷可达 1.0 摩尔（CO_2）/摩尔（氨基）。总反应如式（6-3）所示（其中 R、R'、R″ 均为链烷醇基）：

$$RR'R''N + H_2O \rightleftharpoons RR'R''NH^+ + HCO_3^- \qquad (6-3)$$

氨水吸收剂也是烟气脱碳常用的吸收剂之一。早在 1958 年，侯德榜提出的碳化法制备碳酸氢铵化肥的设想就涉及了氨水吸收 CO_2 的技术概念。在碳酸氢铵制备工艺中，合成氨车间生产的氨可制成氨水代替水吸收 CO_2，在净化合成气的同时生成碳酸氢铵。于是众多研究学者和研究机构对氨水吸收 CO_2 的影响因素、机理、反应动力学及经济可行性等方面进行了研究。研究发现，氨水脱除烟气中 CO_2 的影响因素有很多，包括氨水浓度、反应温度、反应压力、烟气中 CO_2 浓度以及其他气体组分。此外，吸收机理研究表明，氨水溶液吸收 CO_2 属于伴有可逆化学反应的过程，如反应式（6-4）～式（6-8）所示。

$$CO_2 + NH_3 \rightleftharpoons NH_2COOH \qquad (6-4)$$

$$NH_2COOH + NH_3 \longrightarrow NH_2COONH_4 \qquad (6-5)$$

$$NH_2COONH_4 + H_2O \rightleftharpoons NH_4HCO_3 + NH_3 \qquad (6-6)$$

$$NH_4HCO_3 + NH_3 \rightleftharpoons (NH_4)_2CO_2 \qquad (6-7)$$

$$NH_2COONH_4 + H_2O + CO_2 \rightleftharpoons 2NH_4HCO_3 \qquad (6-8)$$

在以上反应中，氨基甲酸铵的生成是迅速的、不可逆的二级反应，在反应初期是控制 CO_2 吸收速率的决定步骤。氨基甲酸铵的水解反应较慢，但随着反应的进行，氨水中 CO_2 浓度和氨浓度的比值增大，CO_2 吸收速率逐渐由水解反应控制。另外，CO_2 也会发生水合反应生成碳酸（H_2CO_3），H_2CO_3 也会与氨反应生成碳酸氢铵。但 H_2CO_3 是弱酸，其生成的速率比氨基甲酸铵慢得多，如反应式（6-9）所示。

$$CO_2 + H_2O \rightleftharpoons H_2CO_3 \qquad (6-9)$$

近年来，离子液体（Ionic Liquids，ILs）受到了 CCUS 技术研究者的重视。作为一种熔融盐，离子液体在室温或者接近室温时呈液态，由带正电和带负电的特定阴、阳离子构成，具有蒸气压力低、性质稳定、无毒以及 CO_2 吸收速率快等特点。基于离子液体的结构特点和与 CO_2 的反应机理，可将其分为常规离子液体和功能型离子液体。常规离子液体主要有咪唑盐类、吡啶盐类、铵盐类、氨基酸类和磺酸盐类等。常规离子液体吸收 CO_2 只是一个物理溶解过程，不涉及化学反应，因此 CO_2 的吸收速度较慢、吸收容量也较低，对于烟气量大、CO_2 分压低的烟道气中 CO_2 捕集适用性不强。

离子液体是由阴、阳离子构成的，因此改变阴离子和阳离子的组合可设计合成出具有不同功能的离子液体。基于上述的可设计性，研究者们将一些具有化学反应活性的特殊基团引入传统离子液体中，开发出具有高 CO_2 吸收速率和吸收容量、低蒸气压力以及强抗氧化能力的功能性离子液体，如将氨基官能团（-NH_2）引入离子液体的研究较为常见。氨基功能化离子液体吸收 CO_2 的机理与有机胺溶液吸收 CO_2 的反应类似，本质也是氨基基团与 CO_2 发生反应，遵循"两性离子"机理。因此，提高氨基基团的数量将有利于提高功能化离子液体的吸收速率和吸收负荷。离子液体具有诸多优势，在未来的 CO_2 脱除中将会有较大的应用前景。但在实际应用前，还必须解决离子液体价格昂贵、合成过程较为复杂、吸收过程黏度增大等难题。

上述化学吸收剂大多都是均相水溶液吸收体系，由于水的比热容大且沸点较低，吸收剂用于 CO_2 捕集时存在再生能耗高的问题。以工业上常用的 MEA 吸收剂（质量浓度为 30%）为例，吸收 CO_2 后，饱和溶液需全部送至解吸塔再生，热解吸能耗可高达 3.7 吉焦/吨 CO_2，大量的能量消耗于溶剂水（质量浓度为 70%）的加热和汽化过程。在 CO_2 捕集过程中，吸收剂的再生能耗占碳捕集总能耗的 25%~40%，过高的再生能耗将大幅增加碳捕集技术的运行成本。因此，研发新型高效吸收剂的重点在于降低吸收剂的再生能耗，这是克服已有的化学吸收法缺陷的关键，也是进一步完善碳捕集技术的重要途径。

为此，许多研究者基于传统有机胺溶液提出相变溶剂吸收剂。相比于传统的有机胺，相变吸收剂的优势在于吸收剂在一定的 CO_2 负荷范围内，能够发生吸收液富相和贫相的分相，仅需解吸富相便可实现溶剂的再生循环，以此来达到降低解吸能耗的目的；在现有项目中应用广泛，是发展前景较好的一种吸收剂。目前，相变吸收剂的相变模式主要有两种。一种是吸收剂吸收 CO_2 后从吸收塔流出时就发生分相。CO_2 贫富相分离后，将富相送去贫富液换热器和解吸塔，通过减少进入解吸塔的富液量来降低换热器的换热负荷，并且不需装富液加热器。另一种是吸收剂吸收 CO_2 后为均一相，经贫富液换热器进入解吸塔，再生时发生分相，有机相不断萃取水相中的有机胺，使反应平衡向 CO_2 解吸方向进行，降低再生温度从而减少再沸器负荷，此工艺复杂且设备成本较高，工业应用不强。

目前根据反应产物化学形态的不同，可以将相变溶剂分为液液相变和固液相变两种。液液相变溶剂是指相变溶剂吸收 CO_2 后因密度、黏度等原因形成互不相容的两相，其中一相富含 CO_2，被称为富相，另一相称为贫相。例如 IFPEN 的 Raynal 等提出了相变溶剂（DMX™），DMX™ 由于 CO_2 吸收负载量高，贫富两相分相较快且溶液不存在降解、腐蚀等问题而被率先应用于 CO_2 捕集。相较于传统 30%（质量浓度）MEA 的再生能耗（3.7 吉焦/吨 CO_2），相同条件下的 DMX™ 再生能耗只有 2.3 吉焦/吨 CO_2，甚至在优良条件下可以下降到 2.1 吉焦/吨 CO_2。固-液相变溶剂是指溶剂吸收 CO_2 后生成的产物为固体，并从混合溶液中析出，形成固-液两相。其中固相中富集大部分的 CO_2，再生时只需将富集 CO_2 的固相进行再生。目前，固-液相变吸收剂主要包括氨基酸盐溶液、碳酸钾溶液、冷氨溶液等水性溶剂以及一些基于非水溶剂的胺类溶液。如采用高浓度 K_2CO_3 来吸收 CO_2，吸收 CO_2 后以 $KHCO_3$ 晶体的形式析出，将 $KHCO_3$ 的结晶送入解吸塔再生，释放出 CO_2 后的 K_2CO_3 可作为吸收液重复利用。液液相变吸收剂由于溶剂吸收和再生的条件相对容易满足，因此受到的关注最多。

对于这些有机胺液液相变吸收剂，几乎在所有情况下，它们的富 CO_2 相都是水相，并且由于水的热容量和蒸发焓高，在 CO_2 脱除过程中，水的加热和蒸发不可避免地消耗了大量的能量。此外，与 30%MEA 水溶液一样，这些有机胺溶剂的富 CO_2 水相仍可能造成严重的设备腐蚀。因此，必须改善双相溶剂的再生热负荷和腐蚀性。

由胺和有机溶剂组成的非水溶剂相变吸收剂近年来受到越来越多的关注。与水相比，有机溶剂具有更低的比热容、蒸汽压力和蒸发焓，可显著降低吸收再生过程的反应能耗。此外，在无水的情况下，胺可以通过特定的反应途径吸收 CO_2 生成非腐蚀性产物。因此，与水性吸收剂相比，非水性吸收剂具有低腐蚀性的显著优势。由于采用非水溶剂代替水溶液组成无水吸收剂进行 CO_2 捕集，能够加快反应速率、减少设备腐蚀，近年来一直受到广泛研究。Tan 等设计了一种由 MEA 和三甘醇构成的吸收剂，由于没有水的参与，故质子化 MEA 不会解离和形成氨基甲酸酯，反应速度显著提升，吸收和解吸温度也降低到了 80℃ 以下。Wang 等提出用物理添加剂环丁砜来提高吸收速率和降低热负荷，改进传统的 MEA 吸收技术。环丁砜由于其高稳定性和低腐蚀性能，在酸性气体的物理吸收中被广泛用作非质子传递极性溶剂，与酸性气体具有很强的亲和力，也可以在化学吸收过程中提高 CO_2 的溶解度和吸收速率，而不参与化学反应。使用 Aspen Plus 进行的模拟过程表明，以 MEA/环丁砜为溶剂的再生能耗比常规 MEA 法降低了 31%。

6.2.2　CO_2 吸附技术

CO_2 吸附技术是通过固态吸附剂将烟气中的 CO_2 吸附于表面，再用适宜的方法将 CO_2 解吸，实现 CO_2 分离和富集的目的。该技术的原理是利用吸附剂表面的活性位点与各气体分子之间的引力差异来实现气体分子的分离。在烟气中，由于 CO_2 的分子空间结构和极性等特性与其他气体分子不同，因此特定的吸附剂可对 CO_2 进行选择性吸附，其他难以被吸附的气体分子则随烟气排出。

　　根据吸附剂和 CO_2 的结合方式的差异，可将吸附技术分为物理吸附和化学吸附。物理吸附是吸附剂分子和 CO_2 分子之间的吸引力（即范德华力）作用的结果，该类吸附的分子间作用力较弱，吸附热较小，不会发生吸附质的结构变化，其吸附速率快，但在很小的孔中吸附时，吸附速率可能受扩散速率限制。物理吸附可以是多层的，以至于吸附质能充满孔空间，并且 CO_2 分子很容易从吸附剂上解吸出来，物理吸附没有特定性，能自由地吸附于整个表面，在一定程度上是可逆的。而化学吸附发生的原理是吸附剂分子与 CO_2 分子间的化学反应，它涉及分子化学键的断裂和重新组合。因此，化学吸附具有很强的选择性，吸附热也比物理吸附大，且大多不可逆。

　　由于吸附剂的吸附容量是有限的，所以吸附是一个逐步建立平衡达到吸附饱和状态的过程。吸附完成后解吸过程的目的是恢复吸附剂的吸附能力和回收被吸附的组分，涉及能耗和产品回收率等方面的问题，其再生程度将对产品纯度和设备处理能力产生影响。因此，同 CO_2 吸收技术一样，解吸操作也是吸附工艺中的重要环节。常用的吸附剂再生方法有升温解吸、降压解吸和置换解吸等。按照解吸工艺方法的不同，吸附分离法又可分为变压吸附法（pressure swing adsorption，PSA）、变温吸附法（temperature swing adsorption，TSA）以及变电吸附法（electric swing adsorption，ESA）等。

　　PSA 技术是结合了加压和减压的 CO_2 捕集方法，即在加压的条件下通过吸附剂将 CO_2 从烟气中吸附出来，再利用减压（或常压）的方法使 CO_2 脱附，通过加压吸附和减压解吸的结合，吸附剂可以循环使用。PSA 技术是最早实现气体分离的吸附循环工艺之一，但是由于其加热和冷却吸附的过程缓慢，吸附循环时间较其他吸附工艺长，故该技术多应用于小规模吸附系统。TSA 技术是在压力不变的情况下，通过改变温度来实现 CO_2 吸附和解吸（简称脱附）的方法，即吸附剂在常温或者低温时吸附 CO_2，通过升温的方式使 CO_2 与吸附剂分离。由于 TSA 技术需要频繁地升温降温，需要的能耗高，且吸附剂的热导率较小，升温和降温都需要较长时间，操作上较麻烦，相比之下 PSA 技术的应用前景要优于 TSA。ESA 技术的实质是变温吸附，但与传统的 TSA 技术略有不同。ESA 技术是在脱附环节通过电流（焦耳效应）直接接触饱和活性炭，进而脱附 CO_2 的工艺。由于其脱附系统装置简单，应用成本低、再生性能好、加热效率高，故在实际应用方面优势明显。

　　对于吸附法分离烟气中的 CO_2，不论何种吸附方式，关键在于 CO_2 吸附剂的选择。目前，吸附工艺中常用的吸附剂有活性炭等碳基吸附材料、活性氧化铝、沸石分子筛等。近年来，研究者们也开发出诸多新型 CO_2 吸附剂，如多孔金属有机骨架（MOFs）材料、碳纳米管（CNTs）/碳纳米纤维（CNFs）材料、功能型介孔二氧化硅材料等。

　　活性炭等碳基吸附剂一般由煤、木材、果壳等富含碳的有机材料制取，是一种常用的大比表面积微孔吸附材料。活性炭作为一种优良的吸附材料，吸附能力强，广泛应用于化工、环保、食品与制药、催化剂载体和电极材料等领域。除活性炭外，碳基吸附材料还包括活性炭纤维、活性炭分子筛、活性炭蜂窝载体等材料。在 CO_2 捕集方面，常规碳基吸附剂通常用作物理吸附，为增强碳基吸附剂的吸附性能，吸附剂表面改性为其重要的研究发展方向，改性后的 CO_2 吸附则主要为化学吸附。

沸石分子筛是一种结晶硅铝酸盐，其主要成分为 SiO_2 和 Al_2O_3，是一类具有一定骨架结构的微孔晶体吸附材料。沸石分子筛具有强的吸附能力，可以将比孔径小的物质分子通过孔道吸附到孔道内部，比孔径大的分子则排斥在孔道外面，像筛子一样将大小不同的分子进行区分。根据分子筛组成成分中硅铝比（即 SiO_2 和 Al_2O_3 的摩尔比）和晶型不同，可以将分子筛分为 A、X、L、Y 型。常用 4A、5A、13X 等作为 CO_2 的吸附材料。沸石分子筛吸附 CO_2 属于物理吸附，吸附效果较好，但同时由于筛极性较强，沸石分子筛对水分的吸附较为强烈，若脱水不利将对 CO_2 吸附造成竞争，一般在 CO_2 吸附之前需进行气体干燥处理。

MOFs 材料，也称为多孔配位聚合物（PCP）或配位网络，是近年来无机和材料化学界最活跃的研究领域之一。MOFs 材料作为人工合成的有机 - 无机杂化晶体材料，具有高度有序结构、比表面积高、孔径可调、孔体积大等优点。得益于其有机配体的高含碳量和有序结构，MOFs 材料可以同时作为模板和前体制备衍生多孔碳材料，广泛应用于催化和气体分离领域。间接碳化法指利用 MOFs 材料作为模板，将合适的碳前体浸渍到 MOFs 材料孔道结构中，然后使碳源在相对较低的温度下发生聚合，并进行高温炭化得到规则有序的多孔炭材料的过程，可通过控制炭化温度调控衍生炭材料的孔结构。由于一些 MOFs 材料中存在含氮配体，因此也可采用直接碳化法得到结构规则的氮掺杂多孔碳。由于某些 MOFs 材料在溶液中的稳定性较差，通过直接炭化法获得多孔炭的过程要比间接炭化法（MOFs 为模板制备多孔炭）更直接，更利于将 MOFs 材料的结构特征表现在多孔碳材料上。

MOFs 材料的固有优势使其作为固体 CO_2 吸附剂非常有前景。首先，永久孔隙率显著高于 7000 平方米/克的表面积，为大容量 CO_2 吸附提供了可能；其次，与沸石和活性炭相比，MOFs 材料在多孔框架的可控自组装方面具有丰富的自然赋能，可以很容易地从金属离子或含金属簇与有机接头通过配位键进行自组装。由于金属离子和金属簇具有某些优选的配位几何形状，这些部分（通常称为节点）与预定形状的有机连接物（连接器）的自组装可导致具有可预测结构的 MOFs 构建。此外，它们的孔表面可以通过合成前或合成后的修饰轻松调整，以实现 CO_2 的高选择性结合。最后，通过单晶衍射或中子粉末衍射实验可以清楚地揭示 CO_2 分子的精确吸附位点，这有助于理解孔隙的特殊功能结合位点是如何工作的。

CNTs 材料是 1991 年日本电镜学家 Lijima 发现的一维纳米管状碳材料，按照管层数主要分为两类：单壁碳纳米管（SWCNTs）和多壁碳纳米管（MWCNTs）。由于 CNTs 材料具有独特的中空结构和许多可结合的活性位点，且机械强度高、稳定性好、易于功能化，被广泛应用于低温 CO_2 吸附。常用于 CO_2 吸附的 CNTs 功能化试剂为氮掺杂试剂，主要包括聚乙烯亚胺（PEI）、四亚乙基五胺（TEPA）、尿素和三聚氰胺等。CNFs 材料是介于 CNTs 材料和普通碳纤维的一维新型碳材料，不仅具有普通碳纤维的低密度和高强度等特性，还具有比表面积大、结构致密性高等优点，可以用作催化剂、电极材料、结构增强料等，目前部分研究也将 CNFs 材料用作 CO_2 吸附剂。

有序介孔二氧化硅材料种类繁多，分为不同系列，如 M41S 系列、SBA 系列。其中

M41S 系列介孔材料因结构不同，包括 MCM - 41（二维六方相，直孔道）、MCM - 48（三维立方相，互通孔道）和 MCM - 50（层状结构）。此类有序介孔材料具有孔径分布范围窄、价格低廉、比表面积高等特点。介孔材料与微孔材料相比，孔径增大，且介孔二氧化硅表面存在大量的 Si—OH，这使某些易于与 Si—OH 反应的有机改性剂可以更容易地进入孔道内与 Si—OH 键反应。部分 Si 原子可被其他一些杂原子取代，从而实现介孔材料的改性。与其他吸附剂相比，这种吸附剂表现出更加优异的 CO_2 吸附性能。

6.2.3 其他 CO_2 捕集技术

其他 CO_2 捕集技术还包括膜分离技术、低温分离技术等。

膜分离技术是利用烟气中不同气体分子在膜材料中的渗透率差异，借助膜两侧的压力差作为推动力，使具有高渗透率的气体快速通过膜材料，从而实现气体分离的方法。对于 CO_2 的分离，当烟气通过膜时，相比于其他气体分子（如 N_2、SO_2 等），CO_2 在膜材料中有较高的渗透率，从而 CO_2 可以通过膜材料富集在膜的一侧，其他气体分子则不能通过膜，而是随着烟气离开膜分离系统。因此，使用具有良好 CO_2 选择透过性的膜材料是该技术的关键。膜分离法捕集 CO_2 是一项新兴的技术，因其具有接触面积大、模块性好、操作灵活等优点，被认为是最有发展潜力的脱碳技术。

膜分离技术的核心就是膜的选择性问题，按照膜材料的不同，可以将膜分为无机膜、有机膜以及混合基质膜三类。无机膜具有较好的化学稳定性，耐高温、耐腐蚀且不易被微生物降解，有较长的使用寿命；缺点是其制造成本较高且柔软性差，需要特定的形状来满足需求。常见的无机膜有硅石、氧化铝膜、碳膜等。有机膜具有良好的选择性，还具有良好的渗透性，使得 CO_2 可以精准地从气体中分离出来并渗透到膜的另一侧，达到富集的目的；但是有机膜存在一个致命的缺点，就是耐热性比较差，无法满足工业上温度的要求，需进一步研究改进。混合基质膜是有机膜和无机膜的结合，即在制备过程中掺杂了有机和无机材料，以此综合有机膜的高选择性、高渗透性和无机膜的化学稳定性、热稳定性的优点，具有广阔的应用前景。然而，由于烟气中的 CO_2 浓度低、分压较小，故在使用膜分离法脱除 CO_2 时往往面临由于膜两侧 CO_2 分压太低，导致 CO_2 分离效率低的问题。因此，当前研究的重点是要开发高效率、低成本的膜材料来满足工业上的需求。

基于传统膜分离技术，研究者们开发了一种新型膜分离技术，即膜吸收法。该技术是膜分离技术和化学吸收法的结合，综合了膜分离技术的装置紧凑性和化学吸收法的 CO_2 选择性高的优点。在实际应用中，烟气和吸收剂分别分布在膜的两侧，膜本身不具有选择性，只起到隔离气、液两相的作用。烟气中的气体分子通过膜孔与吸收剂接触，吸收剂选择性地和 CO_2 发生反应，在膜两侧形成 CO_2 浓度差，进而使烟气中的 CO_2 不断通过膜孔被吸收剂吸收，从而实现 CO_2 分离的目的。膜吸收法解决了膜分离法脱除烟气中 CO_2 膜两侧压差不够的缺点，同时也克服了化学吸收法中溶液起泡、夹带等问题。通常，膜吸收法使用的设备为中空纤维膜接触器，该接触器具有膜比表面积高以及气液传质能力强的特点。

低温分离技术是利用不同气体气液点的差异，进行烟气组分分离的一种物理方法，即将烟气压缩冷却，使之发生相变后分离 CO_2，具有出口 CO_2 纯度较高、便于运输等优点。烟气是含有多种气体的混合气体，除 CO_2 外，烟气中最主要的气体是 N_2。理论上，CO_2 和 N_2 的临界压力和临界温度分别 31、147℃ 和 7.63、3.4MPa，通过压缩冷却可以很容易地将 CO_2 以液体的形式从烟气中分离出来。但在实际应用中，由于烟气中 CO_2 分压较低，低温分离技术的分离效果并不理想，一般认为当混合气体中 CO_2 的分压大于 90% 时，低温分离法才具有一定的适用性。此外，低温分离过程所需要的设备庞大，基础建设和能耗成本较高。因此，低温分离技术在现阶段的烟气脱碳工艺中难以推广。

6.2.4　CO_2 捕集技术与燃煤电厂耦合研究

燃煤发电机组是将煤等化石燃料的化学能转化为电能的机械设备，主要由燃烧系统（以锅炉为核心）、汽水系统（主要由各类泵、给水加热器、凝汽器、管道、水冷壁等组成）、电气系统（以汽轮发电机、主变压器等为主）、控制系统等组成。前两者产生高温高压蒸汽，电气系统实现由热能、机械能到电能的转变，保证各系统安全、合理、经济运行。它的基本生产过程：燃料在燃烧时加热水生成蒸汽，将燃料的化学能转变成热能，蒸汽压力推动汽轮机旋转，热能转换成机械能，然后汽轮机带动发电机旋转，将机械能转变成电能。

我国以煤为主的资源禀赋，决定了煤炭在能源体系中的主体作用。2021 年煤电以不足 50% 的装机占比，生产了全国 60% 的电量，承担了 70% 的顶峰任务，发挥了保障电力安全稳定供应的"顶梁柱"和"压舱石"作用。在当前的技术条件和装机结构下，要适应不断增长的新能源电力发展及消纳，必须通过 CO_2 捕集技术实现燃煤电厂的低碳改造，实质性地巩固煤电在电力系统的兜底保障作用。

燃煤发电厂耦合 CO_2 捕集系统是实现低碳改造的重要途径。基于 MEA 的 CO_2 捕集过程以其具有高吸收率、高净化度以及工业应用较为成熟等优点而被普遍用于研究。基于 MEA 的碳捕集系统流程主要由吸收塔、解吸塔、贫富液换热器等组成。烟气经过预处理装置进入吸收塔底部，与从吸收塔顶部进入的 MEA 贫液进行反应，CO_2 被吸收后的烟气经吸收塔顶部排入大气。由于吸收塔的工作温度低于解吸塔，因此从吸收塔出来的 MEA 富液需要经过贫富液换热器升温之后再进入解吸塔再生。MEA 富液的再生采取外部热源加热的办法，在解吸塔的再沸器中，发生 MEA 吸收 CO_2 的逆反应，释放出来的 CO_2 经过冷凝、压缩等一系列过程实现液化存储。

燃煤机组与碳捕集系统耦合后，需要对各子单元进行相应改造，以提高系统的效率，减少能量惩罚。采取的措施包括吸收塔改造、解吸塔改造、抽汽压力与汽轮机改造等。具体改造措施如下所述。

1. 吸收塔改造

吸收塔的改造主要为增添中间冷却、富液分流等过程。

（1）中间冷却。吸收塔中间冷却可以增加 CO_2 循环吸收能力，从而降低再生负荷，也可以通过保持 CO_2 吸收能力来降低吸收塔高度。有研究者模拟了加装中间冷却设备使用 MEA 捕集 CO_2 的过程，对于一个 650 兆瓦燃煤电站，从节能角度看，吸收塔中间冷却的应用将再生负荷从 3.6 兆焦/千克 CO_2 降低到 3.55 兆焦/千克 CO_2。这是因为 MEA 与 CO_2 的反应速率快，并且通过结合中间冷却过程，富液的 CO_2 负荷从 0.501 摩尔 CO_2/摩尔 MEA 略微增加到 0.504 摩尔 CO_2/摩尔 MEA，能源消耗略有减少，CO_2 回避成本（cost of CO_2 avoided）从 81.2 美元/吨 CO_2 略微下降至 81.0 美元/吨 CO_2。

（2）富液分流。通过模拟发现，与传统 MEA 法相比，具有分流过程的 MEA 法的电厂净效率更高（为 40.1%），效率惩罚为 16%，低于传统 MEA 法的效率惩罚（26%），CO_2 排放量也更低。A. Cousins 等对昆士兰州的一个中试电厂建模进行分流改造，分别从吸收塔和解吸塔的中间除去 50% 的富液和贫液，模拟结果发现，将一半贫液加入到吸收塔的底部对平衡 CO_2 分压具有显著影响。从解吸塔中段提取的半贫液的负荷（0.36 摩尔 CO_2/摩尔 MEA）低于吸收塔中进入的溶剂的负荷（0.47 摩尔 CO_2/摩尔 MEA）。另外，由于通过解吸塔的溶剂质量流速略高于吸收塔中的溶剂质量流速，因此在加入半贫液后，吸收塔底部的总质量流速增加。这两者都导致吸收塔中的溶剂 CO_2 负荷在加入半贫液后下降。通过一系列参数优化，最终结果表明，在该中试电厂回收 70% 的贫液，并将贫液流速降至 1150 千克/小时（负荷为 0.147 摩尔 CO_2/摩尔 MEA），最低可达到 96.4 千瓦的再沸器负荷，节省能耗超过参考案例 11.6%。

2. 解吸塔改造

Li 等模拟了增加解吸塔中间再热过程的基于 MEA 的碳捕集过程。中间加热过程的应用需要额外的热交换器和泵，对于一个 650 兆瓦燃煤电站而言，这增加了 420 万美元的资本投资。然而，中间加热过程使再沸器负荷降低了 6.7%，从而减少了 6.9 兆瓦的能源消耗，节能带来的好处超过了投资成本增加的弊端，CO_2 回避成本减少了 2.9 美元/吨。M. Karimi 等将解吸塔改造为多压力配置。在这种配置下，解吸塔在不同的压力 0.2065、0.2891、0.413 兆帕下工作，来自底部的蒸汽在进入上部之前被压缩。对于这种配置，最佳贫液负荷为 0.215 摩尔 CO_2/摩尔 MEA。与传统 MEA 法相比，再沸器负荷在换热温差为 5℃和 10℃的情况下分别降低 32% 和 28%。

3. 抽汽压力与汽轮机改造

在碳捕集系统中，再沸器需要吸收抽汽热量，从而分离出高浓度的 CO_2。依据能量的"温度对口，梯级利用"原则，找到最佳的抽汽点为 CO_2 捕集系统提供能量，以便最大程度地减少能量损失，从而提高耦合后的电厂效率。最佳选择是通过汽轮机的低压部分 0.18~0.28 兆帕抽取饱和蒸汽，使用最低品质的蒸汽以满足再沸器要求，确保其他蒸汽继续做功。但大多数蒸汽轮机在该压力范围内没有抽汽点，需要通过一些措施调整。

目前，一般使用从中压缸排出的蒸汽供给碳捕集系统加热，但泵送温度和压力高于再沸器的需要，因此建议将中压缸的排汽引入小型汽轮机回收动能并减压。

4. 技术性和经济性

技术性和经济性指标对于燃煤电厂来说至关重要，CO_2 捕集技术与燃煤电厂耦合研究在技术性和经济性上可参考以下指标。

（1）技术性指标。

1）CCUS 发电系统全厂热效率，即耦合碳捕集系统的燃煤电厂的能源利用率为

$$\eta_{cp} = \eta_b \eta_p \eta_m \eta_g \frac{w_i}{q_0} \tag{6-10}$$

式中：η_b 为锅炉效率；η_p 为管道效率；η_m 为汽轮机机械效率；η_g 为发电机效率；w_i 为汽轮机比内功，kJ/kg；q_0 为汽轮机比热耗，kJ/kg。

2）煤耗率，即耦合碳捕集的燃煤电厂每生产 1 千瓦时电能所消耗的标准煤量。

$$b^s = \frac{3600}{\eta_{cp} Q_b^s} \tag{6-11}$$

式中：Q_b^s 为标准煤弹筒发热量（LHV），kJ/kg。

3）热耗率，即耦合碳捕集的燃煤电厂每生产 1 千瓦时电能所消耗的热量。

$$q_{cp} = b^s Q_b^s \tag{6-12}$$

4）CO_2 捕集量，即耦合碳捕集的燃煤电厂所能捕集的烟气中的 CO_2 量。

$$m_{CO_2 \cdot cap} = f_0 \frac{44 \times 3600 \times \alpha C_{fuel}}{12 \times 10^6} Q_{coal} \tag{6-13}$$

式中：f_0 为烟气总量；Q_{coal} 为电厂输入热量，MW（基于 HHV）；α 为燃料在锅炉中转化为碳的比例；C_{fuel} 为燃料的排放因子，tC/TJ。

5）碳捕集系统电耗，即耦合碳捕集的燃煤电厂捕集 CO_2 过程中辅机和压缩系统耗电量。

$$P_{cap} = m_{CO_2 \cdot cap} \frac{e_{aux} + e_{comp}}{1000} \tag{6-14}$$

式中：e_{aux} 为辅机电耗，kWh/t；e_{comp} 为压缩系统电耗，kWh/t。

（2）经济性指标。

燃烧后碳捕集过程与燃煤电站耦合的不断改进虽然可以降低再沸器负荷，提高电厂效率，但是改进的过程总是伴随着更加复杂运行工艺的引入，从而增加资金的投入。因此，CCUS 燃煤电站还需进行经济评估，以权衡技术改进与相关投资运行成本。

1）年度总成本。该指标是不同解吸塔改造的经济性能指标。

年度总成本＝年度资本成本＋年度运营维护成本

$$年度资本成本 = \frac{总投资成本}{\dfrac{(1+i)^n - 1}{(1+i)^n}} \tag{6-15}$$

式中：i 为利率；n 为运行时间。

2）单位㶲成本。㶲成本 B^* 是指生产产品 B 消耗的系统外部㶲。单位㶲成本 k^* 表示单位产品 B 消耗的㶲成本。

$$k^* = \frac{B^*}{B} \tag{6-16}$$

kB 和 kS 分别表示单位产品 B 消耗的燃料㶲和负熵。通过以下方法可以获得（㶲）成本方程：

$$k_{pi}^* = kB_i k_{FBi}^* + kS_i k_{FSi}^* \quad (i = 0, 1, \cdots, n) \tag{6-17}$$

3）热经济成本。在对㶲成本模型分析的基础上，热经济成本模型考虑了煤炭价格、设备投资和运行维护成本等非能量因素。热经济成本 C 代表生产产品 P 消耗的总热经济成本；单位热经济成本 c（美元/千焦）代表单位产品的热经济成本；非能量成本用 Z 表示，包括所消耗燃料的货币成本、系统的投资和运营成本。

$$c_{pi}P_i = \sum_{j=1}^{n} c_{Fi}F_i + \xi Z_j \tag{6-18}$$

式中：F_i 为平准化因子；ξ 为组件的投资成本。

单位热经济成本 c_{pi} 可分解为燃料热经济成本 c_{FBi}、不可逆热经济成本 c_{1i}、负熵热经济成本 c_{Ni} 和投资热经济成本 c_{zi}。

$$c_{pi} = c_{FBi} + c_{1i} + c_{Ni} + c_{zi} \tag{6-19}$$

4）估算改造和重建资本成本。根据幂律定标规则估算捕集系统、蒸汽轮机改造、FGD 成本和锅炉改造的 EPC（工程、采购和施工）成本：

$$C = C_0 \left(\frac{A}{A_0}\right)^n \tag{6-20}$$

式中：C_0 为容量的参考成本；A 为 A_0 的期许容量；n 为比例指数。

5）发电成本（COE）。发电成本为发电过程中人力、物力投入的总和。容量因子和现金流量（DCF）是发电成本最重要的影响因素。

$$COE = \frac{TC_{pp} + TC_{capture}}{E} \tag{6-21}$$

式中：TC_{pp} 为发电厂年度成本；$TC_{capture}$ 为捕集系统年度成本；E 为年度发电量，kWh/a。

6）平准化电力成本（LCOE）。平准化电力成本反映了出售给电网系统的最低电价，使发电厂的收入能够涵盖发电厂寿命期间的所有资本投资和运行维护成本。

$$LOCE = \frac{TCR \cdot FCF + O\&M + FC}{E_{coal}} \tag{6-22}$$

$$FCF = \frac{r(1+r)^t}{(1+r)^t - 1} \tag{6-23}$$

上两式中：TCR 为耦合后电厂的总资本，包括购买的设备交付成本、总直接成本、总间接成本、利润、意外事故；FCF 为固定的费用因子；O&M 为年度运营和维护支出；FC 为燃料成本；E_{coal} 为煤炭燃料的年发电量；r 为利率；t 为工厂的经济寿命。

7）CO_2 回避成本。使用 CO_2 排放速率和没有 CCUS 的电厂的 LCOE 值计算的 CO_2 回避成本是 CCUS 成本研究中最常用的总体成本度量方法。它将有 CCUS 的电厂与没有 CCUS 的"参考电厂"进行比较，并量化了电厂仍然提供单位有用的产品（例如，在

发电厂的情况下为 1 兆瓦时）时避免单位 CO_2 排放的平均成本，数学上可定义为

$$C_{cost}(CO_2, avoided) = \frac{(COE)_{capture} - (COE)_{no\text{-}capture}}{(CO_2)_{no\text{-}capture} - (CO_2)_{capture}} \quad (6\text{-}24)$$

式中：COE 为发电成本，欧元/兆瓦时；CO_2 为 CO_2 质量排放量，吨/兆瓦时；下标"capture"和"no-capture"分别表示有无二氧化碳捕集装置的电厂。

应用时需说明与 CCUS 电厂进行比较的参考电厂。并且，回避 CO_2 排放的成本必须包括 CCUS 过程的全链（捕集、运输和储存），除非捕集的 CO_2 永久封存，否则将不可避免排放到大气中。

8）CO_2 捕集成本。

$$C_{cost}(CO_{2, captured}) = \frac{(COE)_{capture} - (COE)_{no\text{-}capture}}{(CO_2)_{captured}} \quad (6\text{-}25)$$

式中：$(CO_2)_{captured}$ 为加装二氧化碳捕集装置后，实际收集到的二氧化碳量。

9）所有者成本。这一类别指大多数发电厂项目共同的资本成本项目的集合，以及特定项目特有的其他项目，是项目总资本成本中的重要组成。但由于具体项目间差异性较大，故有些研究完全排除了所有者的成本，这些费用也不包含在典型的工程采购和施工成本估算中，因此被简单地称为所有者成本。

10）O&M 成本。O&M 成本分为固定成本和可变成本两类。后者的成本是燃料和污染控制系统化学品等项目的成本，它们的使用与发电量成正比。这些成本以一种简单的方式计算，即数量与单位成本或价格的乘积；固定成本一般不依赖于工厂的使用，主要由人工和维护成本控制，尽管有些组织将维护材料视为可变成本项目。

6.3　CO_2 输送、封存及利用

6.3.1　CO_2 输送

CO_2 输送是指将捕集的 CO_2 运送到利用或封存地的过程，是碳捕集和储存之间的重要环节，包括陆地或海底管道、铁路和公路车载、船舶等输送方式。CO_2 的输送状态可以是气态、超临界状态、液态和固态，其中流态化（气态、超临界状态、液态）更适应于大规模运输。表 6-1 简要列出了各种运输方式的优缺点以及适用条件。

表 6-1　　　　　　　　　　几种运输方式的优缺点以及适用条件

运输方式	优点	缺点	使用条件
公路罐车运输	适用于小规模、近距离、目的地较分散的场合	需要考虑 CO_2 的蒸发与泄漏	运输量较小的 CO_2 运输，如食品级 CO_2 运输
铁路罐车运输	运输量较大、距离较远、可靠性较高	运输调度和管理复杂、受铁路线路的限制	运输量大、运输距离远且管道运输体系还未建成时

运输方式	优点	缺点	使用条件
管道运输	运输体量大、距离长、负荷稳定	管道成本高	大规模、长距离，负荷稳定地定向 CO_2 输送
船舶运输	运输方向灵活、运输距离远；成本同管道运输相当，甚至低于海底管道	需要考虑 CO_2 的蒸发与泄漏	远距离、大规模 CO_2 运输。如果 CO_2 排放源与封存地有水路相通的话，适宜于采用船舶运输

1. 车载和船舶运输

采用车载方式对 CO_2 进行运输的技术已经成熟，车载运输主要有卡车运输（公路罐车运输）和火车运输（铁路罐车运输）两种方式。公路罐车运输规模有 $2\sim50t$ 不等，运输方式较为灵活，适应性强，但运输过程中存在 CO_2 的蒸发问题，依据车内储藏时间的不同，该蒸发量可以高达 10%。铁路罐车适用于较大体量、长距离的 CO_2 输送，但是除需考虑现有铁路条件外，还需要考虑 CO_2 的罐装、卸除和临时储存等基础设施条件，如果这些条件不具备，其运输成本同样会很高。罐车运输目前已经广泛应用在食品级 CO_2 的运输方面，由于食品级 CO_2 的运输量很小，采用其他的运输方式容易"大材小用"。此外，在小型的吞吐法驱油试验中，也可采用罐车运输，如在中国石油化工股份有限公司江苏油田分公司、中国石油天然气股份有限公司大港油田分工进行的 CO_2 驱油试验。

到目前为止，罐车运输 CO_2 技术相对比较成熟，且我国也具备了生产该类罐车和相关附属设备的能力。罐车输送有公路罐车输送和铁路罐车输送两种方式，两者没有本质的区别，但各自的适用范围不同。

公路罐车运输主要有干冰块装、低温绝热容器装和非绝热高压瓶装三种运输方式。公路运输网比较发达，且运输罐车的机动性比较大，随时可以调度、装运，各个环节之间的衔接时间较短，因此公路输送具有灵活、适应性强和方便可靠等优势。但公路运输也有其缺陷：①一次性运输量小，且运输费用高；②在运输过程中，受气密性等条件的影响，CO_2 泄漏不可避免，根据运输时间和距离的长短，其泄漏量最高可达到 10%；③公路运输安全性较低且环境污染比较严重；④连续性差，不适合 CCUS 等大规模工业系统。铁路运输相较于公路运输具有运输距离长、输送量大的优势，但铁路运输同样具有其自身的劣势：①不连续性且地域局限性大；②铁路沿线需装配装载、卸载和临时储存等设备，额外增加了输送费用；③若现有铁路不能满足输送条件，必要时还需铺设专门铁路，这样势必会提高 CO_2 输送成本。2003 年，德国学者 Odenberger 等结合德国当时现有铁路情况估计，在输送距离为 250km 的情况下，年输送 100 万吨 CO_2，每吨费用高达 5.5 欧元，故目前世界范围内还没有铁路运输 CO_2 的先例。

CO_2 船舶运输尚处于开发试验阶段，世界上只有几艘小型的船只应用于食品加工行业。CO_2 运输船舶根据温度和压力参数的不同可分为低温型、高压型和半冷藏型三种类型。低温型船舶是在常压下，通过低温控制使 CO_2 处于液态或固态；高压型船舶是在常温下，通过高压控制使 CO_2 处于液态；半冷藏型船舶是在压力与温度共同作用下使 CO_2 处于液态。通常情况下，CO_2 船舶运输主要包括液化、制冷、装载、运输、卸载和返港等几个主要步骤。

在某些情况（海上封存、驱油或输送至海外）下，受地域影响，船舶运输成为一种最行之有效的运输方法，不仅使运输更加灵活方便，允许不同来源的浓缩 CO_2 以低于管道输送临界尺寸的体积运输，而且还能够有效降低运送成本。当海上运送距离超过1000 千米时，船舶运输相比于罐车和管道运输更加经济实惠，输送成本将下降至 0.1元/（吨·千米）以下。但船舶运输同样存在许多缺陷：①必须安装中间储存装置和液化装置，设备成本高；②在每次装载之前必须干燥处理储存舱；③船舶返港检查维修时，必须清理干净储存舱的 CO_2；④地域限制只适合海洋运输。

当前已有小型的 CO_2 运输船舶，还没有大型的适合 CO_2 运输的船舶。不过在石油工业中，液化石油气（LPG）和液化天然气（LNG）的船舶运输已经商业化，未来可以考虑利用已有的液化石油气油轮来进行 CO_2 的运输。和罐车运输一样，采用船舶运输的时候也必须考虑 CO_2 的蒸发与泄漏，在长距离运输时，这种蒸发和泄漏可能很严重，因而需要对泄漏的 CO_2 进行回收。相对于管道运输而言，轮船具有运输方向灵活和运输距离远的优点。因此在未来海上油田 EOR 或者在海底地质层封存 CO_2 时，船舶运输将成为一种较有竞争力的选择。

2. 管道运输

目前，CO_2 陆路车载运输和内陆船舶运输技术已成熟，主要应用于规模 10 万吨/年以下的 CO_2 输送，无法大体量、连续性地运输工业中的 CO_2。在未来 CCUS 大规模部署的情境下，陆地管道输送技术将是最具有应用潜力和经济性的技术，大多数情况下，管道运输费用远远低于 CCUS 项目总成本的 1/4。目前，我国已完成 100 万吨/年输送能力的管道项目初步设计，具备大规模管道设计能力，并正在制订相关设计规范。海底管道运输的成本比陆上管道贵 40%～70%，当前海底管道输送 CO_2 的技术缺乏运输的经验，在国内尚处于概念研究阶段。

CO_2 管道可以输送液态、气态、超临界/密相等不同相态 CO_2，故在实际运输过程中可以根据管道所在的地理位置、输送距离和公众安全等问题，选择最适合的输送状态。管道运输相较于罐车和船舶运输具有以下优点：①连续性强且安全可靠；②输送量大，运行成本低；③管道基本为地下管道，占地少节约土地资源，运输不受恶劣多变天气的影响；④泄漏量小，环境污染小。但同时管道也存在输送灵活性差，不能轻易扩展管线，有时必须通过船舶与罐车运输协助才能完成全部运输；输送过程中必须控制好压力和温度，防止出现相态变化，从而导致输送瘫痪；输送前必须提高 CO_2 纯度，避免杂质对管道造成腐蚀破坏等问题。

（1）运输原理。

CO_2 具有其独特的物理性质，这也决定了 CO_2 的管道运输方式与其他气体不同。图6-3 为纯 CO_2 的三相图。从图中可以看出：CO_2 的临界压力 7.38 兆帕，临界温度31.1℃。三相点压力为 0.52 兆帕，温度为 -56℃。在压力低于 0.7 兆帕时，纯 CO_2 一般为气、固相平衡，不会出现液相，只存在气相和固相。

纯 CO_2 相态图可分为 4 个区域。

1）气态区。温度高于 $-56℃$，高于此温度，压力不会对 CO_2 相态造成影响。

2）密相液态区域、液态区。温度介于 $-56\sim31.1℃$ 之间。根据压力的不同，又可以细分为一般液态区和密相液态区。两者以压力作为分界，前者压力低于 7.38 兆帕，后者压力高于 7.38 兆帕。

3）固态区域。温度低于 $-56℃$。

4）超临界区域。压力高于 7.38 兆帕，温度高于 31.1℃。超临界是指气体分子形态和液体相似，密度高，但不会形成液相，黏度与气体接近。超临界流体密度一般比气体密度大 2 个数量级，黏度比液体小 1 个数量级，扩散系数比液体大 2 个数量级，因而具有较好的流动、渗透和传递性能。

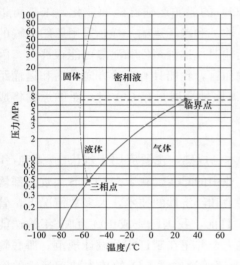

图 6-3 纯 CO_2 的三相图

在常温常压下，CO_2 呈气态，密度小，不利于管道运输。和其他气体的管道运输一样，CO_2 需以压缩态来运输。从图 6-3 可以看出，CO_2 的临界温度和压强分别为 31.1℃ 和 7.38 兆帕，运输过程中只要温度和压强同时保持在临界点以上，CO_2 就会处于超临界状态，避免运输过程中气液两相流的产生。超临界状态的 CO_2 基本上仍是一种气态，但又不同于气态，其密度比一般气态 CO_2 要大两个数量级，与液体相似（如当压力高于临界压力、温度低于 20℃ 时，CO_2 的密度范围为 $800\sim1200$ 千克/立方米，相当于常态下的水的密度），在扩散力和黏度上，它却更接近于气态 CO_2。由于超临界 CO_2 有黏度小、密度小的特点，因此可将 CO_2 转化为超临界态后在管道中运输，这也是目前大多数学者建议的一种 CO_2 运输方式。如图 6-3 所示，只要保证 CO_2 的压力高于 7.38 兆帕，在温度大于 $-60.0℃$ 的情况下 CO_2 都会是压缩态，不会有两相流产生。这就意味着没有必要对温度进行严格的限制，环境温度完全可以满足运输要求。

在一定的温度下，CO_2 的可压缩性会随压力的变化而变化，同时还会受 CO_2 中可能混入的杂质的影响。有研究表明，CO_2 的可压缩性在 8.6 兆帕时会发生显著变化，为了减少设计和操作过程中可能遇到的麻烦，一般情况下建议 CO_2 的管道运输压力应保持在 8.6 兆帕以上。通过管道输运 CO_2 存在摩擦损耗，通常摩擦损耗范围为 $4\sim50$ 千帕/千米，具体数值取决于管道直径、CO_2 的流速以及管道的粗糙度。一般来说，管道直径越大，摩擦损耗越小。因此，为了使 CO_2 在整个管道中都保持为致密相，通常采用足够高的管道入口压力或者通过在每 $100\sim150$ 千米处安装增压压力站来克服压力损失，从而使 CO_2 在输运过程中始终保持为超临界状态。另外，CO_2 管道与天然气管道类似，CO_2

需经过脱水处理以降低管道被腐蚀的可能性，因为钢制的管道不会被干燥的 CO_2 腐蚀，所以在脱水之前的短管道需用耐蚀合金制成。

对于大规模 CO_2 运输，管道运输是一种价格低廉的方式。在 100～500 千米每年运输 1～5 兆吨 CO_2 或者在 500～2000 千米每年运输 5～20 兆吨 CO_2 将会在经济上形成规模效益。未来 40 年中 CCUS 的需求规模决定了管道运输将是最主要的 CO_2 运输方式。然而，在 CCUS 技术从示范到商业化的漫长历程中，为确定管道网络和常规运载工具将如何发展而进行的大量工作尚待完成。在世界的很多地区，只有确定埋存地分布之后，管道运输网络的规划才能进入实质性阶段。另外，为了树立公众信心，还需要制订管道监控和安全规范。

（2）CO_2 预处理。

一般来说，捕集得到的 CO_2 中往往含有 N_2、H_2O、O_2、H_2S 等杂质气体，这些杂质将直接影响管道的设计和运行，如杂质中存在 O_2 和游离 H_2O 时，将引起管道和设备的腐蚀。在泵、压缩机的运行过程中，有些杂质会影响吸入压力，从而引发泵内气蚀的危害。当进行 CO_2 压缩时，杂质的存在会影响蒸气压力，为了保证管道的正常运行，必须增加管线的最小入口压力，增加 CO_2 液化所需的能耗。当发生泄漏时，某些毒性很大的杂质如 NO_x、CO、H_2S、SO_x 等会随 CO_2 云雾扩散开来造成环境污染、危害人类的健康。此外，杂质对 CO_2 输送量也具有较大的影响，在 CO_2 密相输送过程中，可以通过泵增压的方法来弥补因管道运行压力偏离最大允许操作压力引起的输送量损失。除此以外，杂质对管道完整性和放空设备有很大的影响，如 H_2S 的存在使放空成本提高，放空压力高会增强裂缝的传播等。

类似于天然气管道输送会受 CH_4、H_2S、N_2、Ar 和重烃（C_2H_6 和 C_3H_8 等）之类杂质的影响，杂质中的 H_2O 会导致水合物的生成，并且其倾向于在管壁处生成水合物，对阀门、设备等有很大的影响，大量的水合物存在会堵塞整个管道口径，具有很大的安全隐患。CO_2 水合物与冰有相似的外形，但生成温度不同，相态的瞬变会直接影响着水合物的形成和分解。CO_2 水合物的稳定性随压力的升高而增大。水合物的防治方式有降低压力、升温、降低含水量及添加水合物抑制剂等。

综上所述，这些气体一方面容易形成气泡，导致运输阻力增加、能耗增大，从而降低经济性；另一方面也可能对压缩泵、管道和储存罐等设备造成氧化、腐蚀，影响管道的使用寿命和经济性。因此，在进行运输之前，需要对 CO_2 进行净化，使其中杂质的含量低于某一数值。不同国家或者企业，对管道运输的 CO_2 成分有不同的规定。一般来说，应该满足以下要求：①CO_2 的体积分数应该大于 95%；②不含自由水，水蒸气的含量低于 489 克/立方米（气态）；③H_2S 质量分数小于 1500 毫克/升，全硫质量分数小于 1450 毫克/升；④温度低于 48.9℃，体积分数小于 4%；⑤CO_2 质量分数小于 10 毫克/升。

吸收法捕集系统所捕集的 CO_2 基本能够满足以上要求，无须进一步净化。这种浓度的 CO_2 可以用于地质封存或者强化石油开采。对采用富氧燃烧捕集系统得到的 CO_2 可能还需要进一步净化才能满足运输要求。另外，对于其他用途的 CO_2，如食品级的 CO_2，则纯度要求更高、所含的杂质也要更少。

（3）压缩方案。

一般情况下 CO_2 的压缩包括如下三步：初压缩，即入管前的压缩；中间压缩，即中间压气站的压缩；注入点的压缩。考虑到压缩机和压缩泵各自的工作特点以及它们在工作时效率与能量消耗的不同，通常将 CO_2 的初压缩分成两步进行：首先用压缩机将 CO_2 气体压缩为具有一定压力的液态，然后利用泵来进一步将其提压至规定的压力值。工程中常将（6 兆帕，23℃）作为泵和压缩机的工作区间分界点，低于 6 兆帕时采用压缩机压缩，高于 6 兆帕后采用泵来压缩。需要注意的是，经压缩机压缩后，CO_2 的温度可能会超过 23℃，为了确保通过泵时 CO_2 处在液态，必要时需要对 CO_2 进行冷却处理，使其温度不超过 23℃。

如果管道太长，当管道内 CO_2 的压力降低到 9 兆帕时，就需对 CO_2 进行中间加压。当 CO_2 运输到封存点时，如果其出口压力低于注入压力，则需要对 CO_2 继续加压，此时 CO_2 的压力不再受管道所能承受压力极限的限制，只需满足注入的要求即可。

（4）风险控制。

CO_2 不存在爆炸和着火有关的风险，但气体 CO_2 比空气的密度大，可以在低洼地积累。高浓度的 CO_2 会影响人类的健康，有时甚至会有致命的危险。某些杂质（如 H_2S 和 SO_2）的存在会增加与管道泄漏有关的风险，潜在的管道泄漏可能由管道中损伤、腐蚀或损坏的阀、焊缝引起。裂缝的外部检测和目视检查（包括通过使用外部监督设备或者分布式光纤传感器）可以有效减少与腐蚀相关的风险。截至 2006 年的 CO_2 管道的安全记录表明，每千米 CO_2 管道泄漏的概率比天然气管道的要低，并且没有伤亡记录。

6.3.2　CO_2 封存技术

按照封存地或封存形态的不同，CO_2 的封存主要包含地质封存、海洋封存、矿物碳化封存和用于工业封存四种类型。目前所采用的封存方式主要是地质封存和海洋封存。其中，CO_2 的地质封存主要包含废弃油气藏封存、深层咸水层封存和不可开采煤层封存等。图 6-4 表示了 CO_2 主要地质封存方式。

1. 地质封存

向深层地质构造中注入 CO_2 所使用的技术与石油天然气开采工业的许多技术相同。目前正进一步深入研究与 CO_2 封存相适应的钻探技术、井下注入技术、封存地层的动力学模拟技术以及相应的监测技术。

在石油天然气储层或咸水层构造中封存 CO_2 的深度应在 800 米以下，在这种温度和压力条件下 CO_2 处于液体或超临界状态，其密度为水的 50%～80%，可产生驱使 CO_2 向上的浮升力。因此，选择用于封存 CO_2 的地层必须具有良好的圈闭性能，以确保把 CO_2 限制在地下。当 CO_2 被注入地下时，需置换已经存在的流体。在石油天然气储层中，置换量较大，而在咸水层构造中，潜在的封存量就比较低，估计仅占孔隙体积的百

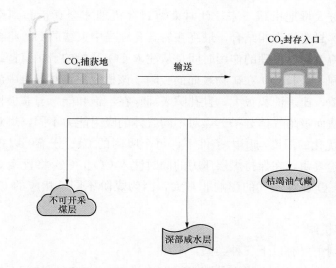

图 6 - 4　CO_2 主要地质封存方式

分之几到 30％。

CO_2 注入地层以后，储层构造上方的大页岩和黏质岩起到了阻挡 CO_2 向上流动的作用，毛细管力则可使 CO_2 停留在储层空隙中。当 CO_2 与地层流体和岩石发生化学反应时，CO_2 就从地质化学作用上被"俘获"了。首先，CO_2 会溶解在地层水中，而一旦溶解在地层中几百年乃至几千年，充满 CO_2 的水就变得越来越稠，沉落在储层构造中而不再向地面上升。其次，溶解的 CO_2 与矿石中的矿物质发生化学反应而形成离子类物质，经过数百万年，部分注入的 CO_2 将转化为坚固的碳酸盐矿物质。当 CO_2 被吸收能力强的煤或有机物丰富的页岩吸附时，就可置换 CH_4 类气体。在这种情况下，只要压力和温度保持稳定，那么 CO_2 将长期处于"俘获"状态。

总的来说，在地质封存过程中注入的 CO_2 是通过物理和化学俘获机制的共同作用被有效地封存于地质介质中。

（1）封存机制。

1）物理封存机制。物理封存机制一般是针对可迁移的 CO_2 气体或者超临界流体，主要分为三种类型。

构造地层封存机制：当气体或者液相中的一相流体由于遇到不渗透层，无法继续运移，滞留在不渗透层下，这样就形成了构造地层圈闭。对于 CO_2 来说，虽然 CO_2 的浮力较大，但是由于不渗透层的隔挡作用而致使其无法进行侧向和横向的运移。在这种类型构造中注入 CO_2 以后，构造地层封存机理是立即开始作用的。

束缚气封存机制：当 CO_2 在地层运移过程中，有一部分 CO_2 由于气液相的界面张力作用，被长期地滞留在岩石颗粒的孔隙中，这就是所谓的束缚气封存机理。在大量 CO_2 通过多孔介质体时，通常 CO_2 是以球滴状形态被隔离在岩石孔隙中间的，因而岩石中通过的 CO_2 量越多，在岩石孔隙中束缚的 CO_2 也就越多。但这种埋存机理如果仅仅是有 CO_2 通过多孔介质的岩石是不够的，CO_2 只有通过岩石，且占据的孔隙空间能被地下水重新渗入，才能被大量地束缚下来，此时束缚封存机理才会真正起到作用。通常情况下，束缚将与溶解封存机理相结合，最终在岩石孔隙当中束缚的 CO_2 将会溶解于地层流体当中。这种束缚气封存机理的作用时间是从注入 CO_2 开始的，一直持续几十年。

吸附封存机制：是指 CO_2 在矿物表面的吸附，该机制只针对煤层中的 CO_2 封存。煤含有大量的微孔隙，比表面积很大，且孔隙表面存在不饱和能，与非极性气体分子之间存在范德华力，从而吸附气体分子。煤对不同气体的吸附能力不同，煤对 CO_2 的吸附能力大于 CH_4，在优化的温度与压力条件下，每个吸附的 CH_4 分子可以被至少两个 CO_2 分子所置换。实验表明，在保持煤层压力的同时注入 CO_2，CO_2 将置换 CH_4。近来的研究表明，煤阶对 CO_2 驱煤层气的影响非常大，因为煤阶不同，相应的 CO_2/CH_4 置换比例也会不同。

2）化学封存机制。

化学封存机制主要有以下三种类型：

溶解封存机制：当 CO_2 在岩石孔隙之间运移并与地层水或原油相互接触时就会溶解其中，即发生溶解封存。时间、地层水和原油中 CO_2 的饱和度决定了 CO_2 完全溶解或者部分溶解。CO_2 与未饱和地层水以及原油的接触率、原油的组成、地层水的化学成分决定了 CO_2 在地层流体中的溶解量与溶解的速度。如果 CO_2 与流体接触率越高，那么 CO_2 的溶解速度也就越快。不过随着时间的推移，当 CO_2 饱和流体的密度比周围未饱和流体的密度大1%左右的时候，在重力作用下，CO_2 饱和流体就会朝盆地中心向下运移。因此，与构造地层封存中的在浮力作用下实现封存 CO_2 的机理相比，溶解封存机理能更加有效的封存 CO_2。是否存在含有高渗透性的厚地层决定了溶解作用发生的程度，尤其是垂向高渗透率。不过溶解封存作用的时间较长，一般为 100～1000 年。

矿化封存机制：在 CO_2 注入地层以后，岩石及地层水与 CO_2 发生化学反应，产生碳酸盐类矿物沉淀，这便是矿化封存。据推测，这种埋存作用的时间尺度一般是 100～1000 年，地层岩石的矿物成分、地层中的流体类型以及化学反应过程是影响矿化封存的主要因素。由于储层岩石中的矿物成分不同，注入 CO_2 后，矿物沉淀比例变化非常大。在以碳酸盐类为主的地层中，化学反应的速度将会很快；在以稳定的石英颗粒为主的砂岩地层中，可能根本不会发生化学反应，或者即使会发生，其发生反应的时间也非常长。但是在某种程度上，这种类型的封存可以说是实现 CO_2 永久埋存的最佳方法，不过在一般情况下，其作用时间是非常漫长的。

水动力封存机制：水动力封存是靠水动力封闭而成的，其作用条件与以上所介绍的作用条件不同。在渗流过程中，如果地下水的流动压力与 CO_2 运移的浮力作用方向相反，并且大小大致相等时，就可以阻挡和聚集 CO_2，形成水动力圈闭。在封闭地层下的深部盐水层中注入 CO_2 时，就会发生这种水动力圈闭。在一个区域或者盆地级别，以较长时间尺度流动的深部盐水层中的地层水流动系统中，流体的流动速度是以厘米/年来衡量的，其运移的距离是以千米级为单位计算的。如果 CO_2 注入此类系统中，虽然没有像构造地层圈闭那样，存在着具体的隔挡层，以阻挡 CO_2 的侧向运移，但是就算 CO_2 在浮力的作用下，其沿着地层倾角运移的速度也是非常慢的，这些 CO_2 需要经过上万年甚至到几百万年，才可能运移到排放区的浅层。在这一过程中，束缚气封存、溶解封存以及矿化沉淀等其他类型的封存机理，也将同时起作用，最终结果是没有自由的 CO_2 到达浅地层。除此之外，也可能由于遇到构造地层圈闭，CO_2 在运移的过程中就被圈闭下来。与构造地层圈闭一样，此类封存也是在注入 CO_2 后立即开始作用的，不同的是在水动力圈闭中，CO_2 的侧向运移是没有受到阻挡的。

（2）封存容量。

全球各地都存在可能适合封存 CO_2 的沉积盆地，尤其是油气储层、深部咸水层和不可开采的煤层。在陆上和沿海的沉积盆地中存在着大量适合封存的地质构造和结构，如玄武岩、石油或天然气储岩盐穴和废弃矿井。

目前人们对咸水层封存能力的认识仍十分有限，而对于石油天然气储层，则主要是基于用 CO_2 去代替油气的量。除强化采油外，这些储层需要等到油气资源采完后才可用于封存 CO_2。而且，由于油气生产带来的压力变化和地质力学效应也可能会使实际的封存能力降低。表 6 - 2 给出了几种代表性地质封存方案的封存能力。

表 6 - 2　代表性地质封存方案的能力

储层类型	油气田	不可开采的煤层	深部咸水层
封存能力（低值）/10^9 t	675	3～15	1000
封存能力（高值）/10^9 t	900	200	可能达到 1000

注　如果评估中包括"未被发现的"油气田，那么上述估值将增加 25%。

中英煤炭利用近零排放项目于 2008 年 1 月—2009 年 12 月对中国松辽盆地和苏北盆地的封存容量进行了评估，评估结果见表 6 - 3。松辽盆地位于中国东北地区，是中国最大的石油和天然气开采基地，同时该地区电厂和工业企业的 CO_2 排放量也相当大，有大庆和吉林两大油田可供封存。苏北盆地较小，但却分布着成熟的油气田以及天然的 CO_2 气藏。

表 6 - 3　中国松辽盆地和苏北盆地的封存容量评估结果

油区	基于 CSLF 的封存容量/10^6 t	中国石油大学（北京）评估封存容量/10^6 t	CO_2 驱油增采石油量/万桶
大庆油区	593	459	410～2390
吉林油区	102	48	4600～23000
吉林油区附近含水层	692	—	—
江苏油区	20～40	—	—

注　针对油区中选定油田进行评价的结果。

（3）封存成本。

由于诸如陆相与海相、储层深度和封存构造（如渗透率和构造厚度）的地质特点等特定的地点因素影响，不同封存地的成本存在着显著的差异。对于在咸水层和枯竭油气田中封存的典型成本估值为 0.5～8 美元/吨 CO_2，此外还有 0.1～0.3 美元/吨 CO_2 的监测成本。由于可以重新启用已有的油气井和基础设施，陆相较浅且渗透率高的储层（封存地点）的封存成本最低。

当把封存与 CO_2- 提高原油采收率技术（CO_2- ECR）和 CO_2- 驱替煤层气技术（CO_2- ECBM）相结合，CO_2 的经济价值可降低 CCUS 的总成本。根据当前的资料和油价（约 60 美元/桶），对于陆相 EOR，利用 CO_2 封存增加的石油生产能获得 43～143 美元/吨 CO_2 的净收益（包括地质封存的成本）。然而，提高生产的经济效益在很大程度上取决于石油和天然气的价格。

（4）泄漏风险。

CCUS 技术最大的潜在环境风险存在于地质封存过程中。由于大量的 CO_2 会被注入并封存在地下长达数百年时间，这对封存地的安全性提出了更高要求。地质储层中 CO_2 封存渗漏所引发的风险分为两大类：全球风险和局部风险。第一类是全球性风险，如果封存构造中的部分 CO_2 泄漏到大气中，那么释放出的 CO_2 可能引发显著的气候变化。第二类是局部性风险，CO_2 泄漏可能会污染地下水、破坏当地生态系统，也会对公众健康产生影响。总的来说可以分为以下几点：

1）引发地表的隆起或凹陷损毁建筑物，威胁人类生命安全；

2）逃逸的 CO_2 进入临近的饮用水层，污染饮用水；

3）如果 CO_2 逃逸发生在海洋中，会改变水域的 pH 值，破坏该区域的海洋生态和沉积物特性；

4）大量的 CO_2 逃逸使得减少温室气体效应的初衷毁于一旦。

由于不断的地壳运动，让人对于将 CO_2 存储于地下的安全性表示怀疑，担心消耗了大量的财力、物力、人力之后，CO_2 仍将从埋藏处溢出至大气层。CO_2 一旦泄漏将会导致储藏地层中盐水的 pH 值降低，从而使地下水溶解大量的矿物质，释放出铁和锰等金属元素，大量的碳酸盐被溶解，也可能导致 CO_2 和盐水进入蓄水层，有机物质也进入地下水，污染地下水资源。而且高纯度的 CO_2 如果是在人口密集的区域泄漏，其危害度极大（CO_2 在空气中的体积超过 3％，就会对人体健康造成威胁，甚至有窒息的风险）。人类历史中曾发生过高浓度 CO_2 致人死亡事件。例如，1986 年喀麦隆的尼奥斯湖大量堆积在湖底的 CO_2 突然释放出来，造成方圆 25 千米范围内的 1700 多人和大量的动物窒息死亡。另一个使人们对 CCUS 技术产生疑虑的因素是 CO_2 封存可能会诱发地震。CO_2 注入岩层孔隙会造成地层压力的增加，如果注入压力超过地层压力，可能诱发地层裂缝产生和断层的移动，将产生两方面的风险：一方面，由于高压所形成的破碎带和与之相关的微地震将提高破碎带的渗透率，从而为 CO_2 渗漏提供通道；另一方面，高压所导致的断层活动有可能诱发地震，从而产生更大的危害。

CO_2 泄漏可能产生严重危害，但目前 CO_2 泄漏的应对措施尚未完善，CO_2 长期封存相关的潜在风险的综合评价体系尚未建立，对 CO_2 封存地的监测与管理规定也不完善。再者，化石燃料是自然界长期积累的能量，如果化石燃料中的能量被当代人消耗殆尽，只是给后代留下在地壳中存储的 CO_2，人类必将面临后代的道德谴责。

（5）监测。

　　监测是地质封存项目总体风险管理策略中一个非常重要的部分。虽然还没有制订标准的程序或协议，但随着技术的进步，相关政策制度将根据当地的风险和法规逐步发展完善。CO_2 封存项目监测涉及直接、间接或推断性的封存性能的测量，监测为风险管理提供了基础，以确保 CO_2 仍然保存在预先设定的地质构造内，不会泄漏到地表或影响其他（如淡水或油气藏资源）地区。

　　CO_2 监测技术主要是为了获得以下相关信息：地质储存体中 CO_2 的羽状影像检测 CO_2 在储存体中的迁移；检测 CO_2 通过盖层泄漏到地下浅部的迁移；监测地表的位移形变；检测或测量溢出到大气和地表水中 CO_2 的浓度。在 CO_2 封存项目的不同阶段，监测的需求也不同：①在场所筛选、评价和认证阶段，测量对于从环境和水文的角度设置该项目的基线将是至关重要的；②在注入期间监测将有助于控制灌注参数，确保模拟仿真预测的有效性。在与真实情况出现差异时，项目运营商可通过监测对项目参数进行重置并优化；③在闭合期间和闭合后的监测也是必要的。在进行完 CO_2 的灌注并对项目评估之后，政府和项目运营商必须共同努力建立闭合后的监测参数，包括 CO_2 移动的记录和监测到的信息以及其他很多数据。

　　监测地点和数据的准确性也至关重要，采用现代化技术对表面和地下水位之间的地下水和土壤进行采样，可用于直接检测 CO_2 的渗漏。如可将带警报器的 CO_2 传感器安放在注入井中，检测渗漏的同时确保下井工人的安全，也可使用基于表面的技术来检测并量化地面的释放值。

　　由于所有这些监测技术都是从其他应用改进而来的，因此需要在地质封存背景下对可靠性、分辨率和敏感性进行测试和评估。目前所有工业规模的项目和试点项目，都拥有开发和测试上述参数和其他监测技术的计划。在《联合国气候变化公约（UNFCCC）》排放报告和监测要求的背景下，考虑到 CO_2 封存的长期性，在未来很长的时间内都需要对封存地进行监测。

　　2. 海洋封存

　　目前，CO_2 的海洋封存的主要封存方式是通过船舶或管道将捕集到的 CO_2 输送到深海或海底，形成固态的 CO_2 水合物或液态 CO_2 湖，从而达到 CO_2 与大气的长时间隔绝。海洋占地表面积的 70% 以上，其储存 CO_2 能力大约是大气的 50 倍，陆地生物圈的 20倍，是全球最大的天然 CO_2 储存库。

　　海洋封存的潜力巨大，但同时也会对海洋生态系统造成较大的破坏，如海水表面 CO_2 浓度增大，改变海洋的化学特征，表层海水 pH 值下降等。此外，封存在海水中的 CO_2 遇到温度和压力变化、海啸或地震很有可能从海水中溢出排放到大气当中，造成与 CO_2 封存理念背道而驰的结果。因此，CO_2 的海洋封存需要注意 CO_2 上浮溢出和局部海域酸化的问题。虽然海洋封存在理论上潜力最大，但是仍存在一些重要问题和挑战，需进一步调研分析，目前仍处在试验研究阶段。

　　（1）封存机理。海洋封存 CO_2 主要有三种实施途径：①使用陆地上的管道或移动的船舶将 CO_2 注入水下 1500m 处，这是 CO_2 具有浮力的临界深度，在此深度下 CO_2 将得到有效的溶解和扩散；②使用垂直管道将 CO_2 注入水下 3000m。由于 CO_2 的密度比海水大，CO_2 不能溶解，只能沉入海底，形成 CO_2 液态湖；③利用移动的船舶将固态 CO_2 投入 CO_2 液态湖中，由于固体 CO_2 密度高和传热性差的特性，在下沉过程中只有非常小的溶解量。

（2）生态影响。注入几十亿吨 CO_2 将对注入区的海洋化学成分发生明显改变，而注入数千亿吨的 CO_2 将使注入区甚至整个海洋发生更大的变化。

试验表明，海洋中 CO_2 增加将对海洋生物产生危害。有机构曾经开展了几个月的针对 CO_2 升高对生活在接近海洋表面不同生物的影响。观察发现，随着时间的推移，一些海洋生物钙化的速度、繁殖、生长、周期性供氧及活动性放缓和死亡率上升，甚至一些生物在接触注入点或 CO_2 湖泊时，会立刻死亡。关于 CO_2 被直接注入海洋后，在长时间内对海洋生物和生态系统所产生的慢性影响，目前尚无研究。

当前尚没有在深海中开展可控状态下的生态系统试验，只能提供对潜在生态系统产生影响的初步评估结果，且至今尚未制订环境标准来避免产生有害的影响，有关物种和生态系统将如何适应或是否能适应持续的化学变化问题尚不清楚。

3. 封存成本

虽然目前还缺乏海洋封存的经验，但可估算出 CO_2 释放到海底或深海 CO_2 封存项目的成本。海洋封存的成本不仅包括捕集 CO_2 并将它运输（如通过管道）到海岸线所需的成本，还包括沿海管道和使用船舶的成本。表 6-4 概括了深度在 3000m 以上的海洋封存的成本。这些数字表明：短距离运输，固定管道方案更便宜一些；对于长距离，最具吸引力的做法是利用移动船舶运送到海洋平台上进行注入。

表 6-4　　　　　　　　　　深度在 3000 米以上的海洋封存成本

海洋封存方法	成本（净注入量）/［（美元）/吨 CO_2］	
	近海 100 千米	近海 500 千米
固定管道	6	31
移动船舶/平台	12～14	13～16

注　移动船舶方案的成本（注入深度为 2000～2500 米）。

成本最低、对环境影响小和封存的长久性是选择 CO_2 封存方式的主要因素。注入成本和可行性取决于 CO_2 的输送距离和注入深度。在短距离运输中，CO_2 是以压缩的超临界流体通过管线输送；在长距离运输中，一般将 CO_2 冷冻成液体，然后用船舶运输。冷冻成固体是可行的，但需增加很多费用。CO_2 注入深度对成本、环境影响和封存的长久性都有较大影响。

目前技术最佳的注入点是 1000～1500 米斜温区以下。液体 CO_2 通过船舶运送到注入点，以液滴形式被注入 1000～2500 米的海水中，然后 CO_2 分子分散和溶解到海水里。若液体 CO_2 注入深度超过 3500 米，超过海水密度的 CO_2 就会在深海盆地中形成一个液体 CO_2 湖泊。这种方法需要注入深海，尽管费用十分昂贵，但这种技术对海洋环境影响极小，并且封存时间可长达 2000 年。

目前，全球开展 CO_2 海底封存研究与实践的有美国、欧盟和加拿大等，这些发达国家和地区承担着温室气体量化减排任务。实践表明，CO_2 海底封存有较好的技术可靠性和经济可行性。

6.3.3　CO_2 利用技术

CO_2 地质利用指利用地下矿物环境矿化 CO_2 或利用 CO_2 提高油气采收率，涉及领域包括能源领域和矿产资源领域。其中，通过注入 CO_2 提高废弃作业油井原油采收率的做法，通常称为 CO_2-提高原油采收率（CO_2-EOR）。此技术不仅是实现低成本 CCUS 的有效策略，也是实现大规模 CO_2 利用的最佳方法，被广泛视为实现更大规模商业化CCUS 项目建设的起点。

6.3.3.1　CO_2-提高原油采收率（CO_2-EOR）

1. CO_2-EOR 的机理

CO_2 气体性质相对稳定，且临界条件容易达到（$T=31.1℃$，$p_c=7.38MPa$）。当其所处环境的温度和压力均超过临界条件时，CO_2 变成超临界状态。超临界流体物理性质十分特殊，介于气体和液体之间。例如，其密度等性质更接近于液体，黏度等性质更接近于气体，扩散系数约为液体的 100 倍。总之，超临界 CO_2 具有较强的溶解力和良好的流动性。

基于各状态下 CO_2 的物理性质，通过多年对 CO_2-EOR 的探究，发现 CO_2 驱油机理如下。

（1）降低原油黏度：CO_2 注入地层油藏后，一定量的 CO_2 会溶于原油之中，可以很大程度上地降低原油黏度，增强原油的流动性，进而提高驱油效率。

（2）膨胀作用：CO_2 溶于原油后，可使原油体积膨胀，增加地层空隙，使之前无法流动的残余油流动起来，增加采油量。若注入 CO_2 后再进行注水开采，则可降低残余油的饱和度。

（3）降低界面张力：CO_2 注入地层油藏后，少量 CO_2 溶于油相使其不断轻化，油相中的轻烃组分不断地被 CO_2 抽提或汽化，使气相不断富化，两相的密度不断接近，使得油水间的界面张力降低。

（4）扩散作用：CO_2 的扩散能力较强，当 CO_2 注入地层油藏后，扩散作用可使其在油水间重新分配，从而到达新的相平衡状态。

（5）改善油水间的流变比：CO_2 注入地层油藏后，增加了油层中的碳酸水量，从而在含水带内部的碳酸水前缘形成并保持 CO_2 气体游离带，有效降低水的黏度，扩大原油的波及范围，改善油水间的流变比。

（6）提高渗透率作用：CO_2 水溶液呈酸性，可以溶解岩石中的碳酸岩成分，进而提高油层的渗透率。通过 CO_2 酸化作用，可以在一定程度上溶解输油管道上的无机垢，达到疏通管道、恢复产能的目的。

2. CO_2-EOR 技术

因为大多数国家都有大量可供利用的气源，在今后很长一段时间里，CO_2-EOR 工

199

艺将在未来石油开采中优势明显。目前 CO_2- EOR 的实施方法主要有 CO_2 混相驱油、CO_2 非混相驱油和 CO_2 吞吐，其中 CO_2 混相驱油应用最为普遍。另外，CO_2- EOR 实施中也有热 CO_2 驱油、碳酸水驱油、就地生成 CO_2 技术等其他方法。

（1）CO_2 混相驱油技术。在二次采油结束时，不少原油会因为毛细作用残留在岩石缝隙间，而不能流向生产井，不论用水或烃类气体驱油都是非均相驱油，油与水（或气体）均不能相溶形成一相，而是在两相之间形成界面。必须具有足够大的驱动力才能将原油从岩石缝隙间挤出，否则一部分原油就会停留下来。如果能注入一种同油相混溶的物质，即与原油形成均匀的一相，孔隙中滞留油的毛细作用力就会降低甚至消失，原油就能被驱向生产井。CO_2 能通过逐级提取原油中的轻组分与原油达到完全互溶。

CO_2 混相驱油一般采用 CO_2 与水交替注入储层的方法，注水改变 CO_2 的驱油速度，扩大 CO_2 的波及效率。混相驱油的基本原理是 CO_2 和地层原油在油藏条件下形成稳定的混相带前缘，该前缘作为单相流体移动并有效地把原油驱替到生产井。

混相驱油效率很高，当条件允许时，可以使排驱剂所到之处的原油百分之百地采出。但要求混相压力很高，组成原油的轻质组分 C_2～C_6 含量很高，否则很难实现混相驱油。由于受地层破裂压力等条件的限制，混相驱替只适用于轻质油藏。同时在浅层、深层、致密层、高渗透层、碳酸盐层、砂岩中都有过应用的经验。总结起来，CO_2 混相驱油对开采下面几类油藏具有更重要的意义：①水驱效果差的低渗透油藏；②水驱完全枯竭的砂岩油藏；③接近开采经济极限的深层、轻质油藏；④利用 CO_2 重力稳定混相驱替开采多盐丘油藏。

（2）CO_2 非混相驱油技术。储层压力较低时，石油组成不利于混相驱油工艺的实施（如重油），所注入的 CO_2 将不与石油相溶或只部分相溶。在这种条件下，就会发生不溶或接近相溶的 CO_2 驱油过程。CO_2 非混相驱油的机制是将 CO_2 注入圈闭构造的顶部，使原油向下及构造两边移动，在构造两边的生产井中将原油采出。主要采油机理是对原油中轻烃气化和抽提，使原油体积膨胀、黏度降低、界面张力减小。另外，CO_2 还可以提高或保持地层压力，当地层压力下降时，CO_2 就会从饱和的原油中溢出，形成溶解气驱，达到提高原油采收率的目的。

在大多数情况下，CO_2 非混相驱油的效率比混相驱油的效率低，并且之前使用的频率也较低，但在考虑 CO_2 封存时，可以设计不溶或接近混溶的 CO_2 注入技术。CO_2 非混相驱油技术主要应用包括：①可用 CO_2 来恢复枯竭油藏的压力；②重力稳定非混相驱替，用于开采高倾角、垂向渗透率高的油藏；③重油 CO_2 驱替，可以改善重油的流度，从而改善水驱效率；④应用 CO_2 驱替开采高黏度原油。

（3）CO_2 吞吐技术。CO_2 吞吐的实质是非混相驱油，采油机理主要是原油体积膨胀、降低原油界面张力和黏度以及 CO_2 对轻烃的抽提作用。该方法的一般过程是把大量的 CO_2 注入生产井底，然后关井几个星期，让 CO_2 渗入油层以降低石油的黏度，然后重新开井生产。这种单井开采技术不依赖于井与井间的流体流动特性，适用范围很广，一般对开采下面几类油藏具有更重要的意义：

1）井间流动性差，其他提高采收率方法不能见效的小型断块油藏。

2）裂缝性油藏、强烈水驱的块状油藏、有底水的油藏等一些特殊油藏。

3）不能承受油田范围很大的具有前沿投资的油藏。

CO_2 吞吐增产措施相对来说具有投资低，成本回收快的特点，能在 CO_2 耗量相对较低的条件下增加采油量。

3. CO_2 - EOR 现状

非常规油气资源丰富、开发潜力大，但其储层物性差，储量丰度低，常规注水开发难以有效利用，开发效果差。CO_2 驱油是这类油藏有效补充地层能量、提高油藏采收率的最有效方法。国外自 20 世纪 50 年代开始进行 CO_2 驱油理论的研究和矿场应用，技术发展相对成熟，目前已成为提高油田采收率的主要技术之一。我国自 20 世纪 60 年代首先在大庆油田针对陆相油藏开展 CO_2 驱油技术探索，取得了一定认识，但受气源不足、井筒腐蚀严重及成本高等因素影响，技术发展缓慢，也没有取得较大规模的推广和应用。20 世纪 80 年代以来，伴随着非常规油气的发展及大气环境减碳的需要，CO_2 驱油技术得到快速发展，基本形成了适合我国陆相沉积环境的 CO_2 驱油理论和工艺技术，并开展了大量先导实验，取得了良好效果。

6.3.3.2　CO_2 驱替煤层气技术（CO_2 - ECBM）

深部煤层也可以作为 CO_2 的封存场所。煤层中包含一种天然的组织结构，称之为割理（cleat），割理将会影响煤的可渗透性能。煤不具有类似岩层的较大孔隙，然而却具有高度发达的微孔体系，因而能储存主要的煤层气（CH_4）。将 CO_2 注入渗透性能良好的煤层中，将会置换出 CH_4，这是因为 CO_2 分子和煤之间具有比 CH_4 分子更大的亲和势。据有关研究结果，煤对 CO_2 和 CH_4 的吸附量之比为 $2:1$。研究指出，这一比例对于低煤阶煤而言大于 10，对于低挥发度的沥青煤小于 2。此外，一些燃煤电厂位于煤矿区附近，一定程度上能够减少 CO_2 运输成本。

气体在煤中的封存主要通过以下三种途径：①作为吸附相分子在煤的微孔内表面存在，或者存在于煤的分子结构内；②在煤的割理和裂缝（fracture）中的介孔和大孔内作为自由气体存在；③作为煤隙中构造水中的溶解性气体存在。现有数据表明，在所有地质封存类型中，煤层对 CO_2 的封存容量最可观。模型研究表明：50℃、10 兆帕压力下，每千克 H_2O 能溶解 1 摩尔 CO_2，即 44 克/千克，假定砂岩 20% 的孔隙被水饱和，则沙岩的封存容量为 8.8 千克 CO_2/立方米（饱和岩石），假定砂岩的密度为 2000 千克/立方米，则每吨砂岩的封存能力为 4.4 千克 CO_2，再考虑 CO_2 与矿物质之间的碳酸化反应，该值可能更大。被水饱和的油页岩的单位封存能力可以达到 6 千克 CO_2/吨。由于目前油气层储量可观，因而 CO_2 - ECBM 技术具有良好的环境效益和经济收益。

CO_2 气藏埋存，同样可以分为枯竭气藏埋存和提高气体采收率气藏埋存。对于枯竭的气藏来说，其埋存优势和枯竭气藏相同，下面简述提高气体采收率的气藏埋存。

大约 90% 的天然气地质储量会通过一次采油被开采出来。如此高的一次采收率主要是因为天然气的高压缩性和低黏性。由于原油没有如此高的压缩性，没有天然气膨胀得剧烈，所以才需要二次和三次采油来提供足够的压力，从而提高采收效果。由于天然气已经具有很高的压力，所以不需要额外的压力来进行开采。一些研究表明，CO_2 注入到非均质性严重的储层还可能导致天然气采收率降低，因为对于非均质气藏来说，CO_2首先会沿着高渗透率的缝隙运移，降低天然气采收率。此外，CO_2气体在气藏中还具有弥散、扩散及对流的作用，使CO_2在气藏里混合到天然气中，增加了天然气分离成本，通过注入CO_2提高天然气采收率的经济效益会大打折扣。也正因如此，注入CO_2提高石油采收率被广泛应用，而用它提高天然气采收率还处于理论研究阶段。

6.3.3.3 化工利用技术

化工利用是以化学转化为主要途径，以CO_2为原料生产具有高附加价值有机化工产品。如将CO_2转化为甲醇（CH_3OH），随后可以转化为其他含碳的高价值化学中间体，如用于制造塑料的烯烃和用于卫生保健、食品生产和加工等的芳烃。

此外，CO_2在未来的氢经济中所发挥的作用也同样值得关注。将CO_2与H_2结合使用可以产生CO_2衍生燃料，此类燃料比纯H_2更易处理和使用。当化石燃料与CCUS结合，或通过使用低碳电对水进行电解时，可以产生低碳H_2。在最佳情况下，与传统生产路线相比，CH_3OH和CH_4的排放量分别减少19％和33％。

虽然目前利用CO_2制CH_4、CH_3OH的生产成本比利用化石燃料生产高2～7倍，但随着时间的推移，CO_2衍生燃料的生产成本预计会有所下降，这主要是由于资本成本的降低、低成本可再生电力、CO_2原料的可用性的提升。

从技术层面上看，目前我国CO_2化工利用技术已经有了较大进展，电催化、光催化等新技术大量涌现，合成有机碳酸酯及聚合物多元醇等路线已经达到工业示范阶段。但在燃烧后CO_2捕集系统与化工转化利用装置结合方面仍存在一些技术瓶颈尚未突破，智能化化工转化技术的条件尚未具备，后续研发重点将集中在产品转化与提高产物质量方面。

6.3.3.4 生物利用技术

除地质利用和化工利用外，生物利用技术以生物转化为主要手段，将CO_2用于生物质合成、产出食品、生物肥料、化学品与生物燃料等，从而实现CO_2资源化利用。

其中，生物能源与碳捕集和存储技术（BECCS）近年来得到了社会各界的广泛关注，此项技术可以在减少工业中化石燃料发电厂的排放量的同时提供负排放，并能在较长期内利用可中和的CO_2来生产燃料，是未来有望将全球碳排放稳定在低水平的关键技术，目前在电力行业应用领域处于加速研发阶段。

6.4 中国电力行业 CCUS 工程实践

6.4.1 CO₂捕集技术示范

目前，中国专门围绕CO_2捕集技术开展的研发与示范活动主要集中在燃烧后和富氧燃烧，这是因为燃烧前捕集技术研发要以IGCC发电系统为基础，而我国IGCC发电系统目前仍处于研发阶段。当前中国主要的CO_2捕集技术示范活动的基本情况见表6-5。

表 6 - 5　　　　　　　　当前中国主要的 CO_2 捕集技术示范活动的基本情况

名称	研发与示范活动主要情况
华能集团 3000 吨/年捕集试验	2008 年，中国华能集团有限公司在华能北京热电有限责任公司建成投产了年回收能力 3000 吨的燃煤电厂烟气 CO_2 捕集试验系统
华能集团 10 万吨/年捕集示范	2009 年，华能集团在上海石洞口第二电厂启动了 10^5 吨/年 CO_2 捕集示范项目，使用具有自主知识产权的燃烧后 CO_2 捕集技术
中电投重庆双槐电厂 1 万吨/年碳捕集示范	2010 年 1 月正式投运。每年可处理 5000 万立方米烟气（标准状态下），捕集 1 万吨浓度在 99.5% 以上的 CO_2，CO_2 捕集率达 95% 以上
华中科技大学富氧燃烧技术研发与中试	建成热输入为 400 千瓦/吨的中试规模富氧燃烧试验系统，开展空气助燃方式燃烧、O_2/CO_2 烟气循环燃烧、炉内喷钙增湿活化脱硫、分级燃烧等试验研究；建成热输入为 3 兆瓦/吨的中试系统。设计捕获 CO_2 量为 1 吨/小时

（1）华能集团 3000 吨/年 CO_2 捕集实验装置和 10 万吨/年捕集示范。2008 年，华能集团在北京热电有限公司建成投产了年回收能力达 3000 吨的燃煤电厂烟气 CO_2 捕集试验系统。该系统可以在额定生产能力的 60%～120% 平稳运行，年操作时间 6000 小时。投运后，该系统各装置运行稳定可靠，技术经济指标均达到设计值，一年多后累计回收 CO_2 约 4000 吨，并全部实现了再利用。

继成功实验中国第一套燃煤电厂 CO_2 捕集装置后，2009 年华能集团在上海石洞口第二电厂启动了 10 吨/年 CO_2 捕集示范项目，使用的是具有自主知识产权的燃烧后 CO_2 捕集技术。该项目是上海石洞口第二电厂二期 2 台 660 兆瓦国产超临界压力机组的配套工程，年 CO_2 捕集能力为 1.2×10^5 吨，是当时世界上规模最大的燃煤电厂烟气 CO_2 燃烧后捕集装置。项目于 2009 年 7 月份在上海开工建设，2009 年 12 月底完成调试工作投入示范运行，捕集的 CO_2 经制精提纯后用于食品行业。

（2）中电投重庆双槐电厂 1 万吨/年碳捕集示范。2010 年中国电力投资集团公司于合川双槐发电有限公司实验基地部署 CO_2 捕集示范装置，捕集量达 1 万吨/年。建成的合川 CO_2 捕集实验平台，CO_2 捕集量可达到 1.39 吨/小时，产品质量浓度达到 99.5%，其他指标满足工业级 CO_2 产品标准。装置碳捕集率大于 95%，捕集能耗小于 3.9 吉焦/吨 CO_2，吸收溶剂耗量小于 1 千克/吨 CO_2。

（3）华中科技大学富氧燃烧技术研发与中试。华中科技大学建立了输入热功率为 400 千瓦的中试规模富氧燃烧试验系统。在国家相关科技计划项目的支持下，该校拟联合有关单位在湖北省应城市中盐长江盐化有限公司的热功率为 35 兆瓦自备电厂的基础上，建设一套包括 CO_2 捕获、储存和利用在内的小型工业示范系统。

6.4.2　利用封存技术示范

CO_2 是一种重要的工业气体，可以被广泛用于制造碳酸饮料、烟丝膨化处理、金属保护焊接、合成有机化合物、制冷等，也可用于 EOR 和 ECBM。以 EOR 为例，初步测算，若在我国全面推广 CO_2 驱油与封存技术，可增加原油的可采储量约 350 兆吨，相当于新发现一个 1100 兆吨储量的大油田，应用前景广阔。目前，中国企业在 EOR、ECBM、微藻生物能源、化工合成等领域都开展了初步的研发和示范工作，具体项目如表 6-6 所示。

表 6-6　　　　　　　　　中国 CO_2 资源化利用研发与示范工作

项目	研发与示范工作主要情况
中石油吉林油田 CO_2-EOR 研究与示范	在科学技术部的支持下，中国石油集团 2007 年启动重大科技专项"吉林油田含 CO_2 天然气藏开发和资源综合利用与封存研究"，旨在研发 CO_2 驱油与封存技术，在 CO_2 驱油提高低渗透油藏的采收率和特低渗透油藏的动用率的同时，解决高含 CO_2 天然气开发中副产品 CO_2 的排放问题
中联煤 CO_2 强化煤层气开采项目	中联煤层气有限责任公司在科学技术部的支持下启动了"深煤层注入/埋藏 CO_2 开采煤层气技术研究"，通过实验研究和野外试验相结合，研究煤储层 CO_2 吸附解吸特征，开展现场煤层气井 CO_2 注入试验
新奥集团微藻固碳生物能源示范	河北新奥集团股份有限公司开发了"微藻生物吸碳技术"，建立了"微藻生物能源中试系统"，实现利用微藻吸收煤化工 CO_2 工艺
中科金龙 CO_2 制备化工产品和原料技术	江苏中科金龙化工股份有限公司建成 2210 吨 CO_2 基聚碳酸亚丙（乙）酯生产线示范，该工艺以酒精厂捕集的 CO_2 为原料反应制备碳酸亚丙（乙）酯示范多元醇，用于外墙保温材料、皮革浆料、可降解塑料等产品
国家能源集团咸水层封存	鄂尔多斯煤制油厂产出的高浓度 CO_2 经捕获液化后，由槽车运送至鄂尔多斯盆地深部咸水层进行封存，2014 年封存 CO_2 量为 10 万吨

（1）中石油吉林油田 CO_2-EOR 研究与示范。CCS-EOR 项目启动 4 年多来，已累计捕集埋存 CO_2 170 万吨，增产原油 70 余万吨，在推进"三低"油田高效开发的同时，实现了环保生产、绿色发展。

（2）中联煤 CO_2 强化煤层气开采项目。CO_2-ECBM 技术是指通过向煤层中注入一定量的 CO_2，利用 CO_2 更容易吸附到煤层表面上的性质，置换出更多的 CH_4，提高煤层气井的单井产量和采收率，将大量的温室气体埋藏到煤层中。2007 年，中联煤层气有限责任公司在沁水盆地柿庄北区块 SX-001 井开始了单井注入/埋藏 CO_2 提高煤层气采收率试验，并取得了预期成果。

（3）新奥集团微藻固碳生物能源示范。新奥集团主导的微藻生物能源技术无论是在技术成熟度还是在技术价值方面，都处于世界领先水平。该公司于 2008 年建成了国内首家自主知识产权的微藻生物能源中试系统，率先实现了微藻中试规模培养与煤化工 CO_2 减排的对接。

（4）中科金龙 CO_2 制备化工产品和原料技术。该项目开发出新型聚合催化剂、新型生产工艺、新的应用领域，这种新型多元醇树脂性能独特，CO_2 在该多元醇中占到近 40%，且具备聚醚耐水解性能和聚酯的耐磨、耐油性能。此外，该多元醇的生物降解性能与纸、植物纤维等天然产物也基本相同，能够解决塑料产品带来的日益严重的白色污染。

（5）国家能源集团咸水层封存。国家能源投资集团有限责任公司目前已建成世界最大的百万吨级鄂尔多斯煤制油厂。从煤制油厂产生的高浓度 CO_2 经捕获液化后，由槽车运送至鄂尔多斯盆地东北部的埋存场地，注入 1300m 的深部咸水层进行封存，年封存 CO_2 为 10 万吨。三维地震探测和数值模拟初步研究表明，埋存场地深部咸水层具有封存 CO_2 的能力，单井能够达到 10 万吨/年的注入规模。2011 年 1 月 2 日 CO_2 试注成功，目前，该项目正在实施中。未来计划分 2 步建成年捕集与封存 CO_2 分别达 100 万吨和 300 万吨的项目。该项目的主要工艺流程：首先通过捕集、提纯、压缩、液化等收集到适合地下封存的 CO_2，然后用低温液体槽车将液体 CO_2 运送到距捕集地约 17 千米的封存区域，输入 3 台缓冲罐内暂存，然后从罐底引出进入封存泵，升压后注入地下 1000～3000 米的岩层，并通过岩性较致密的盖层实现密封。同时建设监测井，用以监测 CO_2 的扩散、运移状态、有无泄漏等。

6.4.3　全流程 CCUS 技术集成与示范

作为一项系统性技术，CCUS 技术的成熟以捕集、运输和封存等各个环节技术的成熟和系统集成为基础。目前，国内已有数个不同规模和路线的全流程 CCUS 示范正在开展或筹备，具体如表 6-7 所示。

表 6-7　　　　　　　　　　我国部分全流程 CCUS 技术集成与示范工作

项目	研发与示范工作主要情况
中石化胜利油田燃煤电厂 3 万吨/年 CO_2 捕集与 EOR 示范	2008 年，中国石化集团胜利发电厂启动了 100 万吨燃煤烟道气 CO_2 捕集和封存驱油中试工程建设。该中试工程捕集胜利发电厂燃煤烟道气中体积浓度约 14％的 CO_2，纯化后达 99.5％的 CO_2 用于胜利低渗透油藏驱油，实现全流程 CO_2 捕集与封存
陕西国华锦界 15 万吨/年 CO_2 捕集示范工程	该项目的成功投运，为我国燃煤电站推进实现"近零排放"提供了技术支撑，为我国火电厂开展百万吨级大规模碳捕集项目积累了实践经验，对落实"双碳"目标具有重要意义
中国华能绿色煤电 IGCC 电站示范工程	旨在研究开发、示范推广可大幅提高发电效率、实现污染物和 CO_2 近零排放的煤基发电系统。重点是自主设计和制造干煤粉加压气化相关设备、掌握大型煤气化工程的设计、建设和运行技术

（1）中石化胜利油田燃煤电厂 3 万吨/年 CO_2 捕集与 EOR 示范。2007 年以来，中国石油化工集团有限公司开展了 CO_2 捕集、储存和驱油技术的研发，并在胜利油田建成了国内外第一个燃煤电厂烟气 CCUS 全流程示范项目。该项目于 2010 年 9 月成功投产，采用燃烧后捕集方式和自主开发的碳捕集工艺对胜利发电厂燃煤烟气中的 CO_2 进行捕集，后经压缩、液化，最终将纯度为 99.5％的 CO_2 输送至胜利低渗透油藏用于驱采原

油。2020 年，中国石化集团捕集二氧化碳量已达到 130 万吨，其中用于油田驱油的达到 30 万吨。中石化自主开发的 CO_2 捕集工艺比传统 MEA 工艺再生能耗降低 20%，同时吸收剂损耗大幅下降，捕集成本降低 30%。

（2）陕西国华锦界 15 万吨/年 CO_2 捕集（CCUS）示范工程。国华锦界 15 万吨/年 CCUS 示范工程是目前国内规模最大、全球设计性能指标最优的 CO_2 捕集装置，项目位于陕西省榆林市。该项目依托国华锦界能源有限公司 1 号 600 兆瓦亚临界压力机组，集成了新型吸收剂（复合胺吸收剂）、增强型塑料填料、降膜汽提式再沸器、超重力再生反应器和高效节能工艺（级间冷却＋分流解吸＋机械式蒸汽再压缩）等新技术、新工艺和新设备，开展了先进的燃煤电厂化学吸收法 CO_2 捕集技术研究和工业示范。

（3）中国华能绿色煤电 IGCC 电站示范工程。华能"绿色煤电"项目天津 IGCC 煤气化发电为中国第一座自主设计和建造的 IGCC 电厂。电厂的煤气化部分采用了华能集团自主知识产权的"两段式干煤粉加压气化技术"，建成 2000 吨/天的全热回收的废锅式气化装置，联合循环部分选用了德国西门子公司的 SGT2000E 型燃气轮机，蒸汽轮机为三压再热方式。

思 考 题

① 简述 CCUS 技术的主要过程及特点。

② 简要分析 CCUS 技术在中国电力行业碳中和中的作用和地位。

③ 随着未来技术的进步和创新，更高效、低能耗的二氧化碳捕集技术正在酝酿，你认为未来新型二氧化碳技术应向何方向发展？

参 考 文 献

[1] 黄斌，许世森，郜时旺，等．华能北京热电厂 CO_2 捕集工业试验研究 [J]．中国电机工程学报，2009（17）：7．

[2] 翟明洋．二氧化碳捕集，利用与封存全流程系统优化模型的开发及应用 [D]．北京：华北电力大学（北京），2018．

[3] 于跃．中国电力行业二氧化碳与大气污染物协同减排的发展路径研究 [D]．太原：太原理工业大学，2021．

[4] 胡艺．常规咪唑离子液体吸收 CO_2 的热力学性能研究 [D]．武汉：华中科技大学，2018．

[5] 王晴．基于离子液体的 CO_2 捕集技术研究 [D]．北京：北京化工大学，2017．

[6] 王兰云，张亚娟，徐永亮，等．离子液体吸收 CO_2 及其机理研究进展 [J]．安全与环境学报，2021，43（05）：1-20．

[7] 刘晴晴，叶佳璐．浅析二氧化碳捕集储存技术研究进展 [J]．当代化工研究，2021（18）：2．

[8] 刘桂臻，李琦，周同，等．《二氧化碳捕集、利用与封存环境风险评估技术指南（试行）》在胜利油田驱油封存项目上的应用初探 [J]．环境工程，2018，36（02）：42-47＋53．

[9] 邬高翔，田瑞 . 二氧化碳捕集技术研究进展 [J] . 云南化工，2020，47（4）：2.

[10] 吴颖兰 . 二氧化碳捕集、封存和利用技术前景可期 [J] . 张江科技评论，2021（04）：25 - 27.

[11] RAYNAL L，ALIX P，BOUILLON P A，et al. The DMX^{TM} process：an original solution for lowering the cost of post - combustion carbon capture [J] . Energy Procedia，2011，4（1）：779 - 786.

[12] TAN J，SHAO H，XU J，et al. Mixture absorption system of monoethanolamine - triethylene glycol for CO_2 capture [J] . Industrial & Engineering Chemistry Research，2011，50（7）：3966 - 3976.

[13] WANG L，ZHANG Y，WANG R，et al. Advanced monoethanolamine absorption using sulfolane as a phase splitter for CO_2 capture [J] . Environmental science & technology，2018，52（24）：14556 - 14563.

[14] 岳琳，曹利，黄学敏 . 膜吸收法分离燃煤烟气中 CO_2 的实验研究 [J] . 环境污染与防治，2017，39（08）：905 - 910.

[15] LI K，COUSINS A，YU H，et al. Systematic study of aqueous monoethanolamine - based CO_2 capture process：model development and process improvement [J] . Energy Science & Engineering，2016，4（1）：23 - 39.

[16] COUSINS A，WARDHAUGH L T，FERON P H M. Preliminary analysis of process flow sheet modifications for energy efficient CO_2 capture from flue gases using chemical absorption [J] . Chemical Engineering Research & Design，2011，4（4）：1331 - 1338.

[17] KARIMI M，HILLESTAD M，SVENDSEN H F. Capital costs and energy considerations of different alternative stripper configurations for post combustion CO_2 capture [J] . Chemical Engineering Research & Design，2011，89（8）：1229 - 1236.

[18] 田群宏 . 不确定设计条件下的 CO_2 管道输送系统优化算法研究 [D] . 青岛：中国石油大学（华东），2018.

[19] 陈兵，白世星 . 二氧化碳输送与封存方式利弊分析 [J] . 天然气化工：C1 化学与化工，2018，43（2）：5.

[20] 贺凯 . CO_2 地质封存系统完整性演化及其泄漏研究 [D] . 大庆：东北石油大学，2019.

[21] LU P，HAO Y，BAI Y，et al. Optimal selection of favorable areas for CO_2 geological storage in the majiagou formation in the ordos basin [J] . International Journal of Greenhouse Gas Control，2021，109：103360.

[22] 臧雅琼 . 我国含油气盆地 CO_2 地质封存潜力分析 [D] . 北京：中国地质大学（北京），2013.

[23] 刘少荣 . 高压 CO_2 管道泄漏风险实验研究 [D] . 大连：大连理工大学，2020.

[24] 王容，杨宇尧，段希宇，等 . CO_2 封存地下监测评价技术 [J] . 油气藏评价与开发，2012，01（4）：44 - 46，55.

[25] 宋安达，赵若霖 . 二氧化碳海洋封存的现状与未来 [J] . 科技展望，2015，025（029）：257.

[26] 李琳 . CO_2 驱油技术中 CO_2 - 烃类体系界面张力的研究 [D] . 天津：天津大学，2020.

[27] 鹿雯 . 强化煤层气采收率的深部煤层封存 CO_2 技术（CO_2 - ECBM）进展研究 [J] . 环境科学与管理，2017，42（11）：5.

[28] NOCITO F，DIBENEDETTO A. Atmospheric CO_2 mitigation technologies：carbon capture utilization and storage [J] . Current Opinion in Green and Sustainable Chemistry，2020，21：34 - 43.

[29] KAMKENG A，WANG M，HU J，et al. Transformation technologies for CO_2 utilisation：current status，challenges and future prospects [J] . Chemical Engineering Journal，2020，409

（8）：128138.

[30] 郑楚光，赵永椿，郭欣．中国富氧燃烧技术研发进展［J］．中国电机工程学报，2014，34（23）：9.

[31] 叶建平，张兵，SAM，等．山西沁水盆地柿庄北区块 3# 煤层注入埋藏 CO_2 提高煤层气采收率试验和评价［J］．中国工程科学，2012，14（02）：38-44.

[32] 王洁．微藻生物能源技术的领跑者——记河北新奥科技发展有限公司朱振旗［J］．中国科技产业，2011（3）：1.

[33] 匡冬琴，李琦，王永胜，等．神华碳封存示范项目中 CO_2 注入分布模拟［J］．岩土力学，2014，35（9）：12.

[34] 陈薪．胜利油田：为环境与经济效益双赢树立典范［J］．低碳世界，2013（1）：4.

[35] 方圆．落实"双碳"目标化工建设企业大有可为——陕西国华锦界 15 万 t/a 二氧化碳捕集（CCS）示范工程建设纪实［J］．石油化工建设，2021，43（5）：5.

[36] 任永强，车得福，许世森，等．国内外 IGCC 技术典型分析［J］．中国电力，2019，52（2）：8.

[37] SVENSSON R, ODENBERGER M, JOHNSSON F, et al. Transportation systems for CO_2-application to carbon capture and storage［J］. Energy conversion and management，2004，45（15-16）：2343-2353.

[38] GENTZIS T. Subsurface sequestration of carbon dioxide—an overview from an Alberta（Canada）perspective［J］. International Journal of Coal Geology，2000，43（1-4）：287-305.

[39] KOU Z, WANG T, CHEN Z, et al. A fast and reliable methodology to evaluate maximum CO_2 storage capacity of depleted coal seams：A case study［J］. Energy，2021，231：120992.

[40] 孙扬，崔飞飞，孙雷，等．重力分异和非均质性对天然气藏 CO_2 埋存的影响——以中国南方 XC 气藏为例［J］．天然气工业，2014，34（08）：82-86.

第 7 章
低碳电力的政策措施与市场建设

7.1 碳中和背景下低碳电力发展的政策措施

电力行业面向碳中和的低碳发展主要有以下措施:

(1) 推动构建低碳电力结构。推动低碳电源建设,降低化石能源消费比重,提升可再生能源消纳水平,强化电源侧灵活调节作用。建设低碳电网,通过电网企业不同部门的协调配合,降低输电损耗,提高用能效率,节约资源使用,实现电网自身减排最大化。建立以低碳为特征的能源、建筑、交通、工业等行业产业体系和消费模式,有效控制温室气体排放,提高应对气候变化能力,促进经济社会可持续发展,为应对全球气候变化作出积极贡献。

(2) 推动提升低碳管理能力。建设碳排放交易市场体系,加快构建城市碳排放核算与管理平台。建成碳排放数据智能化体系,编制碳排放清单,完善体制机制和政策体系,更多地发挥市场机制作用。研究制订适合我国实际的电力市场交易体系。加快培育和发展一批低碳认证、咨询等中介机构及协会。提供能源绿色低碳转型的金融支持,发行可持续发展挂钩债券等,支持化石能源企业绿色低碳转型。健全低碳能源法律和标准体系。

(3) 推动发展低碳电力技术。大力建设风电场和太阳能电站,降低风力发电和太阳能发电成本,加快发展储能技术,协同发展 CCS 和 CCUS,构建各级电网协调发展的智能电网,推进电力大数据建设,加快推进信息通信技术、控制技术和人工智能技术的研发和大规模部署应用。加快发展高效低碳工业技术、节能建筑技术、新型电动车技术及其他建筑、交通、工业等产业低碳技术。加快建设一批低碳技术和工程中心。

7.1.1 低碳发电的政策措施

1. 碳达峰目标

根据国务院 2021 年 10 月 24 日印发《2030 年前碳达峰行动方案》要求,“十四五”期间,发电结构调整优化取得明显进展,重点发电行业效率大幅提升,煤炭消费增长得到严格控制,加快构建新型电力系统,绿色低碳技术研发和推广应用取得新进展,有利于绿色低碳循环发展的政策体系进一步完善。到 2025 年,非化石能源消费比重达到20%左右,单位国内生产总值能源消耗比 2020 年下降 13.5%,单位国内生产总值二氧化碳排放比 2020 年下降 18%,为实现碳达峰奠定坚实基础。到 2030 年,非化石能源消费比重达到 25%左右,单位国内生产总值二氧化碳排放比 2005 年下降 65%以上,风电、太阳能发电总装机容量将达到 12 亿千瓦以上,顺利实现 2030 年前碳达峰目标。

2. 行动方案

根据 2022 年 2 月 10 日国家发展改革委、国家能源局发布的《关于完善能源绿色低碳转型体制机制和政策措施的意见》,为火电企业实现煤电清洁颁布高效转型政策。在电力安全供应的前提下,统筹协调有序控煤减煤,推动煤电向基础保障性和系统调节性电源并重转型。按照电力系统安全稳定运行和保供需要，加强煤电机组与非化石能源发电、天然气发电及储能的整体协同。推进煤电机组节能提效、超低排放升级改造，根据能源发展和安全保供需要合理建设先进煤电机组。充分挖掘现有大型热电联产企业供热潜力，鼓励在合理供热半径内的存量凝汽式煤电机组实施热电联产改造，在允许燃煤供热的区域鼓励建设燃煤背压供热机组，探索开展煤电机组抽汽蓄能改造。有序推动落后煤电机组关停整合，加大燃煤锅炉淘汰力度。原则上不新增企业燃煤自备电厂，推动燃煤自备机组公平承担社会责任，加大燃煤自备机组节能减排力度。支持利用退役火电机组的既有厂址和相关设施建设新型储能设施或改造为同步调相机。完善火电领域二氧化碳捕集利用与封存技术研发和试验示范项目支持政策。

对于新能源实现就地就近、灵活发展。提高本地电源的支撑能力和调动负荷的响应能力，降低对大电网的调节支撑需求，提高电力设施利用效率。通过加强局部电网建设，提升重要负荷中心应急保障和风险防御能力，激发市场活力。通过完善市场化电价机制，调动市场主体积极性，引导电源侧、负荷侧和独立储能等主动作为、合理布局、优化运行，实现科学健康发展。

强化电源侧灵活调节作用。完善灵活性电源建设和运行机制。全面实施煤电机组灵活性改造，完善煤电机组最小出力技术标准，科学核定煤电机组深度调峰能力。因地制宜建设既满足电力运行调峰需要又对天然气消费季节差具有调节作用的天然气"双调峰"电站。积极推动流域控制性调节水库建设和常规水电站扩机增容，加快建设抽水蓄能电站，探索中小型抽水蓄能技术应用，推行梯级水电储能技术。发挥太阳能热发电的调节作用，开展废弃矿井改造储能等新型储能项目研究与示范项目建设，逐步扩大新型储能应用。全面推进企业自备电厂参与电力系统调节，鼓励工业企业发挥自备电厂调节能力，就近利用新能源。完善支持灵活性煤电机组、天然气调峰机组、水电、太阳能热发电和储能等调节性电源运行的价格补偿机制。鼓励新能源发电基地提升自主调节能力，探索一体化参与电力系统运行。完善抽水蓄能、新型储能参与电力市场的机制，更好发挥相关设施调节作用。

推进多能互补，提升可再生能源消纳水平，推动构建以清洁低碳能源为主体的能源供应体系。以沙漠、戈壁、荒漠地区为重点，加快推进大型风电、光伏发电基地建设，对区域内现有煤电机组进行升级改造，探索建立送受两端协同为新能源电力输送提供调节的机制，支持新能源发电设施尽建、能并尽并、能发尽发。各地区按照国家能源战略和规划及分领域规划，统筹考虑本地区能源需求和清洁低碳能源资源等情况，组织制订清洁低碳能源开发利用、区域能源供应相关实施方案。各地区应当统筹考虑本地区能源需求及可开发资源量等，按就近原则优先开发利用本地清洁低碳能源资源，根据需要积极引入区域外的清洁低碳能源，形成优先通过清洁低碳能源满足新增用能需求并逐渐替代存量化石能源的能源生产消费格局。鼓励各地区建设以清洁低碳能源为主体的新型能源系统。

完善能源绿色低碳转型科技创新激励政策。探索以市场化方式吸引社会资本支持资金投入大、研究难度高的战略性清洁低碳能源技术研发和示范项目。采取"揭榜挂帅"

等方式组织重大关键技术攻关，完善支持首台（套）先进重大能源技术装备示范应用的政策，推动能源领域重大技术装备推广应用。强化国有能源企业节能低碳相关考核，推动企业加大能源技术创新投入，推广应用新技术，提升新技术应用水平。

7.1.2 低碳电网的政策措施

1. 电网低碳目标

根据国家发展改革委、国家能源局2021年3月4日发布《关于推进电力源网荷储一体化和多能互补发展的指导意见》，探索构建源网荷储高度融合的新型电力系统发展路径，充分发挥负荷侧的调节能力。完善新型电力系统建设和运行机制，依托"云、大、物、移、智、链"等技术，进一步加强源网荷储多向互动，通过虚拟电厂等一体化聚合模式，参与电力中长期、辅助服务、现货等市场交易，为系统提供调节支撑能力。

2. 行动方案

根据2022年2月10日国家发展改革委、国家能源局发布的《关于完善能源绿色低碳转型体制机制和政策措施的意见》，从提升电网智能化水平角度，要推动大数据、云计算、物联网、移动互联、人工智能等现代信息通信技术与电力系统深度融合，更好地适应清洁能源开发和电能替代需要。大力构建智能互动、开放共享、协同高效的现代电力服务平台，促进源网荷储协调发展，满足各类分布式发电、用电设施接入以及用户多元化需求。深挖需求侧响应潜力，通过加强需求侧智能管理，提升灵活调节能力，实现5%左右的最大用电负荷"削峰"，降低峰谷差，更好地满足新能源消纳需要。

随着能源互联网逐步建成，电网运行方式将更加灵活优化，需求响应和各类新型储能将更加高频地参与电力供需平衡，灵活性资源的形式日益多元。在电网侧，可统筹送受端的调峰安排，制订更加灵活的电网运行方式，鼓励跨省、跨区共享调峰与备用资源。电网需要加大先进信息通信技术、控制技术和人工智能技术的研发和大规模部署应用，有效支撑可再生能源大规模开发利用，提升电网长期稳定安全运行及智能化水平。

加强新型电力系统顶层设计。推动电力来源清洁化和终端能源消费电气化，适应新能源电力发展需要制订新型电力系统发展战略和总体规划，鼓励各类企业等主体积极参与新型电力系统建设。对现有电力系统进行绿色低碳发展适应性评估，在电网架构、电源结构、源网荷储协调、数字化智能化运行控制等方面提升技术水平和优化系统架构。加强新型电力系统基础理论研究，推动关键核心技术突破，研究制订新型电力系统相关标准。加强新型电力系统技术体系建设，开展相关技术试点和区域示范。

完善适应可再生能源局域深度利用和广域输送的电网体系。整体优化输电网络和电力系统运行，提升对可再生能源电力的输送和消纳能力。完善相关省（自治区、直辖市）政府间协议与电力市场相结合的可再生能源电力输送和消纳协同机制，加强省际、区域间电网互联互通，进一步完善跨省跨区电价形成机制，促进可再生能源在更大范围消纳。大力推进高比例容纳分布式新能源电力的智能配电网建设，鼓励建设源网荷储一体化、多能互补的智慧能源系统和微电网。电网企业应提升新能源电力接纳能力，动态公布经营区域内可接纳新能源电力的容量信息并提供查询服务，依法依规将符合规划和安全生产条件的新能源发电项目和分布式发电项目接入电网，做到应并尽并。

2019 年 3 月 6 日，国家电网有限公司在全国两会上提出"实施电能替代加快构建以特高压输电为骨干网架、各级电网协调发展的坚强智能电网"，加快构建以特高压输电为骨干网架、各级电网协调发展的智能电网，全面提高电网安全水平、配置能力和运行效率，促进清洁能源大规模开发、大范围配置和高效利用，更好地支撑"十四五"时期经济社会发展。同时，高质量发展配电网，以保障供电安全、提升服务质量为目标，加快构建可靠性高、互动性好、经济高效的中心城市电网。完善配电网结构，合理划分供区范围，提高负荷转供能力，全面消除薄弱环节，优化电力营商环境。围绕服务乡村振兴战略，加快新型小乡镇、中心村电网和农业生产供电设施升级改造，补齐乡村配电网短板。

7.2　碳排放核算机制

碳核算是测量工业活动向地球生物圈直接和间接排放二氧化碳及其当量气体的措施，是控排企业按照监测计划对碳排放相关参数实施数据收集、统计、记录，并将所有排放相关数据进行计算、累加的一系列活动。显然，碳核算是政府掌握碳排放状况、制订碳控制战略和政策的基础。碳核算机制是一个多元主体的体系，各个主体所承担的角色和责任也会直接影响到核算结果的准确度及成果性质。通过碳核算可以直接量化碳排放的数据，还可以通过分析各环节碳排放的数据，找出潜在的减排环节和方式，对碳中和目标的实现、碳交易市场的运行至关重要。整体而言，碳核算的方式可分为自上而下及自下而上两类，前者主要指国家或政府层面的宏观测量，而后者则包括企业的自测与披露、地方对中央的汇报汇总及各国对国际社会的提交与反馈。

7.2.1　国际碳核算标准

为应对全球气候变暖，20 世纪 90 年代以来，众多国际机构围绕碳排放核算标准的制订开展了大量探索，并相继制定了碳核算标准指南。碳核算标准的制定包括核算边界界定、排放活动分类、核算数据来源、参数选取、报告规范等一系列内容。从影响力来看，部分国际机构或研究机构如联合国政府间气候变化专门委员会（IPCC）、世界资源研究所（WRI）、国际标准化组织（ISO）等制定的温室气体核算指南已成为各国开展温室气体核算的标准。

联合国政府间气候变化专门委员会（IPCC）为帮助各国掌握温室气体的排放水平、趋势以及落实减排举措，在 1995、1996 年分别发布了国家温室气体清单指南及其修订版，旨在为具有不同信息、资源和编制基础的国家提供具有兼容性、可比性和一致性的编制规范，并且为了适应新形势下的温室气体核算，于 2006 年以及 2019 年对该指南进行了进一步的修订。

世界资源研究所（WRI）和世界可持续发展工商理事会（WBCSD）联合建立的温室气体核算体系，是全球最早开展的温室气体核算标准项目之一。该体系是针对企业、组织或者产品进行核算的方法体系，旨在为企业温室气体排放许可目录建立国际公认的核算和报告准则，主要包括《温室气体核算体系：企业核算与报告标准（2011）》《温室气体核算体系：产品生命周期核算和报告标准（2011）》《温室气体核算体系：企业价值链（范围三）核算与报告标准（2011）》。

国际标准化组织（ISO）于2006年发布了14064系列标准，旨在从组织或项目层次上对温室气体（GHG）的排放和清除制定报告和核查标准。2013年ISO进一步发布了14067标准，基于"碳足迹"对产品层面的温室气体核算量化提供指南。目前ISO系列标准在国外企业温室气体核算中已有广泛的应用。

在国际温室气体核算体系的指引下，欧盟、美国以及澳大利亚等纷纷建立了自身的温室气体核算体系。各国碳核算方法基本采用核算法和实测法。核算法主要在能源消费数量的基础上，乘以不同能源事先核算确定的碳排放因子，得到碳排放量，其主要缺点在于能源消费数量需要人工不断地进行核实，工作量相对较大；而实测法即连续监控法，是基于排放源的现场实测基础数据，进行汇总从而得到相关碳排放量，其基于现场测量仪器的测量结果，好处是不需要人工核实，工作量大大降低，缺点是测量仪器在碳排放量过小时会有较大误差。所以在碳排放量比较小的场景较多使用核算法，而在碳排放量比较大的场景则较多使用实测法。美国碳排放核算方式主要包括缺省排放因子估计法、国家特定排放因子估计法、特定控制技术排放因子估计法以及实测法。欧盟采用的碳排放计算方法主要有排放因子法、物料恒算法和实测法三种。以排放因子法为基础，欧盟多国都提出了碳排放计算器，它能够以面向用户的方式提供碳排放量估算的服务。排放因子法是欧盟碳排放估算方法的主流；物料恒算法是近年来提出的一种新方法；实测法在欧盟一些煤炭丰富的国家使用较广泛。澳大利亚在2016年最新发布的《国家温室和能源报告计划——澳大利亚设施排放量估算技术导则》中提出了多种方法，为各种目的的排放估计提供了框架：第一类是通过对排放因子、燃料及原材料的分析对碳排放量进行估算；第二类则是通过两套直接排放监测系统对排放系统进行持续排放监测（CEM）或定期排放监测（PEM）的方法对碳排放量进行估算。

7.2.2 国内碳核算标准

根据《联合国气候变化框架公约》的要求，附件一缔约方每年都需要编制和提交国家温室气体清单，非附件一缔约方则视情况编制和提交国家温室气体清单。1995年IPCC发布的第一版《IPCC国家温室气体清单指南》是世界各国编制温室气体清单的主要方法和规则。中国是《联合国气候变化框架公约》首批缔约方之一，属于非附件一缔约方，需视情况提交国家信息通报。目前，我国已完成了1994、2005、2010、2012年和2014年共5年的碳排放核算工作，分别发布于2004、2012年和2018年的《气候变化国家信息通报》和2017年、2019年《气候变化两年更新报告》中。

　　我国政府层面组织的省级温室气体排放量化工作源于 2007 年地方应对气候变化方案编制，国家发展改革委于 2011 年 5 月发布了《省级温室气体编制清单指南（试行）》，以助力实现 2009 年国务院提出的"到 2020 年我国单位国内生产总值二氧化碳排放比 2005 年下降 40％～45％"的目标。与《IPCC 国家温室气体清单指南》类似，该核算标准从能源活动、工业生产过程、农业、土地利用变化和林业、废弃物处理等方面对我国省级温室气体清单提供了指导。

　　根据《省级温室气体编制清单指南（试行）》要求，以及低碳示范城市建设的需求，我国温室气体清单编制工作逐步细化，江西、河南、山西、陕西、浙江、江苏等省份均启动了各市（区）温室气体清单编制工作。针对一些高碳排放行业的碳排放核算问题，国家发展改革委从 2013 年 11 月到 2015 年 11 月先后发布了 24 个行业的企业温室气体排放核算方法与报告指南（试行），2017 年 12 月，国家发展改革委又印发了《关于做好 2016、2017 年度碳排放报告与核查及排放监测计划制定工作的通知》，明确要覆盖更多的行业及代码，目前已涵盖石化、化工、建材、钢铁、有色、造纸、电力、民航八大行业。这些排放标准覆盖了高碳排放的全部重点行业，规范了企业与核查机构碳排放数据核算，确保了碳市场基础数据的准确性。

7.2.3　国内碳核算范围和方法

　　我国对于碳排放范围的界定主要是根据温室气体核算体系（GHG Protocol）发布的针对行业范围 1、范围 2 和范围 3 的碳排放规定说明。范围 1（直接排放）为企业直接控制的燃料燃烧活动和物理化学生产过程产生的直接温室气体排放。典型的范围 1 涵盖燃煤发电、自有车辆使用、化学材料加工和设备的温室气体排放。范围 2（间接排放）为企业外购能源产生的温室气体排放，包括电力、热力、蒸汽和冷气等。范围 3（价值链上下游各项活动的间接排放）为覆盖上下游范围广泛的活动类型，具体内容包括以下类别：购买的货物和服务，资本货物、与燃料和能源有关的活动（未列入范围 1 或范围 2 的）、上游运输和配送、作业中产生的废物、商务旅行、员工通勤、上游租赁资产，以及下游运输和配送、销售产品的加工、已售产品的使用、已售产品的报废处理、下游租赁资产、特许经营和投资项目。这些报告类别旨在为企业提供一个系统的框架，以衡量、管理和减少整个企业价值链的碳排放，且这些类别被设计成相互排斥的，以避免重复计算不同类别之间的碳排放量。

　　在我国现行的指南和标准中，企业碳核算一般包括二氧化碳、甲烷、一氧化二氮、氢氟碳化合物、全氟碳化物、六氟化硫六种温室气体，企业应分别量化除二氧化碳以外的直接温室气体排放和其他适当的温室气体组，以二氧化碳当量来计量。范围边界一般只涉及范围 1 和范围 2 的碳排放，针对范围 3 碳排放的核算仍然不够完善。

　　我国现行的碳核算方法分为排放因子法和碳平衡法。排放因子法中，碳排放主要由活动水平数据乘上对应的碳排放因子得到。碳平衡法中，碳排放由输入碳含量减去非二氧化碳碳输出量得到。对企业碳排放的主要核算方法为排放因子法，但在工业生产过程

（如脱硫过程排放、化工生产企业过程排放等非化石燃料燃烧过程）中视情况可选择碳平衡法。

根据我国的碳排放核算主流方法，企业层面需要计量和获取的核心数据为企业的活动水平数据和排放因子相关参数。企业的活动水平数据的核算需要经过内部核算和外部核查，但是依据的信息大同小异，主要通过合同、能源消耗台账、燃料技术文件、燃料清单等文件对各个过程的碳排放进行核算和核查。在碳排放权交易试点工作的基础上，八大行业重点碳排放单位自 2015 年起向碳排放主管部门进行了多轮的碳排放数据核算与上报，积累了一定数量、准确性较高的历史数据。

国内的碳排放因子主要有实测值和缺省值两大获取来源。对于整体数据质量较高的行业，国内碳市场鼓励重要的排放因子参数采用企业实测值，其他大部分排放因子参数均可采用缺省值。缺省值的参考值一般会在对应的温室气体排放核算与报告要求文件中进行补充，如《工业其他行业企业温室气体排放核算方法与报告指南（试行）》的附录二提供了常见化石燃料特性参数缺省值数据。

7.3　电力市场与低碳电力发展

7.3.1　电力市场的含义

7.3.1.1　电力市场的定义

电力市场包括广义和狭义两种含义。广义的电力市场是指电力生产、传输、使用和销售关系的总和。狭义的电力市场则指竞争性的电力市场，是电能生产者和使用者通过协商、竞价等方式就电能及其相关产品进行交易，通过市场竞争确定价格和数量的机制。

竞争性电力市场具有开放性、竞争性、计划性和协调性，要素包括市场主体（售电者、购电者）、市场客体（买卖双方交易的对象，如电能、输电权、辅助服务等）、市场载体、市场价格、市场规则等。

许多国家的电力工业都在进行打破垄断、解除管制、引入竞争、建立电力市场的电力体制改革，目的在于更合理地配置资源，提高资源利用率，促进电力工业与社会、经济、环境的协调发展。

电力市场作为一种特殊的市场，与普通市场的不同归根结底就是电力商品（本质是电能）与其他一般商品的差异性。电能既然是商品，就必须遵循市场规律，它的价格就要遵循价值规律，但电力市场服务的广泛性及其产品的不可替代性，电力与社会经济的紧密联动性，决定了电力市场又要顾及社会的承受能力。

电力市场具有网络产业特性，无仓储性的市场供需关系以及整个销售的网络性特征，既是市场特征，又是技术特征。因此，电力市场的建设和运营，不仅需要从社会、政治、经济等方面全方位考虑，而且需要遵循电网运行的客观规律，充分考虑电力工业的技术特性。

电力市场与环保的关联性。电力市场具有明显的经济外部性，电力市场与气候环境之间的关联性表现在电力的供给与对电能的需求两方面。科学有序的电力市场有利于降低发电煤耗、充分利用清洁能源和引导用户合理消费电能。

7.3.1.2　电力市场的种类

完整的电力市场通常由多个部分（子市场）共同构成，各子市场的集合即为电力市场体系。电力市场体系中各类市场的划分有不同的维度，一般有交易数量和额度、市场性质、交易品种、时间、竞争模式等维度。

1. 交易数量和额度

（1）电力批发市场：电力批发市场是指发电企业与电力用户、售电公司之间开展直接交易等电力衍生品交易的市场，是进行大宗电力交易的市场。

（2）电力零售市场：电力零售市场是指在电力批发市场的基础上，进一步放开售电服务，零售用户有权自主选择供电商的售电侧市场方式。

2. 市场性质

（1）电力实物市场：电力实物市场指电力市场交易的时候需要进行实物交割，采用一手交钱一手交货的市场交易方式。

（2）电力金融市场：电力金融市场是指电力市场交易的时候既可以进行实物交割，又可以采用不进行实物交割、只进行金融交易的市场交易方式，如电力期货市场、电力期权市场等。

3. 交易品种

（1）电能量市场：电能量市场包括日前电能量市场和实时电能量市场，简称为日前市场和实时市场，采用全电量申报、集中优化出清的方式开展，通过集中优化计算，得到机组开机组合、分时发电出力曲线以及分时电能量市场价格。

（2）容量市场：容量市场指对电力装机容量进行交易的市场，本质上是一种经济激励机制，使可靠的发电机组能够获得在电能量市场和辅助服务市场以外的稳定经济收入，来鼓励机组建设，使系统在面对高峰负荷时有足够的发电容量冗余。

（3）辅助市场：辅助服务市场指对发电、电网和用电提供的电力系统辅助服务进行交易的市场，目的是保障系统安全稳定运行，包括调频市场、调峰市场、备用市场、无功市场、黑启动市场等。

（4）输电权市场：输电权市场是电力系统参与者对拥有输电权进行交易的市场，主要表现为电网运营商通过拍卖或竞价的方式向有需要的市场参与者提供相应的输电权，获得者可以拥有使用电网线路进行电力传输的权力。

4. 时间

（1）电力现货市场：现货市场主要包括日前、日内和实时的电能量交易市场，现货市场与中长期直接交易市场和期货电力衍生品市场构成现代电力市场体系。

（2）电力中长期市场：中长期市场是进行远期合约、期货和期权等中长期合同交易的市场，时间跨度从几年到日前市场的前一天不等。由于中长期市场交易的标的物是合约而非实物，因此中长期市场也被称为期货市场。

5. 竞争模式

（1）单边市场：指仅在发电端引入竞价模式，价格随行就市，而在用电端仍然保持政府管制模式，价格保持不变的市场竞争模式。

（2）双边市场：指不仅在发电端引入竞价模式，而且在用电端也引入竞价模式，上网电价和销售电价都随行就市的市场竞争模式。中国电力市场的划分见表7-1。

表7-1　　　　　　　　　　中国电力市场的划分

划分依据	子市场
交易数量和额度	电力批发市场、电力零售市场……
市场性质	电力实物市场、电力金融市场……
交易品种	电能量市场、容量市场、辅助市场、输电权市场……
时间	电力现货市场、电力中长期市场……
竞争模式	单边市场、双边市场

电力市场体系建设是一项系统工程，世界上绝大多数电力市场都是从电力现货市场建设起步。电力现货市场因其特殊性和复杂性，在电力市场体系中具有重要的地位和作用。

由于电力现货市场是实现电力实物交割的终极市场，它在整个电力市场体系，特别是电能量交易子系统中起着核心的作用，多数细分市场是为配套现货市场而建设的。电力现货市场的重要特征是价格随时间波动。

与现货市场强相关的是电力辅助服务市场，电力辅助服务市场是伴随电力现货市场建设的一类特殊的辅助类市场。

7.3.2　电力市场建设历程

7.3.2.1　国内电力市场的建设历程

中国的电力市场的发展是一个稳步推进的过程。十一届三中全会后，随着社会主义市场经济改革的深入进行，我国经济发展呈现高速发展的态势，产生了强劲的电力需求，并造成了持续而严重的电力短缺。1985年，国家出台《关于鼓励集资办电和实行多种电价的暂行规定》，提出了集资办电政策。以集资办电形式体现的电力市场改革取得了明显的成效，同时也坚定了政府在电力工业中建立市场经济体系的决心和信心。1997年国家成立国家电力公司，与电力工业部同时运行，电力工业从形式上实现了政企分开；1998年电力工业部被撤销，国家电力公司承接了电力工业部所管的全部资产，作为国务院出资的企业独立运营，电力工业正式从中央层面实现了政企分开。

2002年2月，国务院下发《国务院关于印发电力体制改革方案的通知》（国发〔2002〕5号文件，以下简称"5号文件"），决定对电力工业实施以"厂网分开、竞价上网、打破垄断、引入竞争"为主要内容的新一轮电力体制改革，其总体目标是"打破垄断，引入竞争，提高效率，降低成本，健全电价机制，优化资源配置，促进电力发展，推进全国联网，构建政府监督下的政企分开、公平竞争、开放有序、健康发展的电力市场体系"，这标志着我国电力行业进入了全面改革的新时期。

按照 5 号文件精神，具体的举措包括：①厂网分开，组建五大发电集团。根据 5 号文件确定的发电资产重组原则，国家组建了华能、华电、大唐、国电、中电投五大电力集团。②重组电网资产，设立国家电网公司和南方电网公司。在华北（含山东）、东北（含内蒙古东部）、西北、华东（含福建）、华中（含重庆、四川）地区组建了区域电网公司。设立南方电网公司，其经营范围为云南、贵州、广西、广东和海南等省区。③推进主辅分离改革，对国家电力公司系统所拥有的辅助性业务单位和"三产"、多种经营企业进行调整重组。④逐步推进电价改革，对上网电价、输配电价和销售电价的改革和电价管理提出了明确的改革意见，上网电价由最初的"一机一价"转变为"标杆定价"，另外推行了差别电价、峰谷电价，并于 2004 年推出煤电价格联动机制。⑤区域电力市场的建设和试点工作开始启动，东北、华东区域电力市场进行模拟运行和试运行。

自 2002 年电力体制改革实施以来，在党中央、国务院领导下，电力行业破除了独家办电的体制束缚，从根本上改变了指令性计划体制和政企不分、厂网不分等问题，初步形成了电力市场主体多元化竞争格局。电力体制改革促进了电力行业快速发展，提高了电力普遍服务水平，初步形成了多元化市场体系，电价形成机制逐步完善，积极探索了电力市场化交易和监管。

与此同时，电力行业发展还面临一些亟需通过改革解决的问题，主要有：

（1）交易机制缺失，资源利用效率不高。售电侧有效竞争机制尚未建立，发电企业和用户之间市场交易有限，市场配置资源的决定性作用难以发挥。节能高效环保机组不能充分利用，弃水、弃风、弃光现象时有发生，个别地区窝电和缺电并存。

（2）价格关系没有理顺，市场化定价机制尚未完全形成。现行电价管理仍以政府定价为主，电价调整往往滞后成本变化，难以及时并合理反映用电成本、市场供求状况、资源稀缺程度和环境保护支出。

（3）政府职能转变不到位，各类规划协调机制不完善。各类专项发展规划之间、电力规划的实际执行与规划偏差过大。

（4）发展机制不健全，新能源开发利用面临困难。光伏发电等新能源产业设备制造产能和建设、运营、消费需求不匹配，没有形成研发、生产、利用相互促进的良性循环，可再生能源和化石能源发电无歧视、无障碍上网问题未得到有效解决。

（5）立法修法工作相对滞后，制约电力市场化和健康发展。现有的一些电力法律法规已经不能适应发展的现实需要，有的配套改革政策迟迟不能出台，亟待修订有关法律、法规、政策、标准，为电力行业发展提供依据。

为此，2015 年中共中央办公厅　国务院办公厅印发了《关于进一步深化电力体制改革的若干意见》（中发〔2015〕9 号），掀起了新一轮电力改革的浪潮。改革的指导思想和总体目标是：坚持社会主义市场经济改革方向，从我国国情出发，坚持清洁、高效、安全、可持续发展，全面实施国家能源战略，加快构建有效竞争的市场结构和市场体系，形成主要由市场决定能源价格的机制，转变政府对能源的监管方式，建立健全能源法制体系，为建立现代能源体系、保障国家能源安全营造良好的制度环境，充分考虑各方面诉求和电力工业发展规律，兼顾改到位和保稳定。通过改革，建立健全电力行业"有法可依、政企分开、主体规范、交易公平、价格合理、监管有效"的市场体制，努力降低电力成本、理顺价格形成机制，逐步打破垄断、有序放开竞争性业务，实现供应多元化，调整产业结构，提升技术水平、控制能源消费总量，提高能源利用效率、提高安全可靠性，促进公平竞争、促进节能环保。

改革的重点和路径是：在进一步完善政企分开、厂网分开、主辅分开的基础上，按照管住中间、放开两头的体制架构，有序放开输配电以外的竞争性环节电价，有序向社会资本开放配售电业务，有序放开公益性和调节性以外的发用电计划；推进交易机构相对独立，规范运行；继续深化对区域电网建设和适合我国国情的输配体制研究；进一步强化政府监管，进一步强化电力统筹规划，进一步强化电力安全高效运行和可靠供应。中国电力市场发展事件如表 7-2 所示。

表 7-2　　　　　　　　　　中国电力市场发展事件

年份	事件
1978～1987	1985 年国家出台《关于鼓励集资办电和实行多种电价的暂行规定》，提出了集资办电政策
1988	1988 年华东等五大区域联合电力公司成立，由能源部直接管理，并在同年 8 月，国家电力公司推出以"政企分开，省为实体"和"厂网分开，竞价上网"为内容的"四步走"的改革方略。1998 年 12 月 24 日，国务院办公厅转发《国家经贸委关于深化电力工业体制改革有关问题的意见》
1993	1993 年 1 月，经国务院同意，联合电力公司改组为电力集团公司，组建了华北、东北、华东、华中、西北五大电力集团；国务院撤销能源部，重组电力工业部
1995	1995 年，我国开始实行多家办电，允许外商投资电力项目，电力市场形成多元化投资主体，对电力发展起到重要推动作用。这个阶段被称为第一轮电力改革
1996	1996 年 12 月，《国务院关于组建国家电网公司的通知》（国发〔1996〕48 号）决定组建国家电力公司
1997	1997 年成立国家电力公司，与电力工业部同时运行，电力工业从形式上实现了政企分开
1998	1998 年，国务院出台《关于深化电力工业体制改革有关问题的意见》（国办发〔1996〕146 号），开始各省电力工业政企分开改革试点工作
1999	1999 年，党中央、国务院作出了西部大开发的重大决策，把西电东送作为西部大开发的标志性工程
2000	2000 年，国务院三峡建设委员会第九次会议召开。同年 10 月，《国务院办公厅关于电力工业体制改革有关问题的通知》（国办发〔2000〕69 号）明确电力体制改革工作由原国家计委牵头，会同国家经贸委、国家电力公司等部门和单位，组成电力体制改革协调领导小组
2001	2001 年全国大部分省份完成了电力工业政企分开改革，电力企业基本具备了接受政府管制的主体条件

年份	事件
2002	2002 年，《电力体制改革方案》（国发〔2002〕5 号）将原国家电力公司一分为十一，为发电侧市场塑造了市场主体
2003	2003 年，具有正部级编制的国家电监会成立。2003 年 9 月底，东北区域电力市场开始启动，标志着我国第一个区域电力市场正式建立
2004	2004 年，在东北区域市场试行了两部制上网电价且电量电价市场化
2005	2005 年 5 月 21 日发布《国家发展改革委关于 2005 年电力体制改革主要任务目标及工作分工的通知》（发改能源〔2005〕777 号），指明 2005 年是实现"十五"电力改革目标、衔接"十一五"改革任务的关键一年
2006	2006 年，原国家电监会印发《并网发电厂辅助服务管理暂行办法》（电监市场〔2006〕43 号）。我国电力辅助服务由此进入计划补偿阶段
2007	2007 年 8 月 2 日，《国务院办公厅关于转发发展改革委等部门节能发电调度办法（试行）》（国办发〔2007〕53 号）获批施行，首选贵州、广东、江苏、四川、河南五省开展试点，打算取得经验后尽快在全国推广
2008	2008 年，国家电网公司提出以规范管理和创新机制进一步推进统一开放、竞争有序的三级电力市场体系建设，全力推动公司电力市场交易工作迈上新台阶
2009	2009 年，国家电监会等三部门联合要求，研究制定经济补偿办法。各试点省分别结合实际，制定了不同的经济补偿方案。原国家电力监管委员会关于印发《电力用户与发电企业直接交易试点基本规则（试行）》的通知（电监市场〔2009〕50 号），开始推进电力直接交易试点工作
2010	2010 年 7 月 21 日，南方电网开始全网节能发电调度模拟运行。同年 12 月 27 日，南方电网宣布区内五省区全部实施节能发电调度
2011	2011 年 3 月 28 日，国家发展改革委发布《关于做好 2011 年电力运行调节工作的通知》（发改运行〔2011〕662 号）
2012	2012 年 10 月 24 日，国务院新闻办公室发表《中国的能源政策（2012）》白皮书
2013	2013 年 9 月 12 日，《国务院关于印发大气污染防治行动计划的通知》（国发〔2013〕37 号），行动计划确定了十项具体措施，包括加快调整能源结构、建立区域协作机制等
2014	2014 年 10 月 1 日，随着东北能源政府支持局下发的《东北电力辅助服务调峰市场政府支持办法（试行）》实施，我国首个电力调峰辅助服务市场正式启动
2015	2015 年 3 月 15 日《中共中央　国务院关于进一步深化电力体制改革的若干意见》（中发〔2015〕9 号）
2016	国家发展改革委、国家能源局颁发《电力中长期交易基本规则（暂行）》的通知（发改能源〔2016〕2784 号）

年份	事件
2017	2017 年 7 月 1 日起试行可再生能源绿色电力证书核发及自愿认购交易制度，可再生能源绿色电力证书自愿认购交易正式启动
2018	2018 年，成立中国电力现货市场
2019	2019 年，国家发展改革委、国家能源局先后出台了 9 项相关政策
2020	2020 年 1 月，国家发展改革委印发《区域电网输电价格定价办法》（发改价格规〔2020〕100 号）和《省级电网输配电价定价办法》（发改价格规〔2020〕101 号）
2021	2021 年 11 月 24 日召开的中央全面深化改革委员会第二十二次会议中，审议通过了《关于加快建设全国统一电力市场体系的指导意见》（发改体改〔2022〕118 号）

7.3.2.2 国外电力市场的建设历程

作为电力生产与消费大国，美国以实现跨州区域电力市场为目标逐步推进电力市场化改革，并形成了多个以调度交易一体化为特征的区域电力市场。如表 7-3 所示，美国区域电力市场的建设历经了发电侧竞争的地区电力市场模式、独立系统运营商集中组织的区域电力市场模式、区域输电运营商集中组织的区域电力市场模式 3 个发展阶段。

表 7-3　　　　　　　　　　　　　　美国电力市场发展事件

年份	事件
1978	美国政府颁布了新的《能源政策法》，而《公用事业管制政策法案》则允许非公用事业公司进入发电和电力批发市场
1996	1996 年，美国联邦能源管制委员会（Federal Energy Regulatory Commission，FERC）出台法令，要求开放电力批发市场，明确要求发电厂与电网必须分离
1997	德州、加州等地区相继成立独立系统运营商
1999	美国联邦能源检测管委会发布 2000 号法令，鼓励成立区域输电运营商
2000	2000 年，北欧电力交易所（Nord Pool）和欧盟能源政府支持委员会（CEER）成立
2001	美国联邦能源管制委员会批准了 MISO 和 PJM 的独立系统运营商成为区域输电运营商
2003	标准市场设计框架发布
2005	2005 年，美国再次修订实施了新的能源法案《国家能源政策法 2005》，对 FERC 的权利进行重大变革
2018	适用新能源的美国电力市场优化
2019	加州独立系统运营商决定在西部能源不平衡市场基础上，建立覆盖美国西部八州的区域性可再生能源日前市场

作为电力改革的先行者，欧盟一直致力于推进全欧范围内的统一电力市场建设。经过近 30 年的发展，欧盟逐步建成了以日前、日内市场耦合为主要特征的欧洲统一电力市场。如表 7-4 所示，欧洲统一电力市场的演化经历了从国家电力市场到区域电力市

場再到跨国电力市场 3 个发展阶段。

表 7 - 4　　　　　　　　　　　　　欧盟电力市场发展事件

年份	事件
1986	1986 年，尚处于"欧共体"时代的欧洲签署了《单一欧洲法案》（Single European Act），欧盟统一能源市场的设想初步诞生
1990	1990 年，北欧五国跨国电力交易日益频繁，初步实现区域能源共享和互补
1993	1993 年欧盟提出建设统一电力市场改革目标，提出建设统一电力市场的目标
1996	欧盟的经济能源部于 1996 年 6 月出台第一电力指令（96/92/EC）
1999	北欧、英国、德国、荷兰、意大利相继成立电力市场
2000	2000 年，北欧电力交易所（Nord Pool）成立，北欧成为世界第一个跨国电力市场，为欧洲跨国电力市场发展打下基础
2001	2011 年，欧盟提出在 2014 年之前建成欧洲内部统一能源市场（Single Energy Market）的目标
2003	2003 年，欧盟发布了第二电力指令（2003/54/EC），该指令以促进欧洲统一电力市场建设为核心目标，进一步深化电力市场自由化
2006	2006 年，日前电力跨境耦合市场启动。国家电力市场开始合并，中西欧、伊比利亚、东南欧电力市场相继成立
2009	欧盟发布第三电力指令（2009/72/EC），组建统一的能源政府支持机构与输电网络运营组织商
2011	2011 年，欧盟新一轮电力改革法案正式生效
2015	2015 年，实现基于欧洲区域电网互联的电力市场日前交易联合出清
2018	2018 年，欧洲跨境日内市场成功上线运行，整个欧洲日内连续市场整合在一起，以补充现有的日前耦合市场
2020	2020 年 1 月 30 日，欧盟正式批准了英国脱欧，英国退出欧盟碳排放交易体系

7.3.3　低碳电力发展对电力市场建设的期待

自 20 世纪 80 年代以来，全球多个国家都进行了电力市场化改革。通过一系列电力市场化交易体系和电力系统运行机制的改革，不仅实现了通过市场价格信号实现电力资源的优化配置，也通过市场手段促进了电力系统运行灵活性的提升，促进了以风电、光伏发电为代表的低碳电源的消纳。电力行业的市场化改革，不仅推动了用电价格信号的市场化，为用电侧的"再电气化"创造了便利条件和激励信号，还有利于发电运行灵活性的增强，在供给端实现低碳转型。2015 年 3 月 15 日，《中共中央　国务院关于进一步深化电力体制改革的若干意见》出台，标志着我国新一轮电力市场化改革的启动。本轮改革旗帜鲜明地提出"加快构建有效竞争的市场结构和市场体系，形成主要由市场决定能源价格的机制"的市场化改革方向，同时将控制能源消费总量、提高能源利用效率、促进节能环保作为重要改革目标。因此，如何通过推进我国电力市场化改革，促进我国能源生产和消费的低碳化转型，已经成为我国能源领域重大课题。

"双碳"目标的提出和新能源快速发展对进一步提升电力资源配置能力、实现能源绿色低碳转型提出了更高要求。应加快建设全国统一电力市场，促进电力资源在更大范围内共享互济和优化配置。

电力市场的未来建设，一是理顺一、二次能源价格的关系，完善煤电价格市场化形成机制，建立充分保障电力可靠供应的市场机制。二是建立适应多能源品种的市场机制。针对新能源发电特性，加快建立可再生能源消纳权重考核机制，扩大绿色电力交易规模，引导全社会主动消费绿色电力。实施"保价保量"优先计划，推动各类电源和全体工商业用户参与市场，实现包括可再生能源在内的各类电源同网同价。三是建立充分调动灵活调节资源的市场机制。将快速爬坡、备用等纳入辅助服务市场，促进煤电由电量收益向电力调节收益转变。积极推进用户侧参与现货市场，激发用户参与系统调节和保障供需平衡的潜力。四是依托省间市场统筹实现全网电力平衡。统一市场准入、交易品种、交易时序、交易执行结算等交易规则，统一交易技术标准和数据接口标准。加快实施跨省跨区发用电计划，推动用户直接参与省外市场，在此基础上稳步推进各类市场主体直接参与跨省跨区交易。

新型电力系统建设环境下，新能源大规模发展，需要常规能源为电网提供转动惯量和调节能力。但常规电源电量逐步压缩，仅靠电能量收入难以维持生存，单一的电能量市场难以适应高比例新能源系统的要求，需要配套其他市场设计，即采用"电能量市场＋辅助服务市场＋容量成本机制"的市场架构。从短期运行来看，加快建设电力现货市场，合理确定市场限价，健全调频、备用等辅助服务市场，建立发电和用户都参与的的电力市场，充分发挥各类资源灵活调节能力，促进"源网荷储互动"。从长期可持续发展来看，建立容量成本回收机制，确保一些电源长期作为可靠性容量，在低发电小时数的情况下，依然能够愿意常年当备份，这是保障电力长期可靠供应的重要措施。

7.4　碳市场与低碳电力发展

7.4.1　碳市场的含义

1. 碳排放的外部性

外部性又称为溢出效应、外部影响、外差效应或外部效应、外部经济等，指一个人或一群人的行动和决策使另一个人或一群人受损或受益的情况。经济外部性是经济主体（包括厂商或个人）的经济活动对他人和社会造成的非市场化的影响，即社会成员（包括组织和个人）从事经济活动时其成本与后果不完全由该行为人承担，分为正外部性（positive externality）和负外部性（negative externality）。正外部性是某个经济行为个体的活动使他人或社会受益，而受益者无须花费成本，负外部性是某个经济行为个体的活动使他人或社会受损，而造成负外部性的人却没有为此承担代价。

工厂在生产中所排放的污染物就是一种负外部性。它所造成的社会成本包括政府治理污染的花费，自然资源的减少，以及污染物对人类健康造成的危害。发电过程中所产生的污染物对环境来说无疑是一种负外部性，它会导致空气质量变差，影响到人类的健康，最终导致社会治理成本增加。

从对空气质量污染的角度看，二氧化碳并不是大气污染物，且由于发展阶段的原因，以及人们对温室气体排放与气候变化的关系初期认识不足的原因，生产过程中的温室气体排放是不加控制的。随着温室气体大量排放，大气中的温室气体浓度不断增加，所引起的气候变化对生态系统及人类社会的影响逐渐成为共识，人们对温室气体排放及其造成负外部性认识不断深化。因此，为了消除温室气体排放所带来的负外部性，需要政府发挥作用。

2. 碳税及碳排放权交易

英国经济学家庇古（Arthur Cecil Pigou，1877—1959）在 1920 年出版的《福利经济学》一书中进一步对外部性进行了论述，认为如果"私人净边际产品"小于"社会净边际产品"，即存在"外部经济"（正外部性），反之则是"外部不经济"（负外部性）；当投资存在负外部性时，私人成本与社会成本分离会令市场失灵，需要通过政府干预手段，对负（正）外部性进行征税（补贴）。环境问题是一个典型的负外部性实例，一般情况下，市场机制难以激励私人（生产者与消费者）主动开展环境保护，因此需要依靠政府干预。庇古最先提出根据污染所造成的危害程度对排污者征税，用税收来弥补排污者生产的私人成本和社会成本之间的差距，使两者相等，使资源配置达到帕累托最优状态，这种税被称为"庇古税"。

碳排放权交易理论基础源于科斯定理（Coase theorem）。在某些条件下，经济的外部性或者说非效率可以通过当事人的谈判而得到纠正，从而达到社会效益最大化。具体而言，只要财产权是明确的，并且交易成本为零或者很小，那么，无论在开始时将财产权赋予谁，市场均衡的最终结果都是有效率的，最终能够实现资源配置的帕累托最优。

对于污染控制来讲，如果污染的影响是明确的，且产权明确，交易成本为零，各污染排放企业就可以通过协商与交易达到规定水平，控制污染物排放。与其他污染物不同，一家企业排放二氧化碳并不会直接给另外一家企业带来经济上的损失，也不会直接影响到人们的身体健康，所以影响者与被影响者之间不会自发协商谈判减排，必须依靠政府确定碳减排总量或者要求强制企业控制二氧化碳排放。由于分配给企业的碳减排要求是明确的，且由于二氧化碳的减排效果在全球范围内是相同的，只要总排放量能够达到政府消减目标的要求，根据科斯定理，用市场交易的方式是实现资源配置效率最大化的最有效方式。

碳市场就是将二氧化碳（CO_2）等温室气体排放权作为商品进行买卖，以实现低成本减少全球温室气体排放的目的。碳排放权是指企业向大气中排放以二氧化碳为主的温室气体的权利，也是由政府人为制定的排放主体在一定时期内可向空气中排放一定总量二氧化碳的许可。碳排放权对于企业而言也是一种有价值的资产，这是由于碳排放权不仅具有常规商品属性，而且因其产生于人类对大气环境保护意识的崛起，将大气环境这种公共物品通过人为手段进行私有化，使其作为一种特殊商品，政府允许排污企业对自身获得的碳排放权指标进行包括占有、买卖交易、转让、使用等一系列的自由支配活动，通过上述自发的碳排放权交易以实现碳排放权的最优配置，资源优化配置目标的实现过程便构成了碳交易的雏形。

以配额为基础的碳交易是买家在"限量与贸易"体制下购买由管理者制定、分配（或拍卖）的减排配额。即环境管理者设定1个排放量上限，受该体系管辖的每个企业将从环境管理者那里分配到相应数量的配额，每个配额单位等于1吨CO_2当量。在承诺期中，如果这些企业的温室气体排放量低于该分配数量，则剩余的配额可以通过市场有偿转让给那些实际排放水平高于其承诺而面临违约风险的企业，以获取利润；反之，则必须到市场上购买配额，否则，将会受到惩罚。

作为一项法律制度，《京都议定书》中规定了承担定量减排义务的发达国家与发达国家之间的排放权交易制度，以及具有一定市场特征的发达国家与发展中国家之间的清洁发展机制（CDM）。其中CDM是《联合国气候变化框架公约》附件一国家（发达国家）与非附件一国家（发展中国家）之间的合作机制。目的是促进发展中国家缔约方实现可持续发展，并协助发达国家缔约方完成《京都议定书》为其规定的限制和减少温室气体排放的目标。清洁发展机制（CDM）项目产生的减排量称为经核证的减排量（CERs）。即允许附件一国家的投资者从其在发展中国家实施的，并有利于发展中国家可持续发展的减排项目中获取CERs。这也是《京都议定书》中唯一涉及发展中国家的一种机制，它是一种"双赢"机制：一方面，发展中国家通过合作可以获得有利于可持续发展的先进技术以及急需的资金；另一方面，通过这种合作，发达国家可以大幅度降低其在国内实现减排所需的高昂费用，加快减缓全球气候变化的行动步伐。

碳交易市场根据是否具有强制性可分为强制性（或称履约型）碳交易市场和自愿性碳交易市场。强制性碳交易市场，也就是通常提到的"强制加入、强制减排"，在目前国际上运用最为普遍。其中较为典型或影响力较大的有欧盟排放交易体系（EU ETS）、美国区域温室气体减排行动（RGGI）、美国加州总量控制与交易体系、新西兰碳排放交易体系（NZ ETS）、日本东京都总量控制与交易体系（TMG）等。自愿性碳交易市场，多出于企业履行社会责任、增强品牌建设、扩大社会效益等一些非履约目标，或是具有社会责任感的个人为抵消个人碳排放、实现碳中和生活，而主动采取碳排放权交易行为以实现减排。自愿性碳交易市场通常有两种形式，一种为"自愿加入、自愿减排"的纯自愿碳市场，如日本的经济团体联合会自愿行动计划（KVAP）和自愿排放交易体系（JVETS）；另一种为"自愿加入、强制减排"的半强制性碳市场，企业可自愿选择加入，其后则必须承担具有一定法律约束力的减排义务，若无法完成则将受到一定处罚，最典型的代表是芝加哥气候交易所（CCX）。

　　碳交易体系是排放权交易制度理论在应对气候变化领域的一种实践，20 世纪 90 年代的国际气候谈判在设计减少温室气体排放方案时，碳交易体系作为一种降低减排成本、提高减排效率的市场手段被引入。1997 年《京都议定书》在为发达国家确定了温室气体强制减排目标的同时，配套设计了三种灵活市场履约机制，碳交易体系由此产生，形成了跨国的碳排放权交易，帮助这些国家完成其减排义务。

　　2000 年英国发布了其"气候变化计划"（CCP），提出了为实现《京都议定书》的一系列安排，其中就包括了排污权交易机制。2002 年 3 月英国成立了全球第一个国家性温室气体经济交易体系，计划在 2002—2006 年达成 1190 万吨二氧化碳当量交易总额的目标。同时英国政府和 6000 多家公司达成"气候变化协议（Climate Change Agreement）"，给各公司制定了能源目标，满足目标的公司可以获得"气候变化税"中 80%的退还。公司在自愿的基础上参加 UK ETS，购买碳配额指标（Allowance）或出售公司超出减排承诺的配额（Over‐compliance）。

　　2003 年芝加哥气候交易所成立，这是全球第一个也是北美地区唯一自愿性参与温室气体减排量交易并对减排量承担法律约束力的先驱组织和市场交易平台。芝加哥气候交易所是由会员设计和治理、自愿形成一套交易规则，其会员自愿但从法律上联合承诺减少温室气体排放。芝加哥气候交易所要求会员实现减排目标，即要求每位会员通过减排或购买补偿项目的减排量，做到在 2003—2006 年间，每年减少 1%的排放。并保证截至 2010 年，所有会员会实现 6%的减排量。2004 年芝加哥气候交易所在欧洲建立了分支机构——欧洲气候交易所。2005 年芝加哥气候交易所与印度商品交易所建立了伙伴关系。2008 年芝加哥气候交易所与天津产权交易中心合资建立了中国第一家综合性排放权交易机构——天津排放权交易所。目前，芝加哥气候交易所是全球第二大碳汇贸易市场也是全球唯一同时开展 CO_2、CH_4、N_2O、FCs、PFCs、SF_6 六种温室气体减排交易的市场，建立了现行减排补偿项目明细表。虽然美国退出了《京都议定书》，芝加哥气候交易所却允许其会员以登记在 CDM 体系下的项目来抵消其承诺的减排额。

　　2005 年 1 月 1 日，欧盟为帮助其成员国履行《京都议定书》的减排承诺正式启动了欧盟排放交易体系（EU ETS），这是世界上第一个国际性的排放交易体系。欧盟排放贸易体系的目标和功能是减排二氧化碳，它涵盖了所有欧盟成员国，一些非欧盟成员国也自愿加入，与欧盟成员国进行排放贸易。该交易体系采用的是总量管制和排放交易的管理和交易模式，欧盟每个成员国每年先预定二氧化碳的可能排放量（与《京都议定书》规定的减排标准相一致），然后政府根据总排放量向各企业分发被称为"欧盟排碳配额（EUA）"的二氧化碳排放权，每个配额允许企业排放 1 吨的二氧化碳。如果企业在期限内没有使用完其配额，则可以"出售"金额套利。一旦企业的排放量超出分配的配额，就必须通过碳交易所从没有用完配额的企业手中购买配额；反之，如果企业超出了其获得的排放量，就必须到市场上购买排放权，否则就会被处以重罚。通过类似银行的记账方式，配额能通过电子账户在企业或国家之间自由转移。

同时，欧盟排放交易体系也具有开放式特点。欧盟排放交易体系允许被纳入排放交易体系的企业可以在一定限度内使用欧盟外的减排信用，但是，它们只能是《京都议定书》规定的通过清洁发展机制（CDM）或联合履约（JI）获得的减排信用，即核证减排量（CERs）或减排单位（ERUs）。

2005年12月，美国康涅狄格、特拉华和缅因等7个州签订了区域温室气体倡议（RGGI）框架协议，形成了美国第一个以市场为基础的温室气体排放贸易体系。这是美国第一个以市场为基础的温室气体排放贸易体系。

2006年芝加哥气候交易所在加拿大建立了蒙特利尔气候交易所，次年芝加哥气候交易所还制定了《芝加哥协定》，详细规定了建立芝加哥气候交易所的目标、覆盖范围、减排时间安排、注册要求、监测程序以及交易方案等一系列可操作性强的交易细则。

2007年1月，英国的排放交易体系（UK ETS）的参与公司可以选择加入欧盟排放交易体系（EU ETS）。2007年3月13日，英国公布了全球首部应对气候变化问题的专门性国内立法文件《气候变化法案草案》，其中配套要求成立气候变化委员会。2008年11月26日该法案生效，英国成为第一个针对气候变化进行立法的国家。在英国的示范作用影响下，欧盟建立完善的法律体系，加大了温室气体排放控制范围。同年，挪威向欧盟委员会提交了《国家配额分配计划》（NAP）。

2007年2月由美国加州等西部7个州和加拿大中西部4个省共同组织的西部气候倡议（WCI）签订成立。WCI建立了包括多个行业的综合性碳市场，计划是到2015年进入全面运行并覆盖成员州（省）90％温室气体排放，以实现2020年比2005年排放降低15％的目标。在这一计划的执行下，WCI与RGGI互补。RGGI从一个单一行业为切入点，而WCI扩大了排放交易体系的行业覆盖范围，基本扩大至所有经济部门，交易气体也从单纯的二氧化碳扩大至6种温室气体，甚至更多。WCI旨在通过州、省之间的联合来推动气候变化政策的制定和实施，尤其是支持采用市场机制来有效实现减排。各成员州、省通过委派代表组成配额设置与排放额分配委员会，负责为本区域设置排放上限以及在各成员间分配排放额。为了达到这个目标，WCI采用区域限额与交易机制，确立一个明确的、强制性的温室气体排放上限，然后通过市场机制来确定最符合成本效益的方法来达到这一目标。州或省政府规定一个或几个行业碳排放的绝对总额、可交易的排放额或排放许可限定。在该总额内，这些排放额可以通过拍卖或无偿的方式重新进行分配，各州、省或联邦政府指定各组织机构提供排放额以中和其碳源。

2008年初，挪威碳排放交易体系与欧盟碳排放交易体系正式对接。通过双边协议，欧盟排放交易体系可以与其他国家的排放交易体系实现兼容。挪威虽并非欧盟成员国，但其制定的气候政策、确立的减排目标和发展步伐始终与欧盟保持同步，在制定《温室气体排放交易法》时，充分考虑到与欧盟碳排放交易体系的兼容性，在许多原则与条款上同欧盟碳交易体系基本一致，并于2007年和2009年先后两次对该法进行修改，使其更加适应欧盟体系的运作机制。

2008年新西兰碳排放交易体系（NZ ETS）正式运行，将林业、电力、热力和石化、化工行业纳入其中。同时，企业按照政府的要求将气候变化的影响纳入企业的长期发展规划，参与气候变化项目的研究与开发，设立气候变化科研基金，积极承担企业在应对气候变化问题上的社会责任。新西兰通过 NZ ETS 成功实现了低成本减排、促进清洁能源投资的目标。NZ ETS 将农业纳入碳排放交易体系，企业既可通过国内市场又可通过京都市场进行碳交易，强制减排和灵活参与相结合，预留了与其他国家、区域碳排放交易体系接轨的相应条款。

2009 年美国区域温室气体减排行动（RGGI）正式启动，由美国东北部和大西洋中部的 10 个州（康涅狄格州、特拉华州、缅因州、马里兰州、马萨诸塞州、新罕布什尔州、新泽西州、纽约州、罗德岛州和佛蒙特州）共同签署建立、联合运行，旨在限制和减少电力部门二氧化碳排放，且仅覆盖电力行业。RGGI 是一个以州为基础的区域性应对气候变化合作组织，主要采取分散交易的模式，由参与各州分别设立交易所进行配额拍卖，企业拍卖获得的配额可以在 RGGI 框架下所有的交易所进行交易。RGGI 与 EU ETS 最大的区别在于，RGGI 在设立之初就将碳排放权的拍卖配额设定为 90%，是第一个以市场为基础的强制性总量限制交易协议。此外，RGGI 与大多数交易体系不同，属于单行业交易体系，仅对火力发电行业进行碳排放限制。由于采取重视市场化的发展模式，美国碳交易市场在设立之初就具备较高的金融化程度。这一发展模式在市场效率上体现出较大优势，但对碳排放总量的约束力有限。

2009 年哥本哈根气候大会未达成《京都议定书》第二承诺期有约束力的目标，国际气候谈判矛盾交错，《京都议定书》减排模式未能获得发达国家的支持，美国、加拿大、日本、俄罗斯退出《京都议定书》，其他各国也未能就第一承诺期的配额和减排信用如何结转至第二承诺期达成一致意见，导致基于京都机制的清洁发展机制的市场规模日渐缩小，排放贸易与联合履约机制交易基本停滞。国际气候谈判的重点转向制定新的全球减排协议。

2010 年 4 月，亚洲首个地区级的总量限制碳交易体系——日本东京都总量限制交易体系正式启动。东京都是日本人口最多、商业集聚最密集的城市，同时也是日本碳排放量最大的地区，其碳排放量的 95% 都来自能源相关的 CO_2 排放。从具体的排放源来说，东京的碳排放主要来自商业建筑，而建筑的能源消耗又主要来自电力，这就使得商业建筑的碳排放量易于报告和审计。东京都施行的排放交易机制是总量体系交易的模式，即设定排放的总限额，依据这一限额确定排放权的分配总量，再以一定的分配方式分配给受管控企业，企业获得配额后可以按需进行交易。完善的总量控制排放交易机制包括减排目标、覆盖范围、配额分配、履约机制和灵活性机制。该体系的减排目标是到 2020 年减排 25%。考虑到 2005 年日本各地的排放仍处于上升期，因此东京的减排目标不断趋于严格。此外，在覆盖范围上，东京都总量限制交易体系涉及 1325 个设施，且多以商业建筑为主。配额分配基于历史排放的"祖父法则"，即以免费分配为主。在交易初期允许排放配额储蓄，但禁止借入配额。这样的规定在初期有利于交易机制的稳定。

2011 年日本埼玉县碳排放交易体系正式启动，埼玉县是日本第五大县，其碳市场是日本第二个实施强制型碳排放交易制度的地区。东京都与埼玉县签署协议实现了两个地区碳市场的对接。

2011 年，中国国家发展改革委发布《关于开展碳排放权交易试点工作》的通知，在北京市、天津市、上海市、重庆市、湖北省、广东省及深圳市开展碳排放权交易试点工作，试点地区通过地方立法、规章或者政府文件等法律法规形式，对实施碳交易政策进行了规制。在碳交易政策名称上，北京、天津、重庆、湖北使用了"碳排放权交易"用法，强调碳排放是权利或权益，交易对象是碳排放的权利；上海、广东则采用了"碳排放管理"表述，强调政策目的是对碳排放进行管理，交易对象是排放配额，没有使用权利概念；深圳虽然名称上使用了"碳排放权交易"，但并没有对碳排放权作出定义。碳排放配额规定由主管部门核定、分配给企业，并可对已分配的配额进行调整，如停发、核减和奖励，以及收回关停企业的配额等；主管部门对配额持有最大量和持有下限等也有限制要求，是一种行政许可过程，配额/排放权具有行政许可特征。同时碳排放配额又具有物权特征，各地管理办法规定，政府主管部门为调整碳市场价格可以进行配额回购；企业组织形态变更时可将碳排放权视为资产进行处理。

2012 年美国加州总量控制与交易体系正式启动，目的是在其区域内 2013—2020 年的累计排放量设置总量控制，2013 年二氧化碳排放上限设定为 1.6 亿吨，覆盖发电、工业行业年排放超过 2.5 万吨二氧化碳当量温室气体的排放源；为了控制运输燃料二氧化碳排放，2015 年后交易计划的覆盖面将扩展至运输行业及小型天然气用户，2015 年二氧化碳排放上限设定为 3.9 亿吨，之后逐年递减，2020 年排放上限设定为 3.3 亿吨。交易机制将覆盖加州 85％的温室气体排放量。美国加州总量控制与交易体系的排放配额以免费分配为主、拍卖为辅，对于工业企业，90％的排放配额将免费发放，剩余部分通过市场拍卖进行出售，对于电力行业，电力输送企业可免费获得排放配额，以确保消费者能够得到利益返还；而发电企业需要从电力输送企业或碳市场购买排放配额，目的是促进发电企业采取减排措施、采用低碳能源控制温室气体排放。并且该体系实行温室气体排放报告制度，交易计划覆盖范围内的排放源都需要定期向加州空气资源委员会提交上一年度的温室气体排放信息，进行排放点源和强度监测，该信息作为设置或调整二氧化碳排放上限的重要参考。

2012 年加拿大魁北克省碳排放交易体系建立并于 2013 年 1 月正式运行，加拿大魁北克省是北美西部气候行动的成员。魁北克碳交易体系覆盖电力、建筑、交通和工业等行业以及化石燃料燃烧排放的二氧化碳等多种温室气体，目前年度配额总量 5685 万吨二氧化碳，占其温室气体排放总量的 80％～85％。

2014 年 7 月 1 日澳大利亚开启了碳排放交易。早在 2012 年 7 月 1 日起澳大利亚就开始执行碳定价机制，要求全国污染最大的 500 家企业按固定价格为其碳排放付费。碳定价机制计划实行 3 年，并在 2015 年 7 月 1 日与 EU ETS 接轨，过渡为价格灵活的总量控制交易体系。但为了确保澳大利亚能满足《京都议定书》第二个履约期和联合国气候变化框架公约下的减排目标，澳大利亚政府加快了这一进程。澳大利亚的碳排放交易体系覆盖了电力生产、固定设施能源使用、垃圾处理、污水处理、工业生产和无序排放等领域，覆盖范围约占澳洲总排放 60％。减排目标是到 2020 年使排放量比 2000 年降低

5%。除了固定价格出售外，AU ETS还对一些工业企业提供了免费配额援助。免费分配的配额可以私下交易或卖回给政府，但与固定价格出售的配额一样，不允许被储蓄。之后，工党执政时期的"碳定价机制"被新的减排政策"减排基金（emission reduction fund，ERF）"所取代。新方案不再要求控排企业付费，而是由政府出资，帮助企业完成减排目标。

2014年美国加州碳交易市场与加拿大魁北克碳交易市场成功对接。加州和魁北克的碳市场均已于2013年1月启动，从2014年1月开始两地将联合运行一个共同的碳市场，加州和魁北克将互相认可对方的碳配额和碳抵消信用，共用一个登记系统，共享一个拍卖平台，共享市场运营和政府支持信息等。但同时这两个碳交易体系在管理上保持独立，即加州空气资源委员会（CARB）和魁北克环境部依旧保持对各自体系运行的绝对控制权。加州和魁北克的碳市场从设计之初就做好了市场链接的准备。加州和魁北克同为北美西部气候倡议（WCI）的成员，两地碳交易体系的政策设计均依循了WCI区域方案设计的框架，因此有诸多相似之处，例如三年履约期、相似的抵消项目类型、相同抵消比例（8%）等。这也为后期的链接奠定了基础。2011年10月和12月，加州和魁北克先后通过立法建立了各自的总量控制碳交易计划。2012年12月，魁北克政府通过了认可两个体系链接的法律。2013年4月，在CARB提交了链接影响评估报告之后，加州州长最终批准了加州与魁北克的链接，并确定链接时间开始于2014年1月1日。加州和魁北克的链接案例作为北美区域气候合作的典范，对其他地区的气候合作和碳市场链接起到示范性的作用。

2015年1月韩国碳排放权交易市场（K ETS）在韩国全国范围内启动，初期对全部碳配额实行免费分配。在市场运行的第一阶段，由于配额逐年缩减，大部分配额被控排企业自持，市场配额严重不足，碳价呈现单边上涨趋势，企业减排成本较高。此外，由于行业间配额分配不够合理，半导体、钢铁、汽车等主导产业的配额紧缺，引发全国经济人联合会和产业行业的不满。为了提高市场活跃度，韩国碳市场交易机构积极采取灵活的措施推出碳信用等交易产品，鼓励企业出售配额，并积极鼓励金融机构参与交易。随后，在第二阶段，韩国政府在全国碳市场建设过程中针对交易主体、碳配额分配方式等进行了一系列积极的探索和改革。

2016年欧盟和瑞士也签署协议将双方排放交易体系联系起来，该协议于2020年1月1日生效，并于当年9月开始运营。瑞士碳排放交易体系（CH ETS）始于2008年，与欧盟（EU ETS）均是采用总量控制与交易。随着2011年欧盟开启与瑞士碳市场接轨的谈判，瑞士为了尽可能适应EU ETS的规则拟定了新的二氧化碳条例，彻底修改了本国碳交易机制的规则，并于2013年起施行。50余家高排放企业被强制纳入碳交易体系，配额分配的方式也改为与欧盟相同的基准线法的体系。2016年1月瑞士终于与欧盟委员会气候总司就双方碳排放交易体系接轨达成一致并签订双边协议，瑞士排放交易与欧盟碳交易机制正式接轨。

2018年1月1日，加拿大安大略省将其总量控制与交易体系和美国加州及加拿大魁北克省的碳市场建立链接，形成了继中国和欧盟之后的全球第三大碳市场。2017年9

月 22 日，西部气候倡议（WCI）的上述三方签署了基础性链接协议。在链接体系下，司法管辖区的配额允许相互交易，并用于完成履约。加州、魁北克及安大略省将举行定期联合配额拍卖。在链接协议签署之前，安大略省还发布了《总量控制与交易条例》的最终修正案。

2018 年墨西哥碳交易市场试点开启。从 2017 年 10 月开始，墨西哥政府在全国 100 多个企业开展了碳排放模拟交易工作，覆盖了全国温室气体排放总量的三分之二以上。2018 年，墨西哥参议院和众议院批准了《气候变化法》修正案，授权墨西哥环境和自然资源部开展全国碳市场建设，首先从 2018 年年中开始为期 36 个月的试点工作。同时墨西哥也积极参与碳市场相关的国际合作，参加了多个碳市场、多边合作发展碳定价方面的倡议和行动。

随着 2020 年英国正式脱欧，英国也退出了欧盟碳排放交易体系并于 2021 年重新运行英国碳排放交易体系。

2021 年 7 月 16 日，中国全国统一的碳排放权交易市场正式启动。据统计，首批参与全国碳排放权交易的发电行业重点排放单位共有 2225 家。这些企业碳排放量超过 40 亿吨。这意味着，中国碳交易市场将成为全球覆盖温室气体排放量规模最大的碳市场。我国采用配额初始分配机制，碳排放交易主管部门通过法定方式将排放配额分配给负有减排义务的主体。配额的初始分配关乎温室气体减排义务主体的积极性以及碳排放交易市场的流动性，因而对碳排放交易体系的有效运作至关重要，涉及配额的取得方式、分配方法、早期减排者的公平待遇、新进企业或设备的公平竞争、政府对碳排放交易市场的宏观调控等问题。根据控排单位取得的碳排放配额是否支付对价，将配额分配分为有偿分配和无偿分配。从各试点的配额方案来看，我国碳排放配额初始分配方式目前主要采用混合方式：以无偿分配为主，有偿分配为辅。其中，上海、重庆、湖北碳排放配额初始分配则采用无偿分配的方式。无偿分配按照分配的参照标准不同又分为基于"祖父法则的分配"（GF）和基于"标杆法则的分配"（BM）。祖父法则即按照控排单位的历史排放量（采用近几年的平均值）确定配额，适用于生产工艺产品特征复杂的行业，其优点在于计算方法比较简单，对数据的要求量小，但其缺点也很明显，比如变相奖励了过去排放量高的企业，对较早采取减排行动的企业有失公平，没有考虑到企业近期的经济发展状况，对于新进入的企业缺乏历史排放数据作为参考，等等。杠杆法即以碳排放强度作为行业基准值，某行业的碳排放量代表某一生产水平的单位活动碳排放量水平，并用来作为碳交易中的配额初始分配参考指标，适用于生产流程及产品样式规模标准化的行业。碳交易市场发展历程如表 7-5 所示。

表 7-5　　　　碳交易市场发展历程

时间	历程
20 世纪 90 年代	碳排放权交易起源于排污权交易概念
1997 年	《京都协议书》提出排放贸易（ET）、联合履约（JI）与清洁发展机制（CDM）
2002 年	英国排放交易体系（UK ETS）成立并与多家公司达成"气候变化计划"

时间	历程
2003 年	芝加哥气候交易所成立
2004 年	芝加哥气候交易所在欧洲建立分支机构——欧洲气候交易所
2005 年	芝加哥气候交易所与印度商品交易所建立伙伴关系
	《京都议定书》生效
	欧盟排放交易体系（EU ETS）正式启动
	美国 7 个州签订区域温室气体倡议框架协议
2006 年	芝加哥气候交易所在加拿大建立了蒙特尔气候交易所
2007 年	英国排放交易体系（UK ETS）的参与公司可选择加入欧盟排放交易体系（EU ETS）
	美国西部气候倡议（WCI）签订成立
2008 年	挪威碳排放交易体系与欧盟碳排放交易体系正式对接
	芝加哥气候交易所与天津产权交易中心合资建立天津排放权交易所
	瑞士碳排放交易体系（CH ETS）正式运行
	新西兰碳排放交易体系（NZ ETS）正式运行
2009 年	美国区域温室气体减排行动（RGGI）正式启动
	2009 年哥本哈根气候大会未达成有效协议
2010 年	日本东京都总量限制交易体系（TMG）正式启动
2011 年	日本埼玉县碳排放交易体系正式启动
	中国开展碳排放权交易试点工作
2012 年	美国加州总量控制与交易体系正式运行
2013 年	加拿大魁北克省排放交易体系正式运行
2014 年	澳大利亚碳排放交易体系建立
	美国加州碳交易市场与加拿大魁北克碳交易市场对接
2015 年	韩国碳排放权交易市场（K ETS）正式启动
2018 年	美国加州碳交易市场与加拿大安大略碳交易市场对接
	墨西哥碳交易市场试点开始
2021 年	英国碳交易市场脱欧后重新运行
	中国碳排放权交易市场正式启动

7.4.3　碳市场及其对电力发展的影响

目前，国际上已形成多个碳交易市场，主要有欧盟排放交易体系（EU ETS）、新西兰碳交易体系（NZ ETS）、区域温室气体减排倡议（RGGI）、加州 - 魁北克碳交易市场、韩国碳交易市场等，这些碳市场的交易机制以及减排目标见表7-6。

表7-6　　　　　　　　主要碳市场的交易机制及减排目标

目标	欧盟碳交易体系 （EU ETS）	新西兰碳交易体系 （NZ ETS）	区域温室气体减排 倡议（RGGI）	加州-魁北克 碳交易体系	韩国碳交易 体系
中期减排目标	2030年比1990年减排55%	2020年比1990年减排10%	2018年比2009年减排10%	2030年比1990年减排40%	2030年比2017年减排24.4%
碳中和目标	2050年实现碳中和	2050年实现碳中和	—	加州2045年实现碳中和；魁北克2050年实现碳中和	2050年实现碳中和
启动时间	2005年1月	2010年7月（林业2008年开始管制）	2009年1月	2013年1月	2015年1月
运行阶段	第一阶段：2005—2007年；第二阶段：2008—2012年；第三阶段：2013—2020年；第四阶段：2021—2030年	2010—2014年试运行；2015年立法改革；2021年新一轮深度改革	第一阶段：2009—2011年；第二阶段：2012—2014年；第三阶段：2015—2017年；第四阶段：2018—2020年	第一阶段：2013—2014年；第二阶段：2015—2017年；第三阶段：2018—2020年；后续每三年一个阶段	第一阶段：2015—2017年；第二阶段：2018—2020年；第三阶段：2021—2025年
区域	第一阶段：欧盟25个成员国；第二阶段：增加2个欧盟成员国（罗马尼亚、保加利亚）和冰岛、挪威、列支敦士登；第三阶段：增加1个欧盟成员国（克罗地亚）。瑞士碳市场于2020年与欧盟碳市场链接	新西兰	美国东北地区10个州：康涅狄克州、特拉华州、缅因州、新罕布什尔州、马萨诸塞州、纽约州、马里兰州、罗得岛州和佛蒙特州、新泽西州	美国加州、加拿大魁北克省	韩国
控排范围	电力、石化、化工、航空行业的10744个排放单位。涵盖排放总量的约45%	电力、石化、化工、航空、交通、建筑、废弃物、林业、农业的2409个排放单位。涵盖排放总量的约51%	电力行业的168个排放单位，涵盖排放总量的约18%	电力、石化、化工、交通、建筑行业的600余个排放单位，涵盖排放总量的约80%	电力、石化、化工、建筑、交通、航空、废弃物行业的610个排放单位，涵盖排放总量的约70%

续表

目标	欧盟碳交易体系 （EU ETS）	新西兰碳交易体系 （NZ ETS）	区域温室气体减排 倡议（RGGI）	加州 - 魁北克 碳交易体系	韩国碳交易 体系
配额总量	第一、第二阶段每年分别为 21.8 亿吨和 20.8 亿吨；第三阶段从 2013 年的 20.4 亿吨下降到 2020 年的 17.8 亿吨。第四阶段每年线性下降 2.2%	—	2009—2011 年 1.88 亿吨；2012—2013 年 1.65 亿吨；2014—2020 年从 0.84 亿吨线性降到 0.61 亿吨	2015—2020 年，每年下降 3.2%～3.5%	2018—2020 年总量上限不变，2021 年起计划实行更严格的总量限制
配额分配	第一、第二阶段：历史排放法免费分配为主；第三、第四阶段：拍卖比例逐渐增大至 50% 以上，其中电力行业 100% 拍卖，免费部分以基准法分配	以基准法免费分配为主，2021 年起逐步减少工业部门的免费配额，增加拍卖比例	全部拍卖	从基准法免费分配逐步过渡到拍卖	基准法、历史排放法免费分配与拍卖相结合
抵消机制	第二阶段开始允许使用国际抵消信用（CER 和 ERU），2008—2020 年使用量不能超过减排量的 50%	允许使用国际抵消信用（CER、ERU 和 RMU），不设数量限制	允许企业使用抵消信用完成 3.3% 履约责任；仅允许使用美国国内项目产生的减排信用	允许企业使用抵消信用完成 8% 履约责任；仅允许使用美国国内项目产生的减排信用	允许使用本土减排信用和国际抵消信用（CER 和 ERU），使用量不超过 10%

随着越来越多的国家加入碳交易，全球碳交易总量随之迅速增加，各碳交易体系的碳价也总体呈上升态势。图 7 - 1 描述了全球碳交易量状况，各个碳交易体系的配额价格均按美元/每吨二氧化碳当量计算。

从全球碳市场交易量来看，2005 年以来碳市场发展迅速，总交易量在 2012 年一度达到高峰。之后在 2012—2018 年，碳市场交

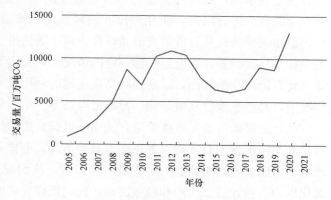

图 7 - 1　碳交易市场交易量状况

注：数据来源于全球金融市场数据和基础设施提供商路孚特。

易量从高到低在 2016 年触底反弹，2018 进入高速增长阶段。2018 年增长超过三倍，2019、2020 年增速分别为 34%、20%，2020 年碳市场交易规模突破 130 亿吨。欧盟碳市场交易额一直处于领先地位，是全球最大的碳交易市场，占据 90% 的市场规模，交

易额自 2005 年运行以来呈快速上升趋势，在国际上占据绝对优势。根据路孚特碳市场 2020 年度回顾，2020 年 EU ETS 交易额达 2013 亿欧元，占世界总额的 88%，交易量超 80 亿吨二氧化碳，占世界总交易量的 78%。截至 2022 年 12 月 31 日，中国八个试点碳市场配额累计成交量为 5.92 亿吨，累计成交额约为 161.46 亿元；全国碳市场碳排放配额（CEA）累计成交量 2.30 亿吨，累计成交额 104.75 亿元，已成为全球覆盖温室气体排放量最大的碳市场。

从全球各市场碳价来看，各市场碳价差别较大，其中欧盟碳市场碳价最高，2021 年 3 月 9 日碳价为 46.88 美元/吨，中国试点碳交易市场价格最低，福建碳价为 1.26 美元/吨，是欧盟碳价的 1/37。这一特点充分反映了在碳减排上，不同国家在不同发展阶段以及能源资源禀赋上的不同。

碳市场价格不仅受到不同企业碳减排边际成本不同的影响，更会受到国家能源、金融形势的影响。如 2011 年，由于发生欧债危机对碳市场影响巨大，碳价大幅下跌；随后 4 年，由于《京都议定书》第一承诺期的到期，再加上后京都时代以美国等为代表的国家在气候政策上的反复及消极态度，使得各市场碳价处于较低值，基本保持在 10 美元/吨左右或以内。韩国碳市场从 2015 年开始处于上涨态势，但此时欧盟仍处于低迷，碳价一直保持在 10 美元/吨左右或以内。2018 年，全球碳市场开始了新一轮的增长，尤其是欧盟碳市场，在 2019 年稳定储备机制的实施以及绿党回归的刺激下，碳配额缩减幅度加快，碳价一路飙升。2020 年，由于疫情冲击，所有碳市场无一幸免发生暴跌，但下半年由于收紧了碳配额发放和制定了更高的自愿减排贡献目标，促使碳价逐步攀升。

碳市场对电力行业发展的影响主要体现在以下几个方面：

（1）通过碳约束倒逼电力结构优化，挖掘减排空间，促进电力低碳发展。碳市场是人为建立的市场，其运行机制的核心是通过法规实施对温室气体（以二氧化碳或者碳计）排放行为进行限制，使允许排放的碳额度（排放权）即交易的标的物具有了稀缺性，也使碳排放权具有价值或商品属性。碳市场使得二氧化碳排放有了硬约束。电力行业是能源转换行业，在电量目标一定的情况下，低碳发展的方法主要是减少一次高碳能源（化石能源）的使用，或者提高高碳能源的利用效率。在行业碳排放总量目标一定的情况下，必然要改善发电结构、提高发电效率。

（2）通过碳市场发现碳价格，从而使低碳发展的价值真实地体现在具体企业的经济活动和生产运行中。减排二氧化碳是有价值的，而排放二氧化碳是需要付出经济代价的理念，会明显地影响企业的生产者、经营者，从而进一步提高电力企业低碳发展认识，优化电力企业建设、生产和经营活动，提高低碳发展的水平。同时，碳市场形成的碳价格，有利于通过电力市场将低碳发展成本传导至社会层面，促进全社会低碳发展。

（3）有利于电力行业实现低成本减排。根据碳市场的理论，碳市场的核心作用是通过发挥市场机制作用，在实现减碳目标的前提下实现成本最低。不同电力企业由于受电厂运行年限、地域、技术、管理水平等多种原因的影响，二氧化碳的减排成本是不同的，通过碳市场交易，可使电力企业总体成本最低。如有 A、B 两个电力企业，分配的碳额度是相同的。当 A 企业边际减碳成本要大于 B 企业超量减排成本时，会产生 A 企业配额不够而 B 企业配额有富裕的情况，则 A 可向 B 购买富裕的碳指标，使 A 减少成本的同时，B 增加了收益，总体上降低了两个企业总减排成本。长远来看，市场机制的作用，会不断迫使电力企业进行科技创新，促进减碳技术的发展和应用。对于电力行业来讲，碳市场更能促进企业灵活地采用不同减碳技术、结构调整和优化管理方法实现低成本减碳。

全球碳市场的发展已有数十年，碳交易市场的机制相对发展成熟。展望未来，中国是全球最大的碳排放主体之一，中国碳市场作为一项重要的市场政策工具，将继续发挥低成本减碳的功能，助力中国碳达峰碳中和目标的实现。

思 考 题

① 发电企业和电网企业碳达峰碳中和的目标和措施有何异同？

② 电力市场建设对电力行业低碳发展有哪些正面和负面影响？负面影响应如何加以避免？

③ 简述碳税与碳市场的主要区别，各用于什么场合？

④ 碳市场为什么要率先在发电企业推进？发电企业在碳市场中如何能获得更好的低成本减碳效果？

参 考 文 献

[1] 石文辉，白宏，屈姬贤，等．我国风电高效利用技术趋势及发展建议 [J]．中国工程科学，2018，20（03）：51 - 57.

[2] 鲍君香．太阳能制氢技术进展 [J]．能源与节能，2018（11）：61 - 63.

[3] 孙翠清．储能技术在新能源电力系统的应用研究 [J]．电子世界，2022（01）：27 - 28.

[4] 程峰．绿色电网的低碳技术研究 [J]．科技创新与应用，2014（05）：162.

[5] 李博，高志远，曹阳．智能电网支撑智慧城市关键技术 [J]．中国电力，2015，48（11）：123 -130.

[6] 国家电力调度控制中心．电力现货市场 101 问 [M]．北京：中国电力出版社，2021.

[7] 陈旭．电力市场中电网公司购电组合决策及风险管理的研究 [D]．湖南：湖南大学，2013.

[8] 杨光．电能量主市场与辅助服务市场联合优化决策研究 [D]．上海：上海交通大学，2011.

[9] 华科．采用直流和交流功率传输分布因子的输电权交易 [J]．电网技术，2007（13）：71.

[10] 何国中．电力市场售电侧运营机制综述 [J]．电气技术，2017（12）：15 - 18.

[11] 刘树杰．电力工业体制改革：过渡初期的思路设计 [J]．宏观经济管，2000（10）：32 - 35.

[12] 赵希正．把握规律，推进电力改革与发展 [J]．求是，2003（23）：38 - 39.

[13] 井志忠．电力市场化改革：国际比较与中国的推进 [D]．长春：吉林大学，2005.

[14] NAHAR P, MOURA C P. An overview of the global carbon market and CDM opportunities for the Pulp &//Paper Sector in India [J]. IPPTA: Quarterly Journal of Indian Pulp and Paper Technical Association, 2006, 18 (4): 137.

[15] 郑爽. 全球碳市场动态 [J]. 气候变化研究进展, 2006 (06): 281-285.

[16] BERGFELDER M. In the market ICAP - the international carbon action partnership: building a global carbon market from the bottom - up [J]. Carbon & Climate Law Review, 2008, 2 (2): 2.

[17] 张懋麒, 陆根法. 碳交易市场机制分析 [J]. 环境保护, 2009 (02): 78-81.

[18] 许明珠, 冯超. 全球碳市场发展状况与展望 [J]. 中国金融, 2009 (16): 40-41.

[19] ANGER N, BROUNS B, ONIGKEIT J. Linking the EU emissions trading scheme: economic implications of allowance allocation and global carbon constraints [J]. Mitigation and Adaptation Strategies for Global Change, 2009, 14 (5): 379-398.

[20] 曲如晓, 吴洁. 国际碳市场的发展以及对中国的启示 [J]. 国外社会科学, 2010 (06): 57-63.

[21] 吉宗玉. 我国建立碳交易市场的必要性和路径研究 [D]. 上海: 上海社会科学院, 2011.

[22] 苏蕾, 曹玉昆, 陈锐. 刍议国际碳交易体系对我国的启示及发展趋势 [J]. 林业经济问题, 2013, 33 (02): 142-146.

[23] 王文涛, 陈跃, 张九天, 等. 欧盟碳排放交易发展最新趋势及其启示 [J]. 全球科技经济瞭望, 2013, 28 (08): 64-70.

[24] 杨姝影, 蔡博峰, 肖翠翠, 等. 国际碳金融市场体系现状及发展前景研究 [J]. 环境与可持续发展, 2013, 38 (02): 27-29.

[25] 张建军, 段润润, 蒲伟芬. 国际碳金融发展现状与我国市场主体的对策选择 [J]. 西北农林科技大学学报 (社会科学版), 2014, 14 (01): 87-92.

[26] SREEKANTH K J, SUDARSAN N, JAYARAJ S. Clean development mechanism as a solution to the present world energy problems and a new world order: a review [J]. International Journal of Sustainable Energy, 2014, 33 (1): 49-75.

[27] HERMWILLE L, OBERGASSEL W, ARENS C. The transformative potential of emissions trading [J]. Carbon Management, 2015, 6 (5-6): 261-272.

[28] REDMOND L, CONVERY F. The global carbon market - mechanism landscape: pre and post 2020 perspectives [J]. Climate Policy, 2015, 15 (5): 647-669.

[29] ROSENDAHL K E, STRAND J. Emissions Trading with Offset Markets and Free Quota Allocations [J]. Environmental and Resource Economics, 2015, 61 (2): 243-271.

[30] QI T, YANG Y, ZHANG X. Energy and economic impacts of an international multi - regional carbon market [J]. Chinese Journal of Population Resources and Environment, 2015, 13 (1): 16-20.

[31] 邬彩霞. 国际碳排放权交易市场连接的现状及对中国的启示 [J]. 东岳论丛, 2017, 38 (05): 111-117.

[32] 柴麒敏, 傅莎. 全国碳排放权交易市场的经济学分析 [J]. 中国发展观察, 2018 (01): 41-43.

[33] 王紫星. 全球及我国碳市场发展现状及展望 [J]. 当代石油石化, 2020, 28 (06): 16-20+49.

[34] 翁玉艳, 张希良, 何建坤. 全球碳市场链接对实现国家自主贡献减排目标的影响分析 [J].

全球能源互联网，2020，3（01）：27-33.

［35］PAN C Y，SHRESTHA A K，WANG G Y，et al. A linkage framework for the china national emission trading system (CETS)：insight from key global carbon markets ［J］. Sustainability，2021，13 (13)：7459.

［36］魏琪峰，李晓华，刘吉臻. 国际碳市场实践及对我国建设碳市场的启示 ［J］. 石油科技论坛，2022，41（01）：71-77.

［37］陈志斌，林立身. 全球碳市场建设历程回顾与展望 ［J］. 环境与可持续发展，2021，46（03）：37-44.